世界兽医经典著作译丛 · 小动物外科系列

小动物前腹部手术

【西班牙】乔斯·罗德里格斯·戈麦斯（José Rodríguez Gómez）
【西班牙】玛利亚·乔斯·马丁内斯·萨纳多（María José Martínez Sañudo） 编著
【西班牙】贾米·格劳斯·莫拉莱斯（Jaime Graus Morales）

刘 云 郑家三 主译

中国农业出版社
北京

SERVET

作　者

从左至右: Jaime Graus，Zaragoza HCVE 兽医学部动医医院临床医师及外科学副教授；José Rodríguez，HCVI 临床医师和外科学教授；José Martínez，HCVZ 临床医师及外科学教授。

贡献者

M. Carmen Aceña
María Borobia
Javier Gómez-Arrue
Pablo Gómez
M. Eugenia Lebrero
Rosana Saiz de la Maza
Carolina Serrano
Ramón Sever
Amaya de Torre
Amaia Unzueta
Ainara Villegas
Américo Viloria

译者名单

主　译　刘　云　郑家三

参　译（按姓氏笔画排序）

王英雪　刘　佳　李　新

迟新宇　张　佩　邵　冰

郑英策

序　言

生活中有爱好真好！

摩托车不仅是城市中易于行驶和停放的交通工具，而且骑摩托车是享受旅行的一种方式，并可享受到在汽车里看不见的风景。

骑行本身就是享受，你可以在弯道上倾斜，也可以沿着一条没有碎石的赛道骑行。然而，这一活动并非没有潜在的风险，如果不能控制得当，也可能会出现问题。

因此，适当的防护设备和对摩托车进行定期维护至关重要，检查一下油位和轮胎压力后，我们就可以出发。

了解天气变化，与朋友制订两地之间的行程。如果具有以往的经验，旅程会更加顺利。

准备完毕，我们就出发了。

亲爱的同事们：

很高兴向大家介绍这本新书。本书记录了多种高度实用的外科技术，读者可以参考书中所示步骤学习手术过程。

本书是"小动物外科系列"的第三本，之前出版的两本图书深受广大读者的喜爱，读者发现这些书在计划和开展外科手术方面非常实用。

如同之前出版的图书一样，本书目的是介绍作者的临床病例处理方法，但这并非是最好或唯一的方法。我们只是分享经验，阐述重点，为兽医同行提供帮助。

本书主要包括作者挑选的临床病例和前腹部手术的图片，同时也包括其他重要区域的手术方法，如肾切除术、胃切除术、胆囊切除术和部分肝脏切除术。此外，我们强调每一步手术的关键技术。

书中部分图片是术中拍摄的，对因画面角度、光线和焦距不适而出现质量不佳的图片表示抱歉。

如果通过阅读本书能够达到提高手术技巧的目的，则达到了我们的目标。我们也很高兴有更多人迷恋这项事业。

感谢您的关注。

前　言

外科手术是一种神奇的治疗方法，在时机合适、技术正确和经验丰富的情况下，病患会被治愈且结果令人满意。对于任何外科手术，合适的外科手术计划是所有手术成功的关键。

手术的基础包括切开、剥离和缝合技术，随着时间的积累和训练，人们都可熟炼掌握该技术。

然而，对于外科医生而言，如果不能对手术中可能出现的情况做好心理准备并冷静处理，仅有灵巧的手也无济于事。

外科手术团队的术前准备应基于他们的生理、解剖知识和技术等，以及团队人员从日常病例中积累成功与失败的经验。

本书囊括了作者大量的外科经验，特别是前腹部手术的知识难点。相信本书具有非常好的实践指导作用，有助于兽医师临床手术技术的提高。

Ramón Sever Bermejo

兽医综合诊所　萨拉戈萨

Rover Veterinary Polyclinic. Zaragoza

致　谢

　　在宠物医院工作多年，写致谢名单应该是无穷无尽的，虽然不可能说出所有要感谢的人，但是依然感激在临床和教学中给予合作与帮助的每个人。感谢宠物医院的行政人员、临床助理、清洁消毒人员、讲师和临床医师。

　　特别感谢曾经或正在接受我们培训的兽医，我们通常称他们为"住院医生"，因为他们在宠物医院的时间比在家的时间多。感谢他们长期以来为兽医工作所做的贡献和他们的工作能力，以及学习麻醉和手术的积极性和意愿。尼维斯、马尔、坎塔尔、阿马亚、迭戈、何塞、劳拉、玛丽亚、玛塔、胡安乔、奥卡茨、安娜、大卫、纳塔莉亚，非常感谢你们！我们为你们现在和将来取得的成就而感到骄傲。因为有你们，我们才有了动力，这是给予我们最好的鼓励。

　　也非常感谢将病例转交给我们的兽医们，希望没有让你们失望。

　　当然，我们也要感谢和尊重所有读者，希望你们会喜欢本书并且能够学到有用的知识。

　　最后，我们衷心感谢出色的 Servet 出版团队，他们一如既往地出色完成了排版、设计和印刷，将我们的工作变成了一本真正有意义的书。

Dr. José Rodríguez Gómez
Dr. Jaime Graus Morales
Dra. María José Martínez Sañudo
Hospifal Clínico Veterinario
Zaragoza University

目　录

腹 壁 肌 肉

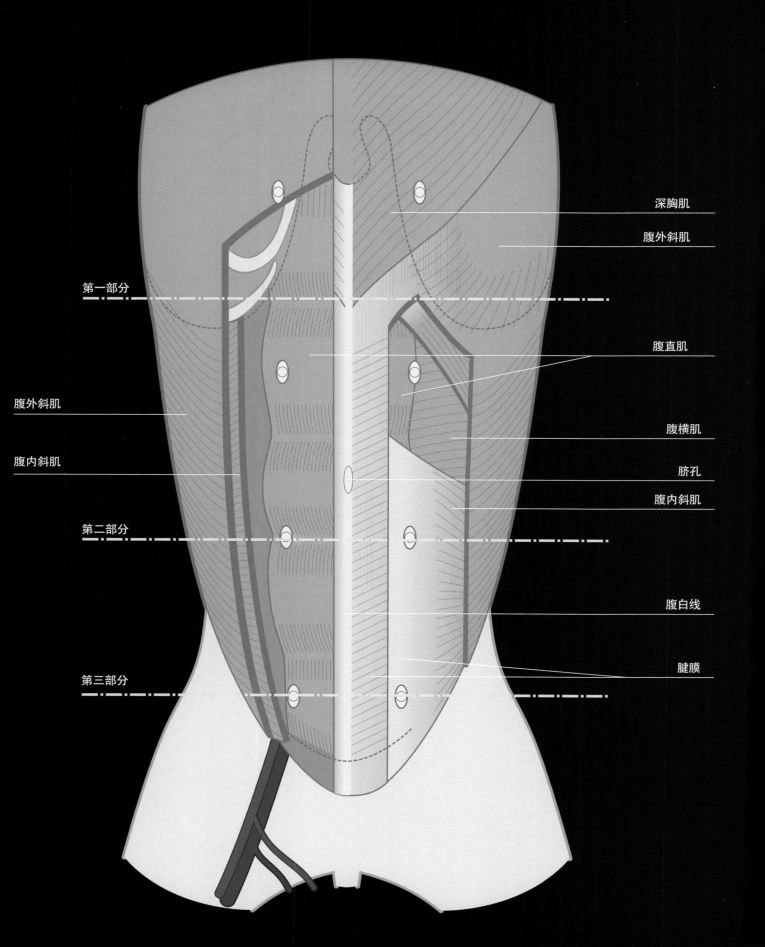

深胸肌

腹外斜肌

第一部分

腹直肌

腹外斜肌

腹横肌

腹内斜肌

脐孔

腹内斜肌

第二部分

腹白线

腱膜

第三部分

三个不同部位腹壁横断面

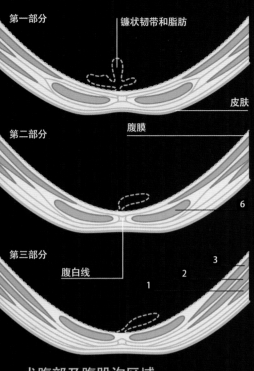

第一部分

镰状韧带和脂肪

皮肤

第二部分

腹膜

6

第三部分

腹白线

3

2

1

犬腹部及腹股沟区域

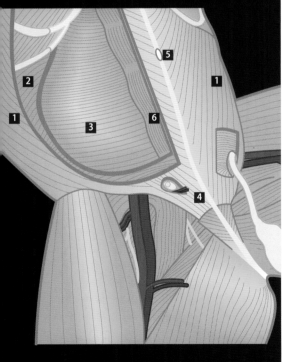

5

2 1

1

3 6

4

1 腹外斜肌	4 腹白线
2 腹内斜肌	5 脐孔
3 腹横肌	6 腹直肌

疝

概述 ────────

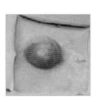

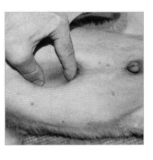
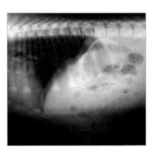

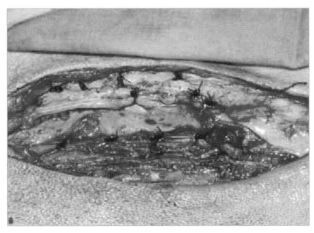

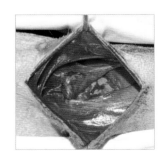
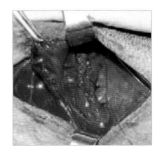

概述

如果腹部肌肉出现不全（缺损）或变薄，腹腔内容物可能从该处凸出，从而发生疝。

脐疝最常见于幼犬。所有种类与品种的犬都会发生脐疝，部分品种表现遗传性，特别是万能㹴、巴辛吉和京巴犬。脐疝和隐睾症均有遗传性。

由于腹壁缺损引起的真正的脐疝或脐凸出（图 1），应与脐闭合缺陷相区别（图 2），后者为脐孔闭合前有少量网膜从脐孔凸出。

真正的脐疝或脐凸出具有遗传性，能延伸至膈，有时在腹腔与胸腔之间形成通道。脐闭合不全最常发生且凸出的内容物绝大多数为脂肪组织。如果缺损面积小，6 月龄前可自发愈合，不需要手术，但如果缺损面积大到能够让 1 个手指穿过，则可能需要手术，否则会有肠袢通过脐环外凸，发生肠梗阻和/或肠绞窄的风险。

图 1　宽度超过 2 个手指的脐凸出。未见膈缺损，需要常规检查来确诊

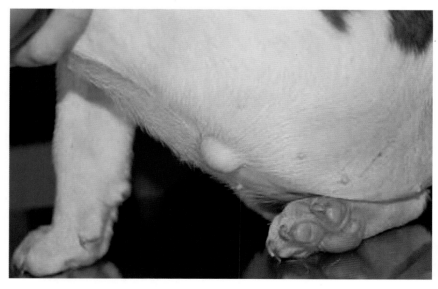

图 2　脐闭合缺陷导致的疝很常见，如图所示，通常很小

病例 1　脐闭合不全

患病率					
技术难度					

如前文所述，脐闭合不会多发于幼犬。在大部分脐闭合不全（缺损）病例中，凸出的组织为脂肪，通常可恢复正常。出生几个月后，这种不全可自行修复闭合，无需手术处理，所以幼犬一旦发生脐闭合不全，可将手术延至 6 月龄后进行。

本病例为 7 月龄幼犬。动物主人发现疝在过去几周稍变大、变硬。触诊时幼犬表现抗拒。建议实施外科手术修复。

手术治疗

动物仰卧位保定，腹部按常规外科手术进行准备（图 1）。围绕不全处皮肤做弧形切口，小心分离皮下组织，定位疝环（图 2）。

确定疝环后，去除环与疝之间的粘连组织。本病例粘连较多，小心剥离，直到完全暴露疝环（图 3 和图 4）。

当疝囊内的网膜发生缺血时，需要去除网膜。但在去除网膜之前，必须对所有网膜的血管进行结扎，以防造成腹腔内出血。如果疝能够复原，其内容物必须还纳回腹腔，无需进行任何结扎。然而本病例发生疝嵌顿，必须切除疝囊内的部分网膜（图 5）。

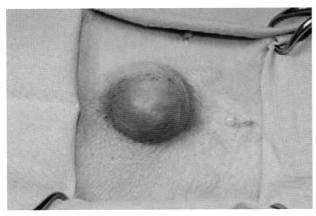

图 1　脐疝手术区域

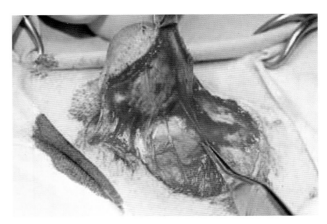

图 2　疝周围做弧形切口，剥离暴露疝环

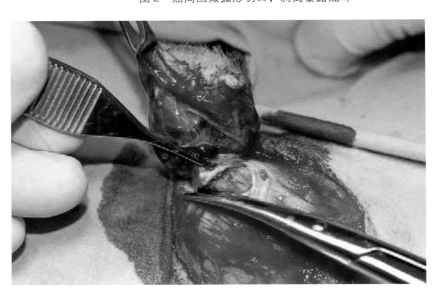

图 3　沿疝环周围剥离粘连组织

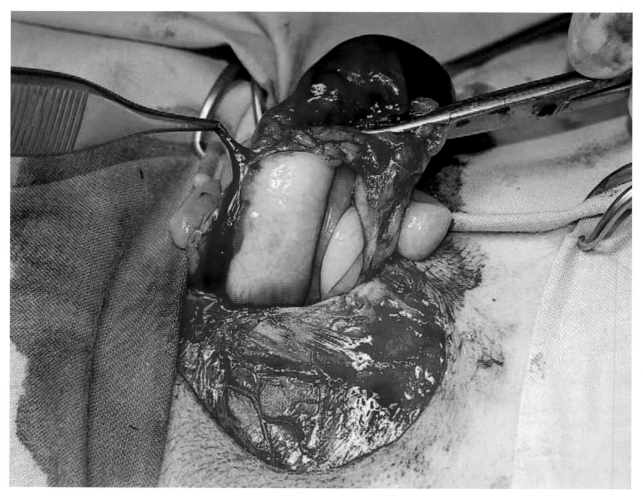

图 4 剥离去除粘连组织后，清晰可见由脂肪组织构成的疝内容物

> 剥离疝环时要小心，防止损伤粘连组织。

　　当疝内容物与疝囊粘连时，应切除粘连组织。切除时，应结扎所有血管，以免造成腹腔内出血。如果内容物可自行还纳腹腔，则无需结扎。此病例为嵌顿性疝，部分疝内容物被切除（图 5）。

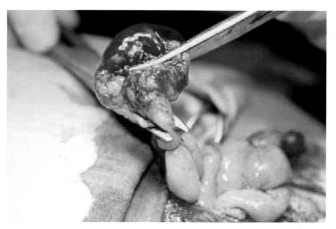

图 5 在网膜健康部位进行结扎，切除疝组织后。仔细检查有无出血迹象

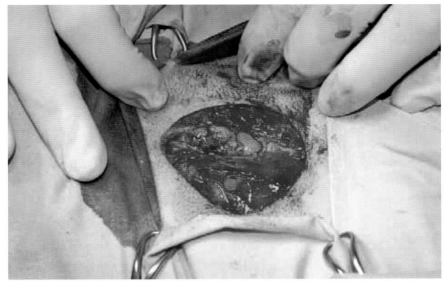

切除后，将剩余的内容物从腹壁切口小心还纳腹腔。

图6 去除网膜后疝缺损的外观

切除后，将剩下的网膜小心还纳腹腔（图6）。

去除疝环周围粘连组织后，修理疝环边缘，露出新鲜创可提高术后创口愈合速度。使用可吸收线将缺损部位进行间断水平褥式缝合。根据切口张力大小选用缝合方式（图7和图8）。

可根据外科医生的喜好来选择皮肤缝合方式。本病例使用单丝合成材料进行间断缝合。

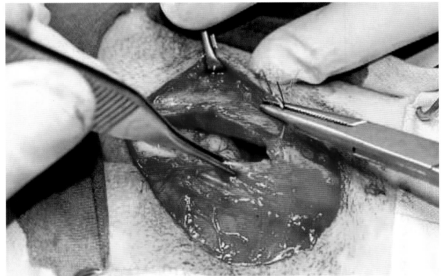

图7 使用可吸收线实施间断水平褥式缝合闭合疝环

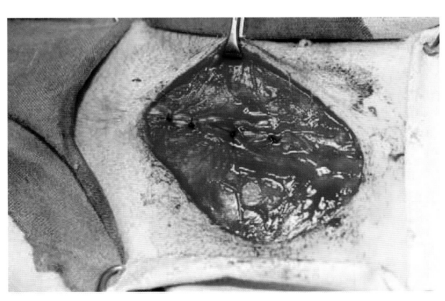

图8 腹壁闭合之后的状态

病例 2　脐疝：通过移植腹部筋膜作为皮瓣矫正缺损部位

病犬 Pipo，2.5 月龄，就诊时腹部有一个肿块。据犬主人陈述，该犬看起来没有以前开心（图 1），肿块自出现以后一直存在且逐渐变大。

临床检查可见腹部缺损明显（图 2）。

图 1　Pipo 就诊当天表现

临床检查可见腹部有一个大的缺损（图 2）

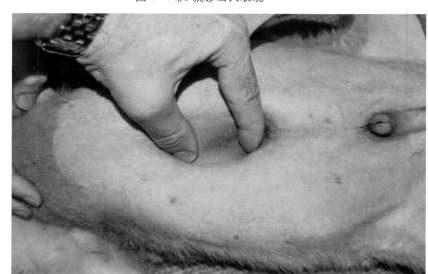

图 2　该病例疝区大到可以插入超过 2 个手指

这种情况很可能是真疝。进入手术室之前，应该确定是否存在膈闭合缺损。为确定膈的完整性和疝内容物性质，需要进行腹部放射线检查（图 3）。

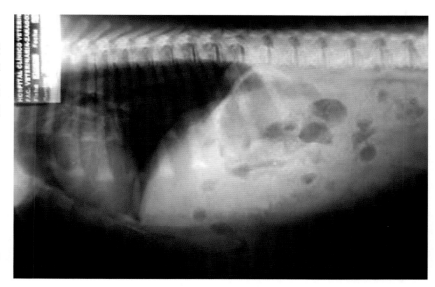

图 3　大疝区（箭头）的放射线显示肠袢充盈气体，未表现膈缺损迹象

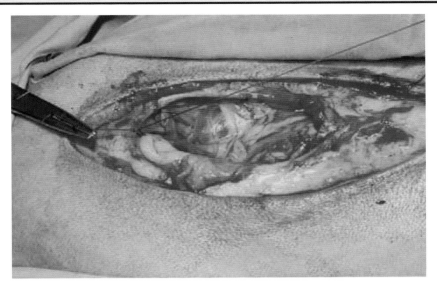

全身麻醉之后，脐区周围做弧形切口，暴露出大面积的腹部缺损（图4）。

图4　图片显示整个疝环。网膜与疝环边缘未见粘连组织

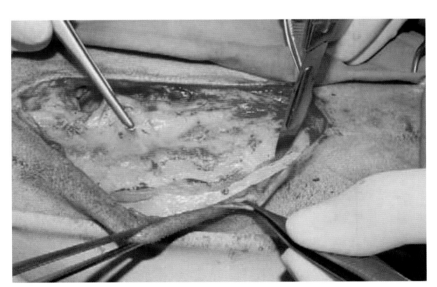

在缺损非常大的情况下，疝环不能进行常规闭合，那样会导致术部张力过大，愈合延迟甚至导致疝复发。本病例决定使用右侧腹直肌制作筋膜皮瓣。垂直腹中线在筋膜上做2个4cm切口，位于缺损两端的4cm切口通过一个平行腹中线的第三个切口进行连接，由此获得一个矩形的筋膜皮瓣（图5）。

图5　制作腹部移植皮瓣。平行腹中线切开，切口距离腹中线约4cm，获得移植皮瓣。切口长度应该超过缺损两端。下一步，两端朝向腹中线制作垂直切口

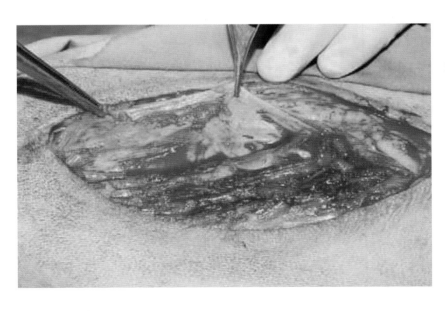

下一步，剥离与提起移植皮瓣（图6）。

图6　移植皮瓣从肌肉中剥离，从疝环的最远端拉向腹中线。图片显示剥离的移植皮瓣

将移植皮瓣缝合至缺损的对侧，使用 3/0 单丝合成可吸收线实施水平褥式缝合（图 7 和图 8）。

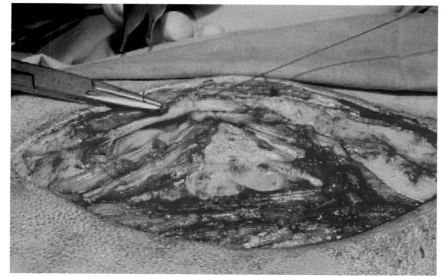

图 7　在缺损后部先缝合 2 针

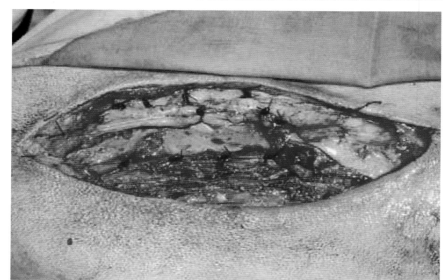

图 8　筋膜移植皮瓣覆盖疝缺损后的最终表现。缝合处无明显张力，脐膨出闭合紧密

外科医生依据自身经验选择皮肤闭合方式。本病例采用垂直褥式缝合法（图 9）。

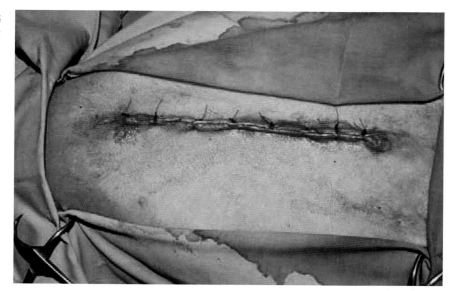

图 9　本病例采用单丝合成非可吸收线对皮肤进行垂直褥式缝合

术后

　　该技术的并发症之一是形成血清肿（图10）。这种情况因大面积组织剥离与处理所致。本病例解决方法为穿刺引流。动物出院之前，可重复穿刺 3 次。

> 血清肿的病例穿刺引流必须采用无菌操作，以防细菌继发感染和形成脓肿。

图 10　术后，连续 3d 通过穿刺消除局部形成的血清肿

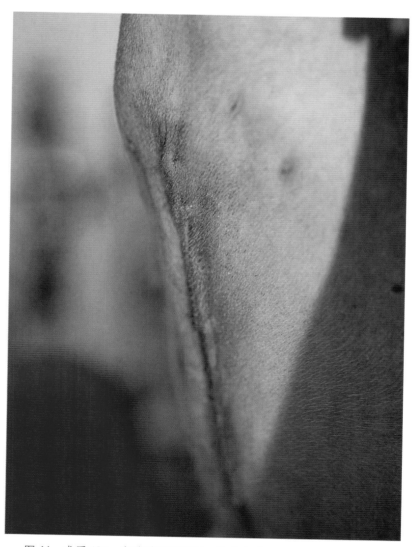

> 幼犬比成年犬更易于形成血清肿。

图 11　术后 12d，血清肿得以控制，治疗完成

病例 3　创伤性腹壁疝

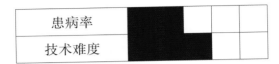

患病率			
技术难度			

偶见创伤性疝，多是由于交通事故或动物打斗，腹部受到强力撞击而引发。创伤后，病患腹部的任何区域都可能出现肿块。应仔细检查，以区别于血肿和/或血清肿（图1）。

有时触诊足以做出诊断。但是，如果病患未进行镇静或麻醉，触诊时动物可能会非常疼痛，检查得太快或浅表，可能导致误诊。如果是创伤性疝，超声是更安全的确诊方法。适度探头加压，查找腹部肌肉的连续性是否有缺损。

> 不要忽略已经发生创伤的动物，一定要稳定病患，确定其无其他内脏损伤。

确诊之后，准备手术。应特别注意皮肤切口，避免损伤疝内容物。需要清楚，损伤组织已经表现出炎症和出血。沿最浅层肌肉的肌纤维方向切开疝上皮肤。因本病例最浅层肌肉是腹直肌，所以平行于腹中线做一疝上皮肤切口（图2）。

图1　本病例中，大肿块的周围伴有一个小血肿

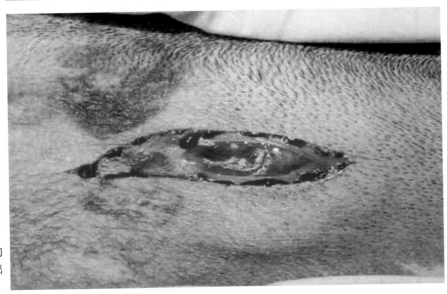

图2　切开皮肤后直接显露疝内容物。注意由创伤引起的组织下出血和水肿

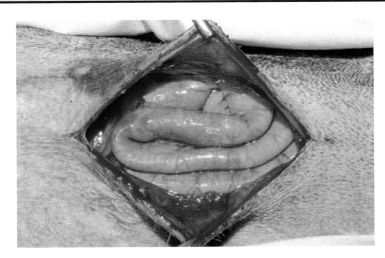

这些病例中都没有疝囊，因此皮下组织下面直接可见疝内容物（图3）。与其他类型的疝一样，可通过溢出的内容物确定缺损边缘。如果疝发生后短时间内完成手术，通常不会发生粘连，而且容易将疝内容物还纳腹腔（图4和图5）。

图3　本病例中，疝内只有肠袢

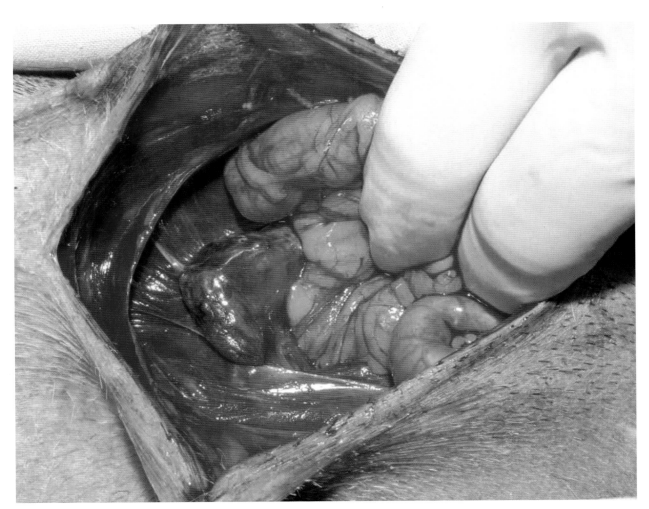

图4　通过不同肌层中的缺损，缓慢、小心地将所有肠袢还纳回腹腔

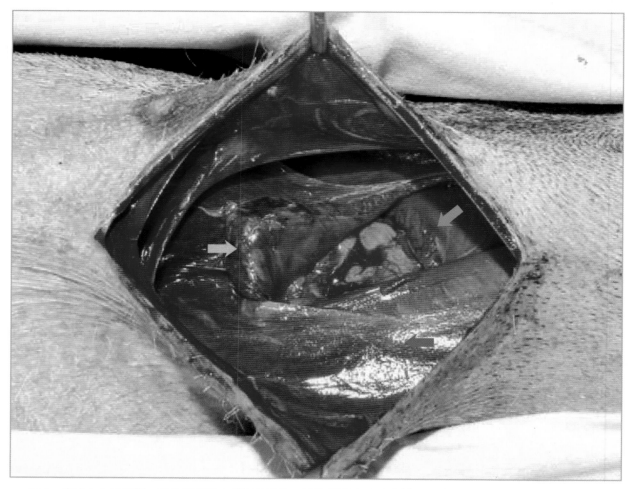

图5　疝减小之后表现。可见腹部肌肉撕裂的纤维。最深层肌肉是腹内斜肌（蓝色箭头），最暗且最浅的肌肉是腹外斜肌（黄色箭头），图片下半部分可见腹直肌（灰色箭头）

肌肉缺损应逐层闭合，采用宽而无张力的水平褥式缝合法以避免撕裂肌纤维。

检查疝内的器官是否发生损伤，器官还纳回腹腔时要特别小心，特别是涉及脾脏时。

　　疝内容物复位于腹腔后，闭合肌肉层。首先，缝合腹内斜肌和腹外斜肌。然后根据涉及的腹部区域，决定先缝合腹横肌还是腹直肌（图 6 和图 7）。

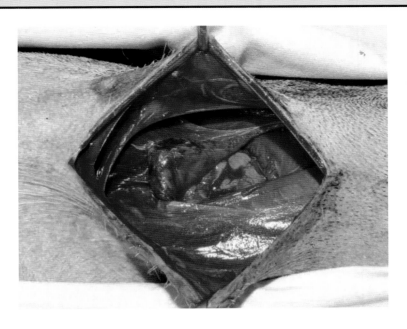

图6　单丝可吸收线，水平褥式缝合闭合腹内斜肌

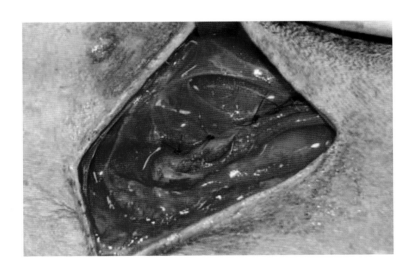

图7　相同方式缝合各肌肉层后疝修补术外观。图片显示紧邻腹直肌的腹外斜肌的闭合情况

最后，外科医生依据自身经验选择皮肤闭合方式（图8）。

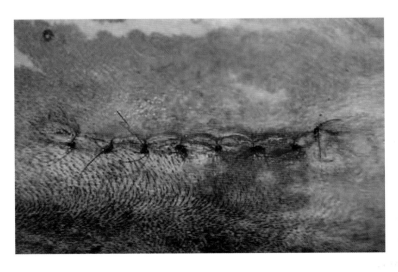

图8　本病例采用单丝缝线对皮肤进行结节缝合

犬泌尿系统器官和血管

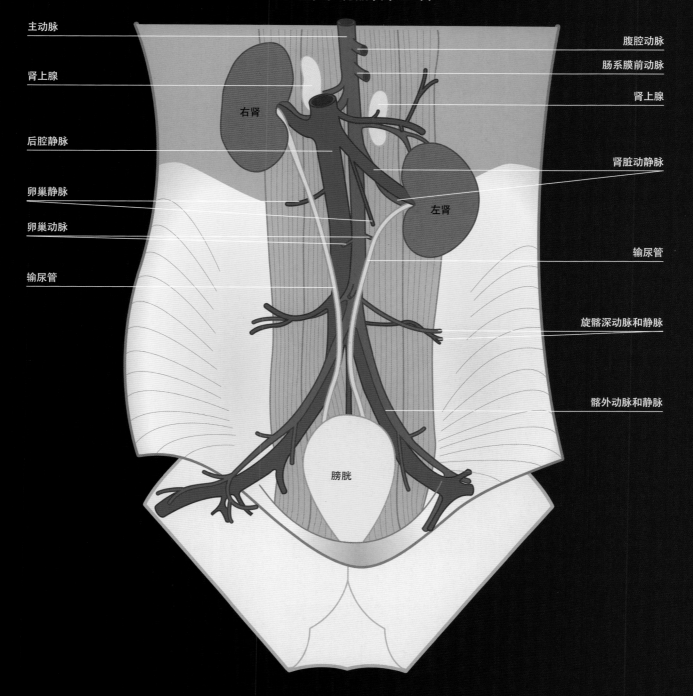

主动脉

肾上腺

后腔静脉

卵巢静脉

卵巢动脉

输尿管

右肾

左肾

膀胱

腹腔动脉

肠系膜前动脉

肾上腺

肾脏动静脉

输尿管

旋髂深动脉和静脉

髂外动脉和静脉

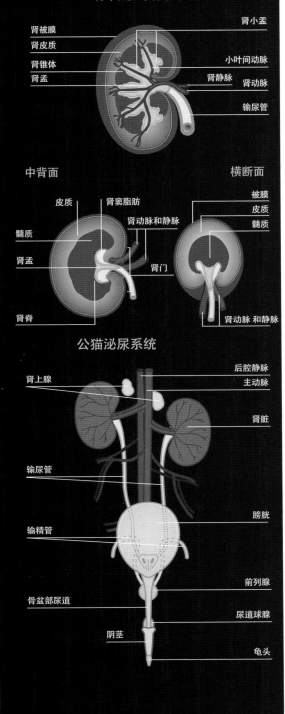

肾脏结构

背平面，平行于中线

肾被膜 — 肾小盏
肾皮质
肾锥体 — 小叶间动脉
肾盂 — 肾静脉　肾动脉
— 输尿管

中背面　　　　　　横断面

皮质　肾窦脂肪　　　被膜
　　　　　　　　皮质
髓质　肾动脉和静脉　髓质
肾盂
　　　　肾门
肾脊　　　　　肾动脉 和静脉

公猫泌尿系统

肾上腺　　　　　后腔静脉
　　　　　　　　主动脉
　　　　　　　　肾脏
输尿管
输精管
　　　　　　　　膀胱
　　　　　　　　前列腺
骨盆部尿道　　　尿道球腺
阴茎
　　　　　　　　龟头

输　尿　管

输尿管结石

病例 1　右侧输尿管结石

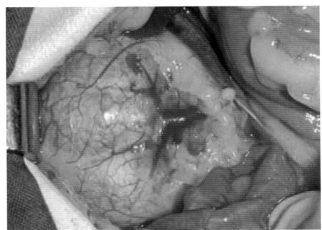

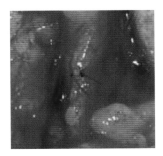

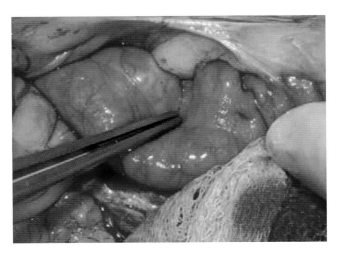

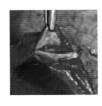

输尿管结石

患病率	■			

输尿管结石是结石存在于输尿管中。输尿管结石切除术是清除结石的外科技术。

疾病简述

据文献记载，犬的肾脏或输尿管结石占所有尿路结石的 5%～10%。在猫更罕见。然而，已经发现猫的患病率要比犬高得多。

输尿管结石常会引起输尿管梗阻和输尿管积水，同时发生或不发生肾积水、尿路感染和肾功能衰竭。所以患病动物要尽快接受手术治疗。

> 所有手术切除的结石应分析其化学成分，以便提供适当治疗，防止复发。

> 所有输尿管结石病例中，应对尿液样本进行细菌培养，排除相关感染。

部分肾结石病例可能会通过饮食疗法溶解结石。在这些病例中，患病动物在溶石过程中，可能存在由于结石变小，从肾脏中排出，而引发输尿管阻塞的风险。因此，需要对这些患病动物进行定期监测，检查是否存在输尿管梗阻。

临床症状

输尿管阻塞会导致肾后性氮质血症，引起厌食、精神萎靡、呕吐和脱水。也可能表现肾盂肾炎的症状。

因为很少出现两个输尿管同时阻塞，所以少尿和无尿现象也少有发生。

诊断

影像学检查

大多数结石不透射线，因此射线检查时可见输尿管密度增加，同时考虑其他部位是否存在结石（图1和图2）。

> 如果在输尿管中发现结石，有必要对其他尿路结构（肾脏、膀胱和尿道）进行彻底检查，排除其他部位的结石。

实验室检查

应进行尿液分析和培养，并进行全血检测和生化分析，尤其是尿素氮、肌酐、磷、钙、钾、总蛋白和白蛋白的检查。

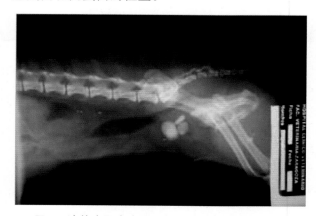

图1 该约克夏犬在输尿管、膀胱和尿道均有结石

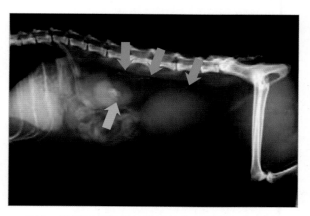

图2 该猫两侧肾脏的输尿管和左侧肾盂出现结石

手术治疗

技术难点

输尿管切开术

当输尿管结石引起梗阻或尿路感染时，应考虑手术清除输尿管结石。手术应尽早进行，防止发生不可逆性肾损伤。

为了更好地使输尿管可视化，确保手术成功，需要使用手术显微镜和显微器械来进行显微手术，同样需要具备此类手术的既往经验（图 3）。

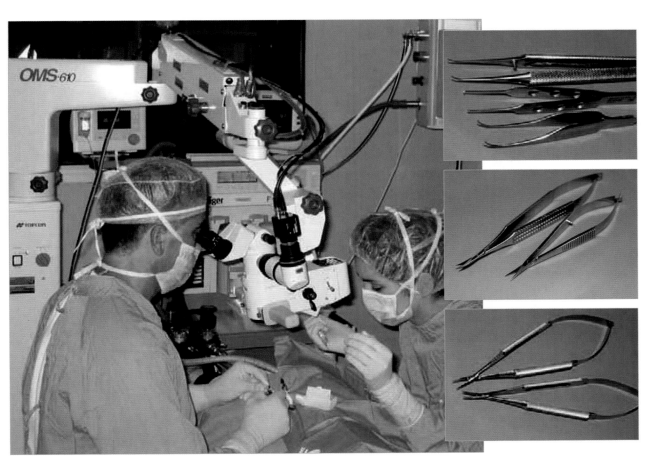

图 3 显微手术需要前期技术培训和特定设备：放大设备（手术显微镜或放大镜）、鼠齿镊与无损伤镊、弯和直型显微剪和显微手术持针器

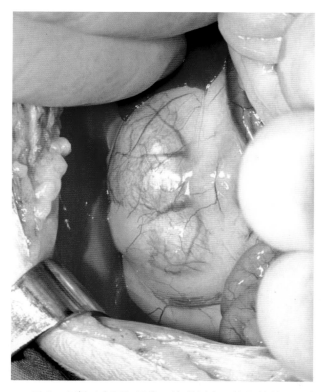 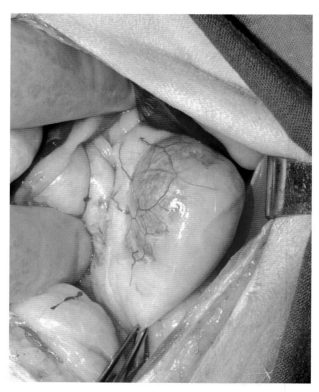

图4　左肾（右图）正常。该病例中，输尿管结石对肾脏的影响很小。右肾（左图）显示宏观改变：表面不规则，浅表血管充血。怀疑该病例发生了肾损伤

　　手术从检查两个肾脏开始（图4）。接着检查输尿管，确定是否发生梗阻。如果近端输尿管发生梗阻，应小心切开输尿管，防止损伤肾血管或小的输尿管血管（图5）。

> 应小心剥离这个解剖区域，因为覆盖肾门的脂肪导致不能很好地观察肾血管或输尿管。也要注意邻近的重要结构，例如后腔静脉或肾上腺。

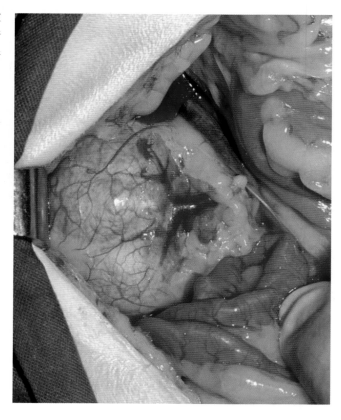

图5　小心剥离肾门及近端输尿管，防止损伤血管或输尿管

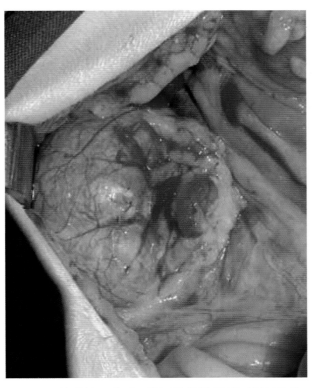

图 6 输尿管阻塞时，输尿管前段明显可见尿液潴留，输尿管弯曲是输尿管阻塞的典型表现

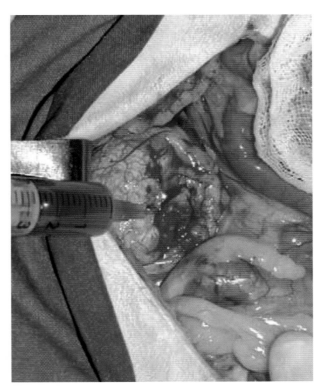

图 7 从输尿管抽取尿液用于细菌培养和药敏试验，同时防止污染腹腔。注意在输尿管和肾盂中蓄积的大量尿液

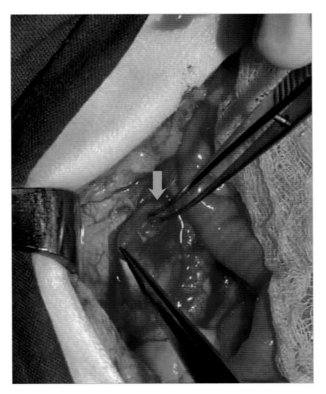

图 8 确定结石位置后，在近端切开输尿管，用显微镊取出结石

移除覆盖在输尿管表面的腹膜后脂肪，可见结石引起的尿潴留导致输尿管扩张（图 6）。直接从输尿管取尿液样本进行细菌培养和药敏试验（图 7）。

> 该类型手术重点是以温热无菌盐水对组织进行定期冲洗，以避免干燥和损伤。

输尿管剥离后确定阻塞位置。在结石近端纵向切开输尿管，用镊子取出结石（图 8）。

该手术需要精确，小心不让其结石移向前侧。如果结石靠近肾盂，这一点则非常重要。因为如果结石向前滑入肾脏则无法将其移除。如果发生这种情况，最好闭合输尿管，等待结石再次进入输尿管时，再进行手术。

取出结石后，在适度压力下用无菌盐水冲洗输尿管内部，肾脏和膀胱方向的输尿管都要冲洗，冲掉所有残留小结石（图9）。

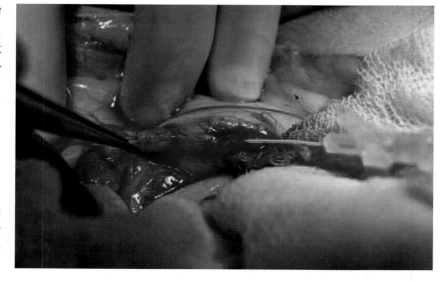

图9　用导管辅助装置冲洗输尿管可以清除所有残余晶体，这样做还可以排除其他部位堵塞，尤其是膀胱方向的输尿管阻塞

根据输尿管宽度，选用5/0~8/0单丝合成可吸收材料缝合输尿管（图10）

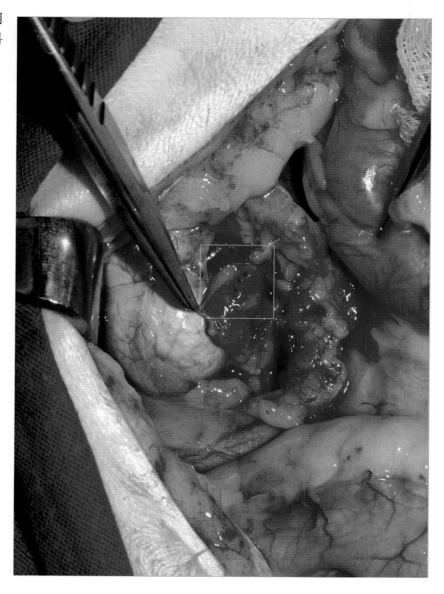

图10　缝合输尿管需使用非常细的缝合材料，以减少疤痕和狭窄的程度。本病例使用8/0缝线对输尿管间断缝合3针

如果输尿管没有扩张，直径很小，或者预计术后输尿管狭窄，可纵向切开输尿管后进行横向缝合。这样就扩大了输尿管腔，降低了缝合后狭窄的风险（图11）。

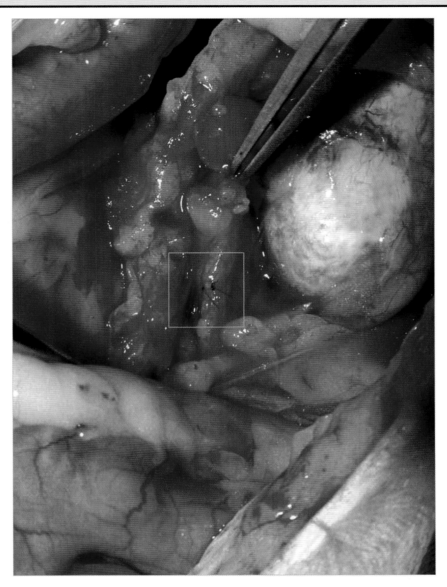

图11 本病例中，横向缝合输尿管以增加水平直径，减少术后输尿管狭窄风险。因为输尿管狭窄可能阻碍尿流出

与所有尿石症病例一样，为降低结石复发危险，应将结石送检进行成分分析（图12）。

图12 双侧输尿管结石病例中取出的结石。分析表明，这些是磷酸镁铵结石（鸟粪石）

输尿管吻合术

如果输尿管在手术中发生损伤或者出现狭窄，可能导致未来阻塞复发，应切除患病区域并吻合。

参见《小动物后腹部手术》中的输尿管周围纤维化：输尿管切除术和端端吻合术。

如果输尿管损伤发生在膀胱附近，可以进行输尿管膀胱造口术。参见《小动物后腹部手术》中的输尿管。

✳ 这种情况下，应尽可能多地保留输尿管周围脂肪，缝合处不能过紧。

输尿管吻合术可以直接进行，也可对断端修整后再进行。修整主要通过对两个断端进行纵向切口，扩大管腔直径来完成（图13）。

根据输尿管直径，采用 5/0～8/0 可吸收缝合材料进行吻合。

为了简化吻合并防止将输尿管壁缝合在一起，在 160°～180° 位置留置两条固定线（图14 和图15）。

图 13　输尿管侧面已做纵向切口，将管腔加宽，便于吻合

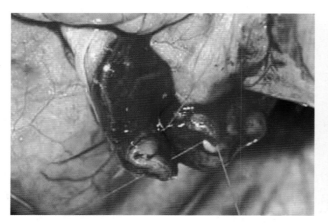

图 14　切口两端放置固定线，以方便缝合两侧吻合

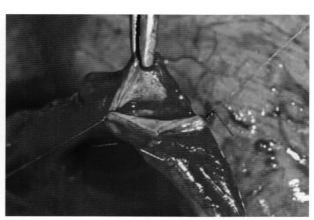

图 15　牵拉固定线，将输尿管末端进行缝合，方便输尿管吻合

使用同样缝合线单纯间断缝合，完成输尿管闭合（图16）。上侧缝合后，输尿管旋转180°，完成下侧缝合。

> 开始吻合前，确保输尿管末端没有扭曲，在足以防止尿液漏入腹腔前提下，缝合针数尽可能少。

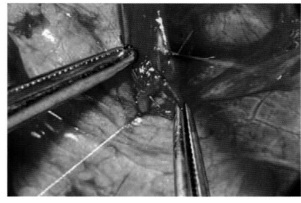

图16 输尿管吻合术使用精细的可吸收缝线进行间断缝合。该图片显示上侧的缝合

术后护理

术前进行为期2周的抗生素治疗（阿莫西林-克拉维酸钾，每12h口服15 mg/kg）十分必要，或根据术中尿液样本药敏结果调整治疗。

建议适度刺激利尿，以减少被肾脏清除的晶体的聚集。

此外，应根据晶体成分调整饮食，将复发风险降至最低。

> ✳ 术后定期检查病患是否因缝合处漏尿而出现尿腹。

输尿管手术可能的并发症是手术区的输尿管纤维化。狭窄可能导致梗阻和尿潴留（图17）

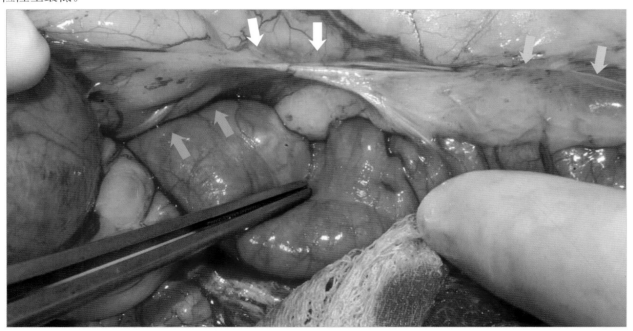

图17 右输尿管积液。开腹手术显示阻塞是由早期手术导致的输尿管周围纤维化所引起（白色箭头）。黄色箭头为扩张的近端输尿管。蓝色箭头为正常的输尿管远端

病例 1　右侧输尿管结石

Luisina 是一只 9 岁的雌性家养短毛猫（图 1），因精神不振、厌食、不和家里的其他猫玩耍，被带来就诊。

放射线检查（图 2、图 3）与血液学检测（BUN、肌酐和磷水平升高），表明输尿管阻塞导致肾功能不全。

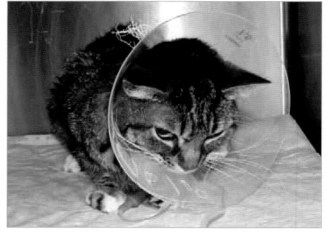

图 1　Luisina 在医院被收治，以纠正全身性变化

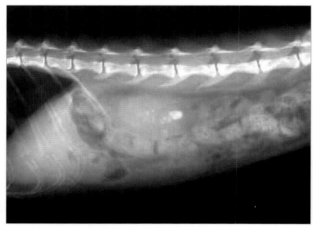

图 2　腹部侧位放射线片显示肾脏附近有一些不透射线区域

病患转诊到医院，在纠正电解质失衡、脱水和酸碱度变化后，进行手术。

参见腹探查术。　➡ 第 315 页

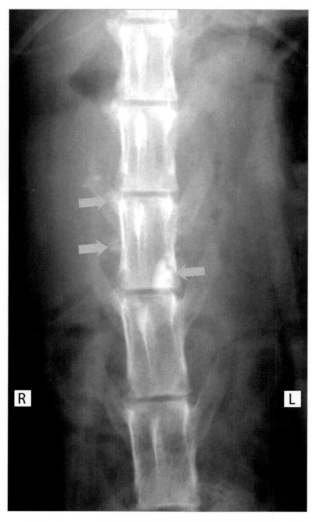

图 3　L₃ - L₄ 水平处可见不透射线性最强的结石，其余结石分布在右肾输尿管近端

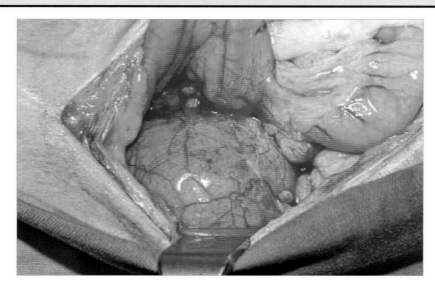

沿腹中线切开，将十二指肠移向腹腔左侧，暴露右肾区（图4）。

输尿管严重扩张，局部炎症导致输尿管与邻近肠管发生大面积粘连。

切开腹膜壁层，暴露输尿管（图5和图6）。

图4　将十二指肠移向腹部左侧，暴露右肾

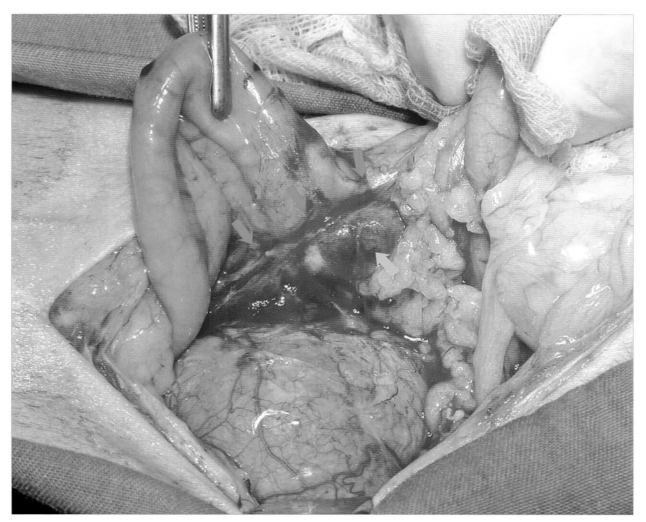

图5　从十二指肠固定部分剥离输尿管。该区域止血时需特别注意，防止损伤输尿管和肠道血管。蓝色箭头指示肠与输尿管的粘连，黄色箭头指示结石导致扩张的输尿管

由于血管位于外周脂肪组织中，因此在进行这种类型的手术时需要小心止血，以保持术部视野清晰，并保持输尿管的血供。推荐使用中度低功率的双极电凝。

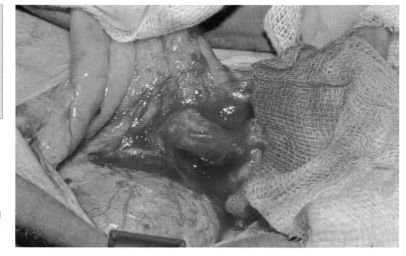

图 6　切开腹膜后，清晰可见阻塞引起的输尿管扩张

抽取尿液样本后，在阻塞近端切开输尿管，取出尿石（图 7）。

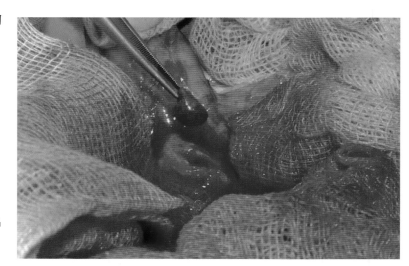

图 7　沿阻塞近端纵向切开输尿管，取出在放射线下可见的高密度结石

之后进行输尿管插管，无菌盐水冲洗，清除残余尿石。

将取出的尿石与术前放射线片看到的结石进行比对（图 8、图 9）。

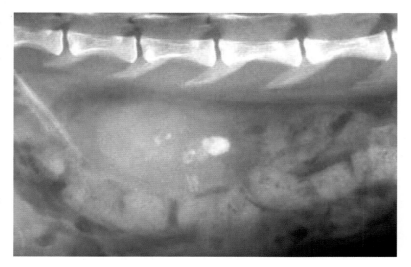

图 8　将术前拍摄的放射线片和取出的结石作对比

图 9　从 Luisina 的输尿管和右肾中取出的结石

使用 8/0 单丝合成可吸收缝线间断缝合输尿管（图 10）。

腹腔冲洗后，按标准方式关闭腹腔。

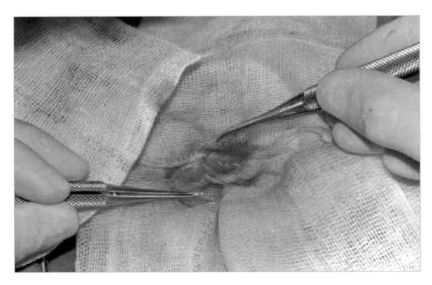

图 10　使用 8/0 单丝合成可吸收缝线进行输尿管的显微外科缝合

术后

药敏结果出来之前，使用抗生素（阿莫西林－克拉维酸钾）进行治疗。如果药敏结果显示细菌对先前使用的抗生素敏感，则使用此种抗生素持续治疗 14d。

尿结晶分析证实这些都是磷酸铵镁结石，对此需要给猫饲喂适当的商品猫粮以防止复发。

定期进行尿分析，监测结晶尿的形成情况或可能的尿路感染。未发现复发。

泌尿系统及邻近器官

母犬

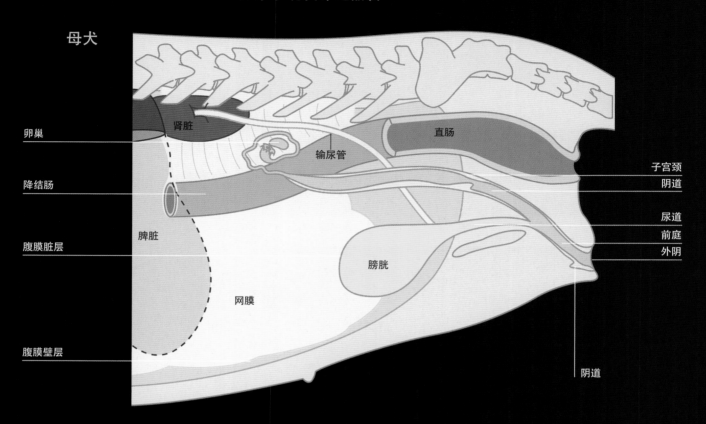

卵巢

降结肠

腹膜脏层

腹膜壁层

肾脏

脾脏

网膜

输尿管

膀胱

直肠

子宫颈
阴道

尿道
前庭
外阴

阴道

母猫

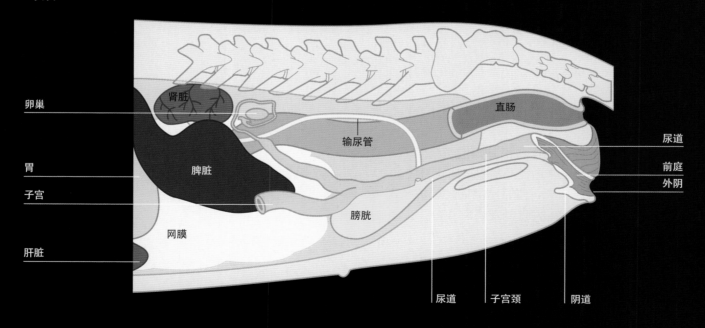

卵巢

胃

子宫

肝脏

肾脏

脾脏

网膜

输尿管

膀胱

直肠

尿道

子宫颈

阴道

尿道
前庭
外阴

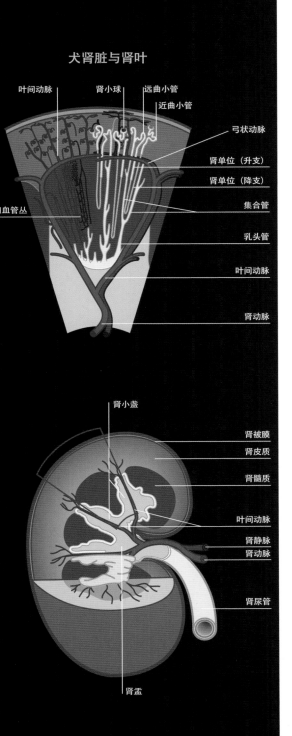

犬肾脏与肾叶

叶间动脉　肾小球　远曲小管
近曲小管
弓状动脉
肾单位（升支）
肾单位（降支）
集合管
乳头管
叶间动脉
肾动脉

毛细血管丛

肾小盏

肾被膜
肾皮质
肾髓质
叶间动脉
肾静脉
肾动脉
肾尿管

肾盂

肾　　脏

肾损伤

肾积水

病例 1　继发于输尿管异位的肾积水：肾切除术

肾结石症

肾盂结石：肾盂切开术
肾结石：肾切开术

化脓性肾炎，肾盂积脓

病例 1　母犬化脓性肾炎
病例 2　母猫肾脓肿

肾肿瘤

病例 1　肾腺癌

肾活检

楔形活检
病例 1　肾楔形活检

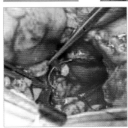

肾损伤

患病率				

交通事故和高空坠落常常导致尿路损伤，膀胱是最常见的损伤部位，尤其当其充盈时；其次是肾脏、尿道和输尿管。

如果肾脏受到损伤，其影响范围可能从一个小的被膜下血肿（图1）到低血容量休克导致的死亡。

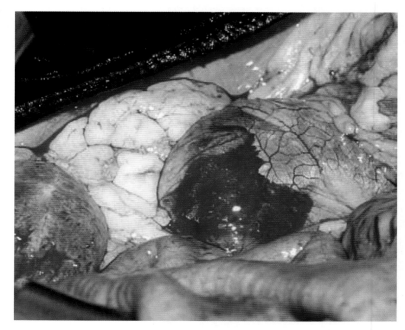

图1 小的被膜下血肿对病患的血液循环无影响

如果腹膜保持完整，病患的血液被滞留在腹膜后腔，不会造成大量的血液丢失，这样的病患一般成活率较高。如果机体血压下降到与肾脏被膜下血肿对肾脏造成的压力相等时，血液将不会进一步丢失。在这些病例中常见到病患腹围膨大、触诊疼痛（图2）。

如果腹膜保持完整，则动物存活的机会更高，因为血液滞留在腹膜后腔。

如果血肿对肾脏产生的压力等同于血压，要防止进一步失血。

在这些情况下，可见腹部内容物增加与触诊疼痛（图2）。

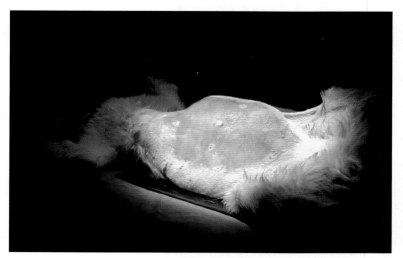

图2 未处置前病患体表外观。3周前，这只动物发生交通事故；因腹膜后腔出现巨大的血肿而就诊

诊断

根据临床病史、身体检查、血液和尿液检查，以及放射线检查进行诊断（表1）（图3至图5）。

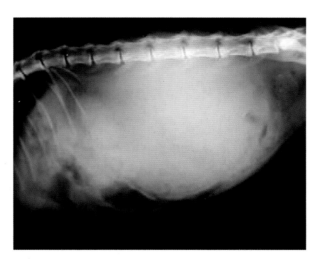

图3　X射线照片显示巨大的肾血肿

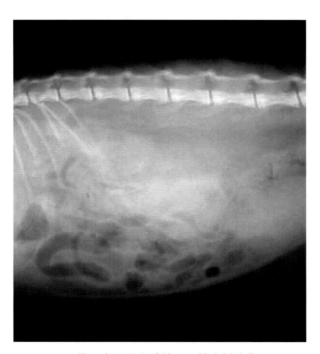

图4　腰椎下方可见大肿块，肠管腹侧移位

表1　腹膜后血肿病例的血液检查结果

血液学		
项目	结果	参考范围
白细胞（×10⁹，个/L）	13.68	5.50~19.50
淋巴细胞（×10⁹，个/L）	2.20	0.40~6.80
单核细胞（×10⁹，个/L）	0.76	0.15~1.70
中性粒细胞（×10⁹，个/L）	10.37	2.50~12.50
嗜酸性粒细胞（×10⁹，个/L）	0.26	0.10~0.79
嗜碱性粒细胞（×10⁹，个/L）	0.08	0.00~0.10
红细胞压积（%）	0.241	0.30~0.45
红细胞（×10¹²，个/L）	5.40	5.00~10.00
血红蛋白（g/L）	84	90~151
血小板（×10⁹，个/L）	136	175~600
血液生化		
项目	结果	参考范围
总蛋白（g/L）	54	54~82
白蛋白（g/L）	21	22~44
球蛋白（g/L）	33	15~57
碱性磷酸酶（μkat/L）	1.01	0.17~1.53
谷丙转氨酶（μkat/L）	6.35	0.33~1.67
总胆红素（μmol/L）	3.42	1.71~10.26
血糖（mmol/L）	9.04	3.88~8.32
尿素氮（mmol/L）	13.92	3.57~10.71
肌酐（μmol/L）	88.4	26.52~185.64
钙（mmol/L）	2.35	2.0~2.95
磷（mmol/L）	1.51	1.09~2.74
钠（mmol/L）	133	142~164
钾（mmol/L）	3.9	3.7~5.8
尿分析		
项目		结果
尿比重		1.025
pH		6
白细胞		3+
尿蛋白		3+
潜血		4+

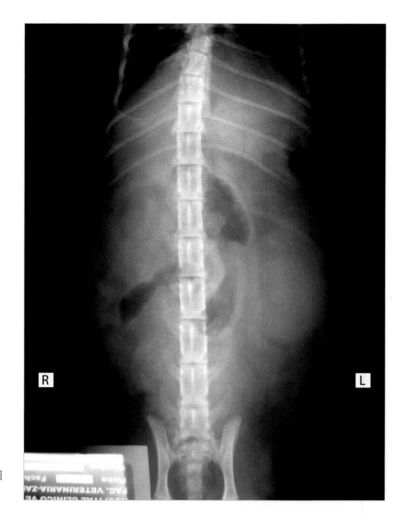

图5 腹背位图像显示病变位于左肾窝。图像与肾周血肿一致

通过排泄尿路造影证实肾脏损伤，造影显示造影剂从肾脏渗漏；肾功能衰竭时，不会有排泄影像结果（图6和图7）。

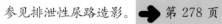

参见排泄性尿路造影。➡ 第278页

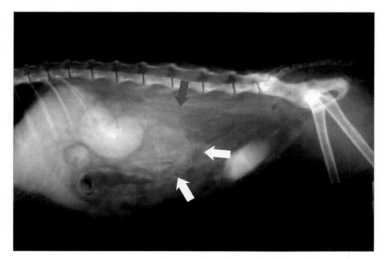

图6 右肾和输尿管大小和功能正常（灰色箭头），左肾比正常肾大（白色箭头）且未见左侧输尿管

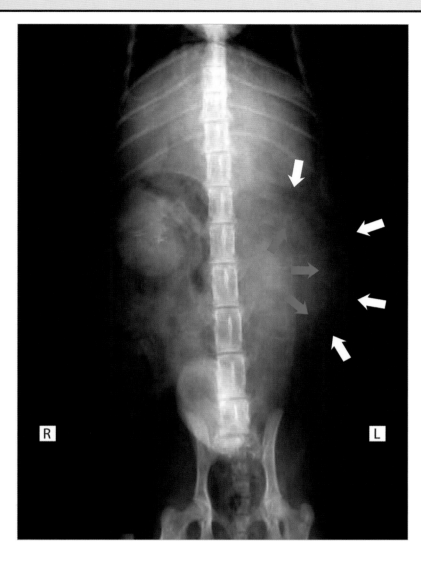

参见《小动物后腹部手术》中的肾切除术或相关临床病例。

图 7　右肾正常排出注射的造影剂。左肾区域，可见肾脏漏出造影剂（蓝色箭头）

由于腹膜后血肿（白色箭头），表现肾脏增大。

在该区域可见肾脏排泄造影剂蓄积产生的不透放射线斑块。

治疗

主要治疗目标是稳定低血容量状态，其次是止血、切除失活组织和损伤修复。

如果考虑肾脏手术，必须定位并用钳夹紧腹部的大血管，以防不可控的肾脏出血（图 8）。

外科手术的目标是采用可吸收材料修复肾脏损伤部位。如果无法修复，则实施肾切除术。

切记，只有在对侧肾脏功能正常情况下，才能实施肾切除术。

在切开腹膜前，确定主动脉和后腔静脉后进行剥离。

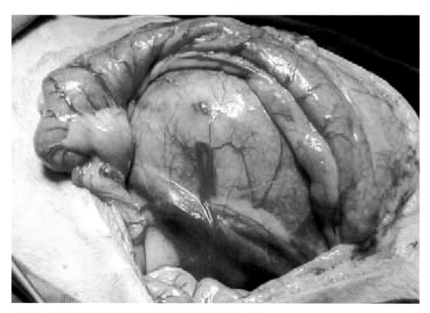

图 8　由于肾破裂导致的左侧腹膜后出现大血肿

肾积水

患病率				

肾积水是肾盂进行性扩张和肾实质继发性萎缩的结果（图1和图2）。

肾积水是由尿路阻塞引起的，如果7d内问题得到解决，肾脏损伤表现为完全可逆性。

即使在完全阻塞4周后，25%肾功能仍能恢复。

尿液不能排泄导致肾积水。

肾积水最常见的原因是：
- 输尿管异位。
- 输尿管或肾脏结石。
- 输尿管周围脓肿或肿瘤。
- 输尿管狭窄或纤维化。
- 卵巢子宫切除术中发生意外性输尿管结扎。

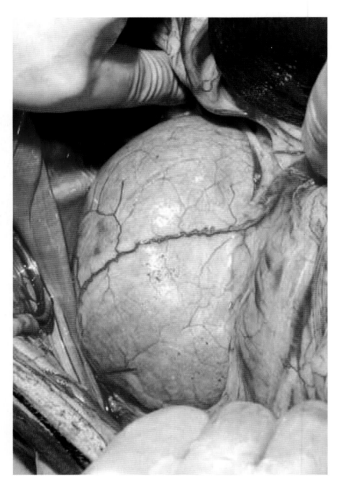

图1　手术中所见的肾积水的肾

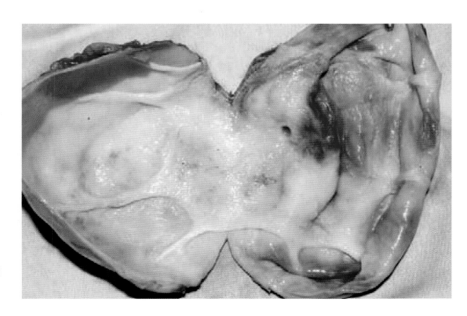

图2　肾积水。注意肾实质完全缺失

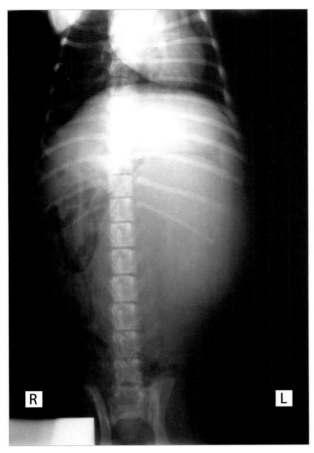

图 3　左肾投射区域表现密度增加，肠道向腹部右侧移位。该放射线图像是一个严重晚期病例

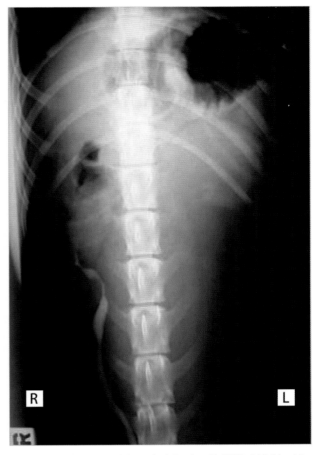

图 4　碘制剂注射表明患病肾脏不能排泄造影剂。该病例只有右肾功能正常

腹部放射线显示，肾脏投射区域密度增加与肠道移位（图 3）。

排泄性尿路造影显示，由于肾功能丧失导致患病肾脏边界不清（图 4）。

对于放射线不能确定的病灶，超声检查是很好的早期诊断工具。

| 参见排泄性尿路造影。 | ➡ 第 278 页 |
| 参见肾脏超声检查。 | ➡ 第 285 页 |

肾脏触诊大于正常肾并且不能排泄造影剂，足以诊断肾积水。

如果大部分肾实质被破坏、功能不可能恢复，且对侧肾功能正常，可以进行肾切除术。

肾切除术是相对简单的技术。然而，实际情况可能会因肾脏大小、与邻近器官发生粘连或腹腔血管的干扰而变得复杂（图5至图7）。

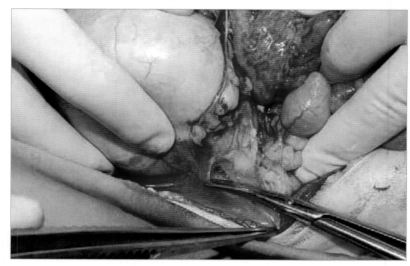

图5 肾脏与邻近组织及腹壁存在多处粘连。切除时应小心，避免损伤重要器官

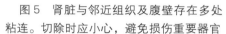
参见《小动物后腹手术》中的肾切除术或相关临床病例。

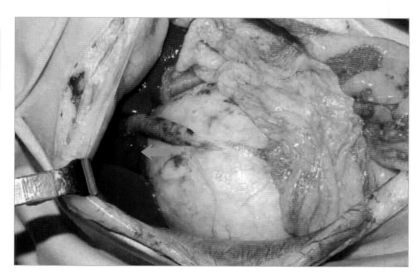

图6 该病例的肾积水性肾脏包裹了腔静脉。箭头指示进入肝脏之前的腔静脉

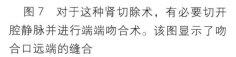
实施肾切除术时，要为任何可能发生的情况或并发症做好准备。

图7 对于这种肾切除术，有必要切开腔静脉并进行端端吻合术。该图显示了吻合口远端的缝合

病例 1　继发于输尿管异位的肾积水：肾切除术

技术难度	

　　Marla，2 岁，雌性，拉布拉多犬，被诊断患有双侧输尿管异位症（图 1 和图 2）。

　　患犬转诊至兽医院解决泌尿问题。

参见开腹探查术。　➡　第 315 页

图 1　Marla 出现持续性尿失禁，它的会阴部位总是被尿浸湿

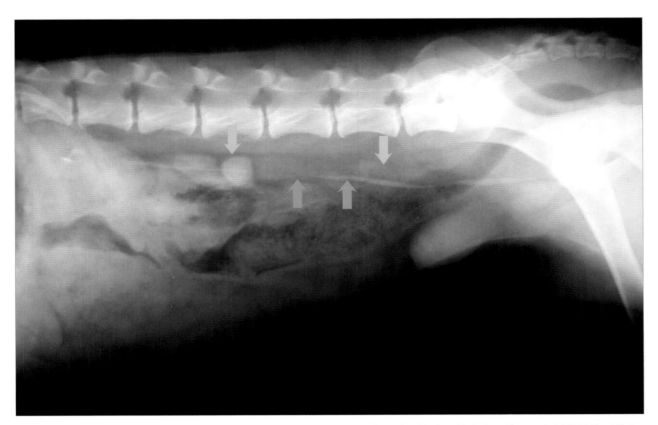

图 2　尿路造影显示两条输尿管都超过了膀胱三角区。右侧输尿管（蓝色箭头）的大小正常，而左侧输尿管（黄色箭头）大幅扩张（输尿管积水）

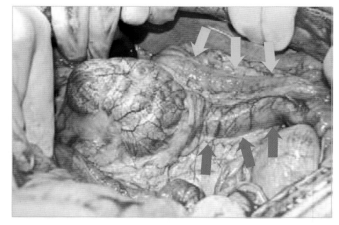

外科手术

　　腹中线开腹后，将肠管移至腹腔右侧，以便检查左肾和输尿管（图3和图4）。

　　之后，剥离右侧输尿管，发现其开口点与左侧输尿管一样位于壁内。通过手术矫正输尿管，使其流入膀胱（图5）。

图3　左肾窝发现异常的肾积水性肾脏，尽管最明显的异常是严重扩张的输尿管（灰色箭头），其大小与结肠相似（黄色箭头）

参见《小动物后腹手术》中的异位输尿管再植术。

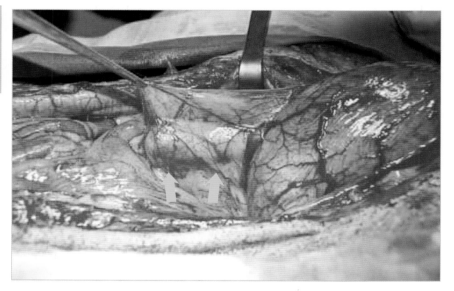

图4　进入膀胱处可见左侧输尿管（黄色箭头）。该病例为壁内输尿管异位

图5　切开膀胱和右侧输尿管后，使用5/0单丝合成可吸收缝线实施输尿管膀胱吻合术

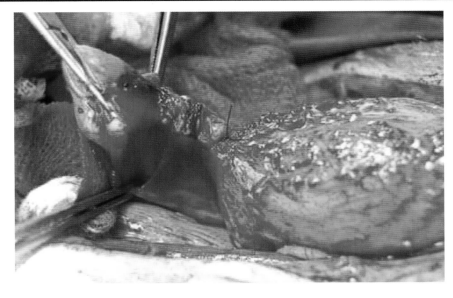

尿潴留引起继发性肾损伤，决定进行左肾切除术。首先剥离输尿管，在膀胱处结扎并切断输尿管（图6）。

图6　剥离左侧输尿管远端后，放置两根结扎线，在输尿管远端接近膀胱位置切断。

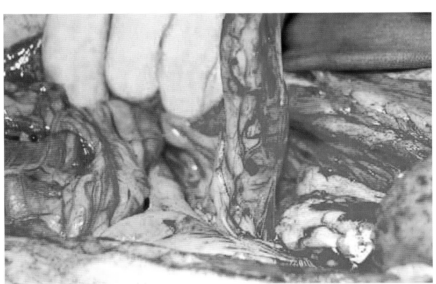

近心端输尿管剥离时，周围小的腹部血管破坏后必须做止血处理，避免继发出血（图7）。

图7　对前方输尿管进行无创伤性剥离。输尿管腹侧血管做凝血处理，防止继发并发症

到达肾脏区域后，距离肾脏一定距离处切开肾脏周围腹膜，以便于操作和固定（图8）。

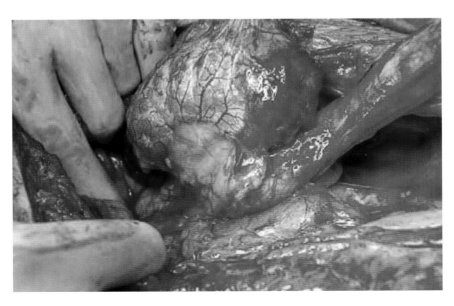

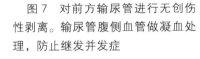
＊切开肾周围腹膜后，以无创方式手动将肾脏从腹壁上分离。

图8　图片显示肾脏的剥离及与腹壁的分离

如果用吻合器结扎血管，虽然无需区分血管类型，但必须将肾脏血管从腹腔血管中分离出来。

下一步，将肾脏血管从腹部大血管中剥离出来，但如果用吻合钉吻合，则无需单独识别它们（图9）。

图9　将肾血管从主动脉和后腔静脉中剥离后，确定肾血管。肾动脉：灰色箭头。肾静脉：蓝色箭头。输尿管：黄色箭头

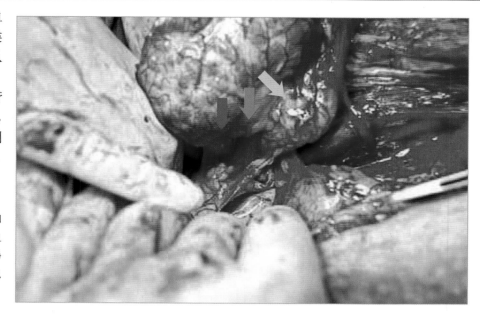

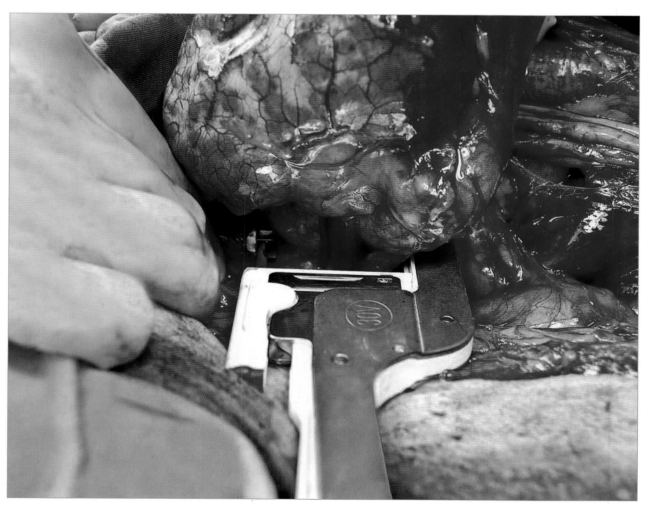

图10　将吻合器放置于肾血管周围，平行固定钳口，防止结扎的组织发生滑动（左侧可见金属杆）

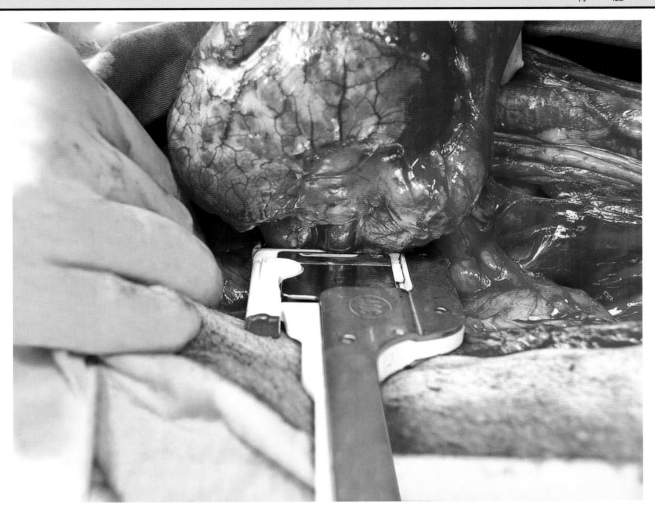

图 11　闭合吻合器并释放 U 形钉，以便闭合肾血管

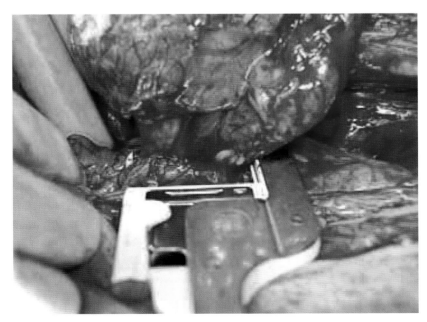

图 12　打开吻合器，检查所有区域，确认操作正确。

本病例的肾血管使用 3 排交错吻合钉进行闭合，止血良好且安全（图 10 至图 12）。所有动物都不要结扎附着在肾静脉上的卵巢或睾丸静脉，吻合钉应尽量靠近肾脏进行结扎。

下一步，夹紧肾血管远端，切断钳端与U形钉之间组织后，摘除肾脏（图13和14）。

> ✱ 闭合腹腔之前，必须检查肾血管是否存在出血。

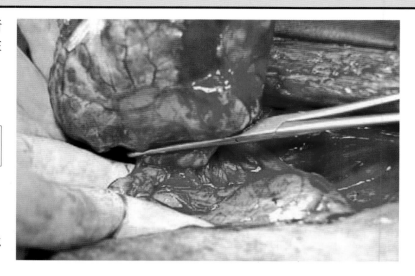

图13　为了防止肾脏血管弹性回缩造成出血，止血钳钳夹的位置尽量靠近肾门

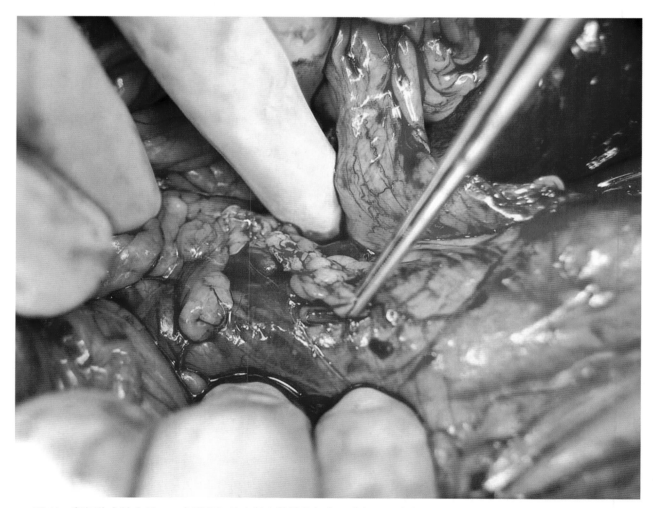

图14　肾切除术结束后，一定要仔细检查肾血管结扎部位，确保不再出血

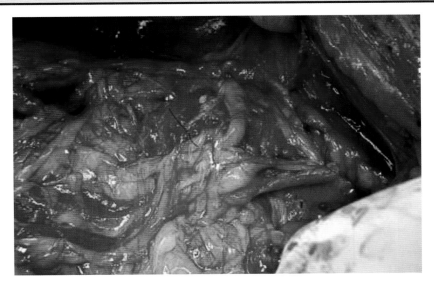

在肾切除术完成并确保没有其他内部损伤后，冲洗和抽吸腹腔，以网膜覆盖膀胱（图 15），并且闭合腹腔。

图 15　为了促进膀胱的愈合且防止与其他腹部组织器官发生粘连，以网膜包裹膀胱

术后

　　患犬恢复良好，未再次发生尿失禁。阿莫西林-克拉维酸钾治疗 12d。术后 2 年内，该犬未发生任何泌尿疾病。

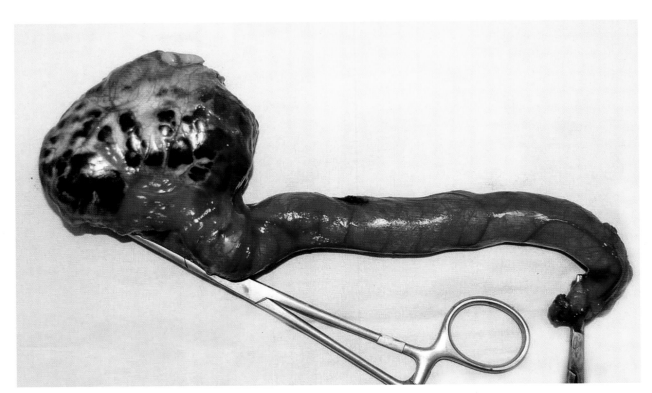

图 16　切除的肾脏和输尿管，可见输尿管异位继发的尿路阻塞引发输尿管严重扩张

肾结石症

患病率				

泌尿系统任何部位都会形成结石，但只有4％的病例发生在肾脏。

导致肾结石症的主要因素如下：

■尿路和肾脏感染。

■遗传性因素（迷你雪纳瑞犬，贵宾犬，约克夏犬，拉萨犬，西施犬，比熊犬和可卡犬）。

■食物类型和部分营养添加剂。

■某些药物。

■肾脏变化或潜在疾病。

■尿液潴留和浓缩尿。

■门脉短路。

临床症状

根据结石的大小、位置、形状和数量，临床症状会有很大的差异。病患可能是无症状的，在这种情况下诊断是偶然的，而其他病患由于肾功能不全或严重感染而病情严重（图1和图2）。

> 这些病患的临床症状表现非特异性，包括血尿、精神状态下降、食欲减退、呕吐和腹痛。

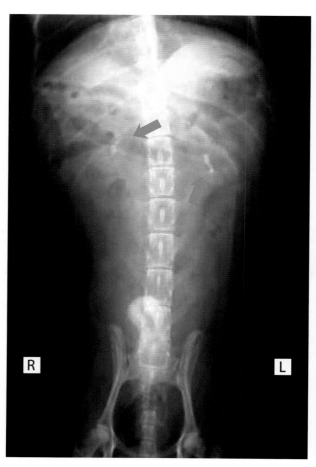

图1　犬双侧肾结石，2个月内偶见发生呕吐

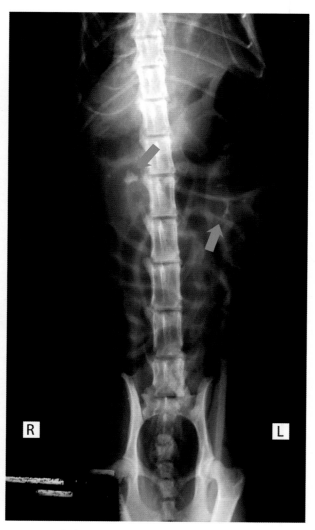

图2　该猫表现腹部触诊时的强烈疼痛，特别是肾区。放射线结果显示明显的麻痹性肠梗阻以及双肾的肾盂结石（蓝色箭头）

诊断

疾病诊断考虑以下检测方法：

■全血细胞计数（白细胞计数升高，尤其是肾盂肾炎病例）。

■肾功能生化检测（尿素氮和肌酐升高）。电解质变化。

■尿分析（白细胞、红细胞、蛋白质、细菌、晶体、管型）和尿结晶分析。

■尿培养。

■放射线平片检查。

■排泄性尿路造影。

■腹部超声检查。

> 无论何种治疗方案，所有肾结石病患都应定期复诊，以监测治疗有效性，并在发生影响全身功能之前确定疾病是否复发。

内科与饮食疗法

内科与饮食疗法适用于临床症状轻微且未表现严重生化异常的病患。根据结石类型和肾排泄抗生素，采取特异性溶石饮食。

> ✳ 这些病患常发生尿路感染。发生结石的病例中，考虑抗生素治疗。

脱水、严重感染和肾功能不全的情况下使用输液疗法。

如果选择了溶石的治疗方式，切记结石会变小，并进入输尿管，导致尿路阻塞。

外科治疗

决定实施手术之前，应评估以下方面：

■病患的总体健康状况。

■溶石饮食基础上的内科疗法有效性。

■患病肾脏的排泄功能。

■对侧肾脏的功能。

■是否存在阻塞性尿路病、肾功能不全、肾积水……

如果肾功能受损，应考虑手术。如果尿石阻塞肾盂，病患表现疼痛，出现肾内尿潴留或肾后氮血症（图3和图4），考虑肾盂切开术或肾切开术。如果存在肾盂积脓相关的不可逆性肾损伤，实施肾切除术（图5）。

> 肾结石的摘除比结石本身造成的损害更大。应谨慎决定手术时机与方法。如果存在局部感染，则需要进行手术。

| 参见肾盂切开术。 | ➡ 第47页 |
| 参见肾切开术。 | ➡ 第52页 |

图3　肾盂大结石导致肾后性肾功能不全的病患实施肾切开术

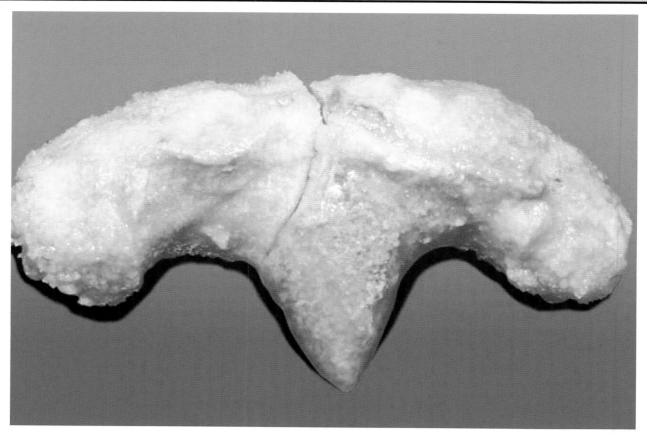

图 4　结石大小和形状与病患的肾盂相似。该结石非常罕见

所有尿路结石均应进行实验室分析，以利于采取适当治疗方法来降低复发风险。

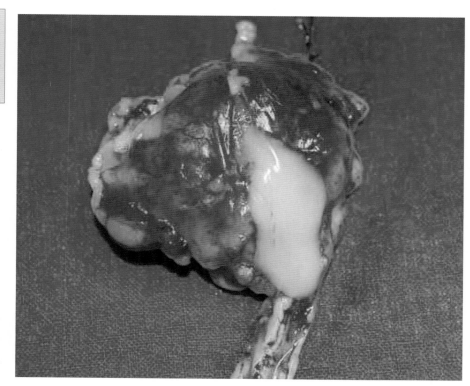

图 5　由于尿路结石影响肾脏和输尿管而导致肾盂积脓的肾脏切除术。病患的康复情况良好

肾盂结石：肾盂切开术

技术难度

肾盂切开术是指取出位于肾盂的结石，但不影响肾盏或乳头。这种技术可避免肾切开术中发生的肾脏损伤。该病例是一只 4 岁波斯猫，精神较差，表现出剧烈的腹痛和少尿。腹部超声检查和放射线检查显示右肾有多处尿路结石（图 1 至图 3）。

> 放射线显示结石的大小和数量，这是决定外科手术的重要信息，且能确保所有结石都被清除。

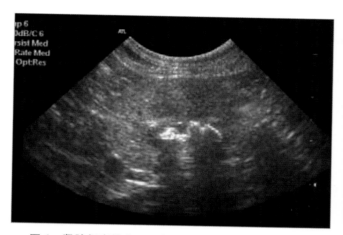

图 1　肾脏超声检查显示肾盂存在结石

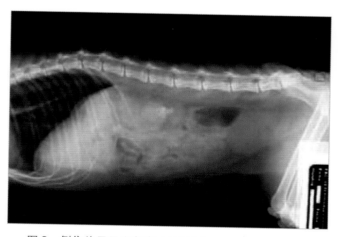

图 2　侧位片显示左肾有 4 块结石

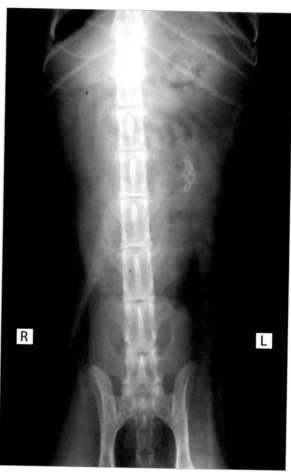

图 3　腹背位片可确认肾结石的数量和位置。泌尿系统的其余部位未见结石

手术方法

如果输尿管未发生扩张，则肾盂切开术是非常复杂的手术。

行腹中线开腹手术，将胃肠移至患体右侧，并用浸泡在温热盐水中的敷料进行保护（图4）。为了加强近端输尿管和肾盂的扩张，在输尿管的远端周围放置一个导管环（图5）。

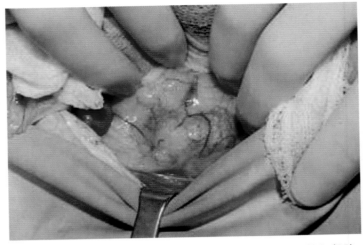

图4 将胃肠包裹移到病患右侧后暴露左肾。注意"保护"肾脏的厚脂肪层

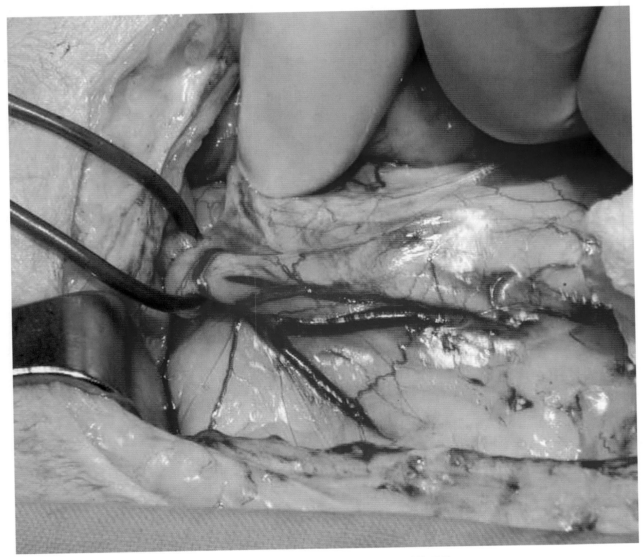

图5 输尿管远端周围放置一个导管环，阻止尿液通过，进一步扩张近端输尿管

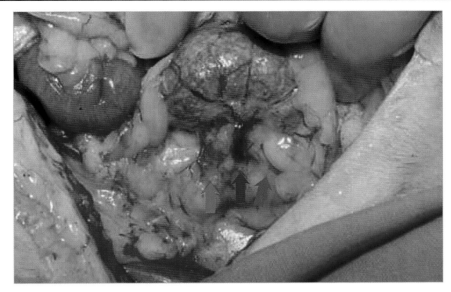

将肾脏从腰下剥离，留下足够的肾周组织以便于操作，并且能够在处理后将肾固定在解剖位置。接下来，肾脏向内侧翻转，暴露其背侧（图6）。

图6　在肾脏远端切开腹膜和肾周脂肪，移动肾脏以暴露其背侧结构。注意该区域的大量脂肪（红色箭头：动脉，蓝色箭头：静脉，灰色箭头：输尿管）

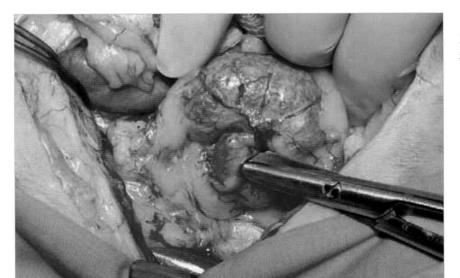

确定肾血管和输尿管位置。小心谨慎进行剥离，避免损伤任何结构（图6和图7）。

图7　仔细剥离邻近肾盂的近端输尿管，小心不要损伤肾血管

11号手术刀切开近端输尿管和肾盂，用镊子取出结石并辅以输尿管内冲洗（图8至图11）。

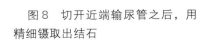

图8　切开近端输尿管之后，用精细镊取出结石

图 9 用镊子轻轻夹住结石并小心取出

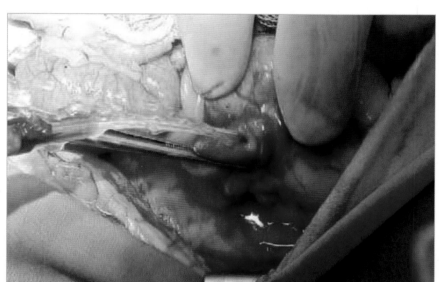

图 10 术中一定要经常冲洗输尿管和肾盂，使已存在的结石发生移动便于移除

图 11 从肾盂中取出的 4 快结石

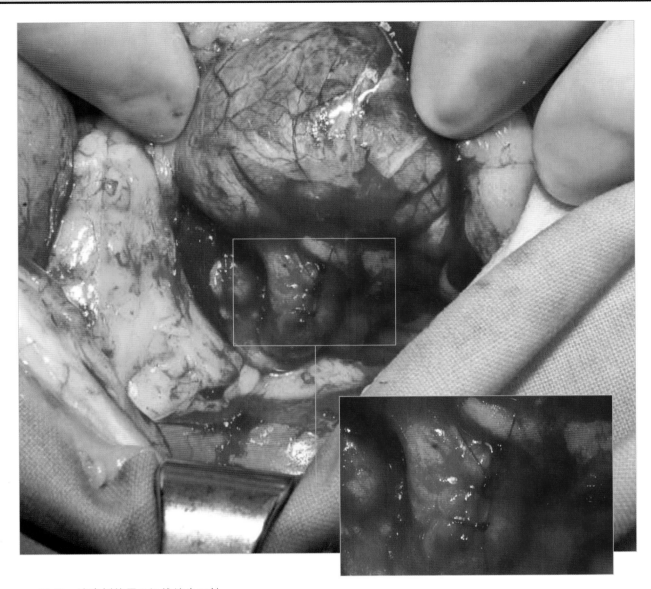

图 12　该病例使用8/0线缝合三针

* 多数病例中有些结石无法确定且难以抓取。需要在一定压力下对输尿管和肾盂进行大量冲洗，辅助移动结石。

　　最后，对尿路从前至后进行冲洗，清除所有残留碎片和细粒结石，确保通畅。根据输尿管的大小，使用4/0至8/0单丝可吸收材料缝合切口（图12）。手术结束时，把肾脏复位到解剖位置，使用可吸收材料做4~5个缝合，将周围脂肪缝合到腹壁上。

肾结石：肾切开术

技术难度

准备肾切开术时应考虑以下几点：

■ 肾积水后很难通过缝合密封肾脏，所以肾切开术不适用这些病例。

■ 肾功能可能会发生25％～50％的暂时性降低。

■ 如果两侧肾脏都需要手术，最好分两次进行。

以作者医院的病例描述该手术方法。8岁雄性混血犬就诊时表现血尿、腹部剧痛且近期停止进食。血液检查结果表明白细胞显著增多和中度尿毒症。腹部放射线显示左肾盂内存在结石（图1和图2）。

图1 放射线显示肾区放射密度增加，可能是由于肾内的结石所致

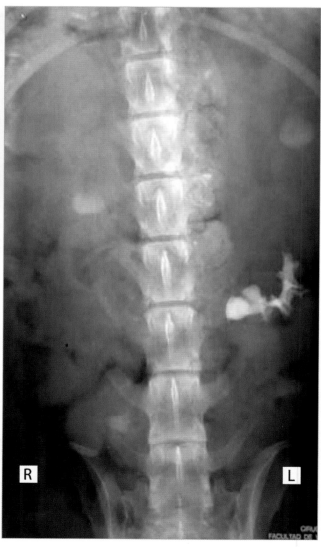

考虑结石大小和尿路阻塞的后果，决定进行肾脏切开术。

图2 腹背位放射线显示，肾结石清晰可见。注意结石呈肾盏状

手术方法

肾切开术会使肾功能暂时降低25%～50%。

从腹腔将肾脏游离分开；肾脏上保留部分腹膜便于处理和随后的复位。

＊ 剥离肾血管之前，应使用不含肾上腺素的局部麻醉剂进行血管周围浸润，防止移除夹钳时发生血管痉挛，且注意改善再灌注。

确定肾血管并进行剥离，并在肾动脉周围放置一条未打结的结扎线，用于紧急情况下控制出血。

＊ 为了降低局部缺血期间发生的肾损伤，夹住血管之前，静脉注射甘露醇 2～3g/kg，大约注射20min。

病患静脉内给予肝素（300U/kg），并用动脉夹暂时关闭肾血管（图3）。

图3　剥离肾门后，在肾动脉周围放置一条未打结的结扎线，以便出血无法控制时结扎，与此同时，将两个动脉夹放置在肾动脉和肾静脉上

为了降低肾脏温度，且减少热缺血的影响，可在肾脏周围放置一个装有冰冻盐水的无菌塑料袋（图4）。

图4　术中，肾脏将经历一个热缺血阶段。为了降低热缺血时对组织的影响，以冷冻盐水包围肾脏

在肾脏凸侧缘做矢状切开直达肾盂，防止损伤肾大血管（图5）。

图5 沿肾脏凸侧切开，直达肾盂。如图所示结石清晰可见

从肾盂中取出尿石，中等压力生理盐水冲洗，除去所有剩余的矿物残骸（图6）。

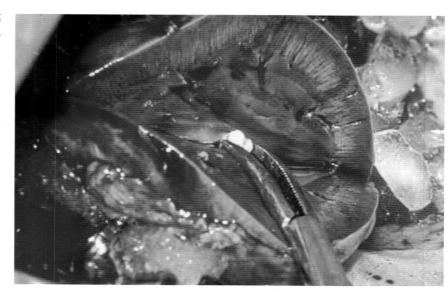

图6 从肾盂中取出尿石

✳ 使用生理盐水和猫用导尿管冲洗肾盂并检查输尿管的畅通性。

✳ 关闭肾脏之前，检查是否存在妨碍尿液流入膀胱的阻塞物。

将猫用导尿管插入输尿管，用生理盐水冲洗，以检查液体能否顺利进入膀胱。

对于肾脏重建，肾盂采用单丝合成可吸收材料进行连续缝合（图7）。缝合肾包膜（图9）之前，放置几根水平褥式缝合线以防止肾实质出血（图8）。

肾实质的褥式缝合线不应太紧，否则可能会妨碍组织灌注。

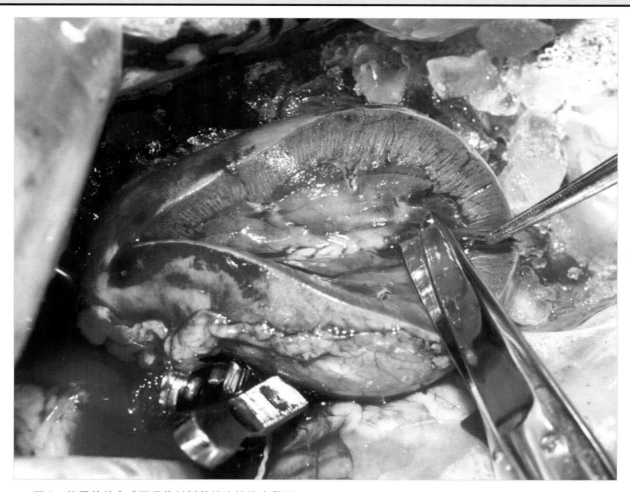

图 7　使用单丝合成可吸收材料单纯连续缝合肾盂

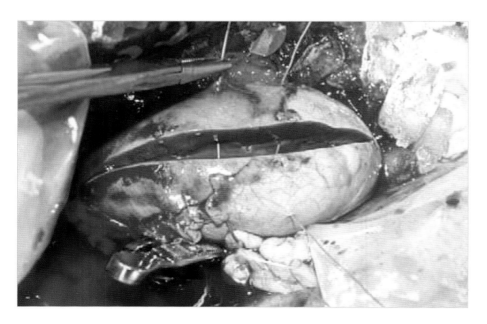

图 8　为了防止肾实质出血，放置了 3 个宽水平褥式缝合线

一些外科医生认为不用缝合肾脏，因为肾脏切开术中形成的血凝块足以使其闭合。

图9　采用单纯连续缝合闭合肾被膜

　　操作完成之后，拆下静脉夹，然后动脉重新启动肾脏循环（图10）。

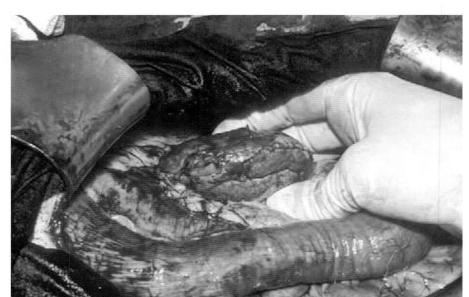

图10　取下血管夹后，确认肾脏的动、静脉血液再灌注情况，检查肾脏切口处是否出血

　　为了强制利尿并使肾脏从缺血期尽快恢复，麻醉师应给予下列药物之一：
- 呋噻咪 + 多巴胺。
- 甘露醇：0.25～0.5 g/kg。20%甘露醇，输注30min。

甘露醇可引起肾血管扩张，增加皮质血流量，提高肾小球的滤过率，从而冲刷被坏死物质堵塞的肾小管，并清除与再灌注综合征相关的游离氧自由基。

术后管理

　　输液治疗应持续24h，每小时检查一次利尿情况［正常情况下，病患尿液产生量为1 mL/（kg·h）］；还要确保无尿液渗漏入腹腔，以及二次出血。抗生素治疗应持续至少2周，并应根据药敏试验的结果进行调整。将所有尿石症病患的结石送检，并根据结果调整病患的饮食。

化脓性肾炎，肾盂积脓

患病率 ▮▯▯▯▯

　　尿路阻塞病患的常见并发症是血源性肾脏感染。下泌尿道的上行感染也可能会引发化脓性肾炎，特别是输尿管膀胱瓣膜功能不全时也会发生化脓性肾炎。

> 应尽可能采集样本进行培养和药敏试验。

　　首先，败血症性肾炎伴发肾内脓液蓄积。如果持续发生尿路阻塞与感染，可能发生肾盂积脓，同时肾实质退化。单侧肾内蓄积脓液（肾盂积脓），提示实施肾切除术（图1）。

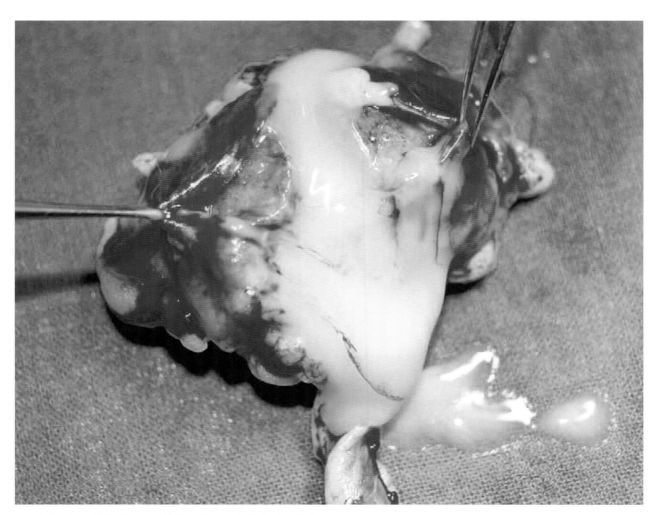

图 1　患输尿管结石导致的肾盂积脓。感染为血源性的。

病例 1　母犬化脓性肾炎

技术难度

Pafi 是一只 10 岁混血母犬，表现出泌尿系统问题，症状包括血尿、排尿困难、尿频；同时表现精神沉郁和厌食（图 1）。

病患体温 39.8℃，腹部触诊发现膀胱内有结石，进行了腹部放射线和血液检查（图 2 和图 3）（表 1）。

图 1　Pafi 精神倦怠，安静，对环境漠不关心

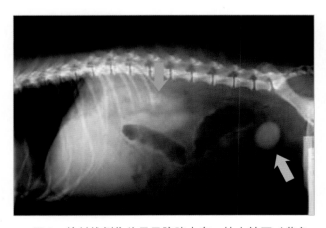

图 2　放射线侧位片显示膀胱中有一块大结石（黄色箭头），肾盂中也有一些结石（蓝色箭头）

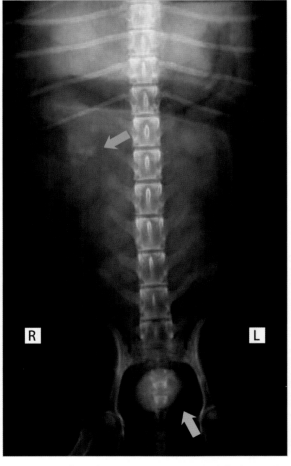

图 3　腹背位放射线结果证实右侧肾脏有结石（蓝色箭头）。黄色箭头指示膀胱结石

排泄性尿路造影证实左肾功能正常（图4）。

参见排泄性尿路造影。　➡ 第 278 页

最终诊断为膀胱结石和右侧肾结石继发化脓性肾炎。

表1　Pafi 的实验室结果

血液学		
项目	结果	参考范围
白细胞（×10⁹，个/L）	35.76	5.50～19.50
淋巴细胞（×10⁹，个/L）	0.97	0.40～19.50
单核细胞（×10⁹，个/L）	6.22	0.15～1.70
中性粒细胞（×10⁹，个/L）	22.90	2.50～12.50
嗜酸性粒细胞（×10⁹，个/L）	0.49	0.10～0.79
嗜碱性粒细胞（×10⁹，个/L）	0.08	0.00～0.10
红细胞压积（%）	0.39	0.30～0.45
红细胞（×10¹²，个/L）	6.19	5.00～10.00
血红蛋白（g/L）	150	90～151
血小板（×10⁹，个/L）	229	175～600
生化检查结果		
项目	结果	参考范围
总蛋白（g/L）	73	54～82
白蛋白（g/L）	21	22～44
球蛋白（g/L）	52	15～57
碱性磷酸酶（μkat/L）	21.81	0.17～1.53
谷丙转氨酶（μkat/L）	0.58	0.33～1.67
总胆红素（μmol/L）	109.44	1.71～10.26
血糖（mmol/L）	22.2	3.88～8.32
尿素氮（μmol/L）	236.4	26.52～185.64
钙（mmol/L）	2.2	2.0～2.95
磷（mmol/L）	＞6.46	1.09～2.74
钠（mmol/L）	133	142～164
钾（mmol/L）	2.8	3.7～5.8
氯（mmol/L）	88	106～120
总二氧化碳（mmol/L）	16	12～27

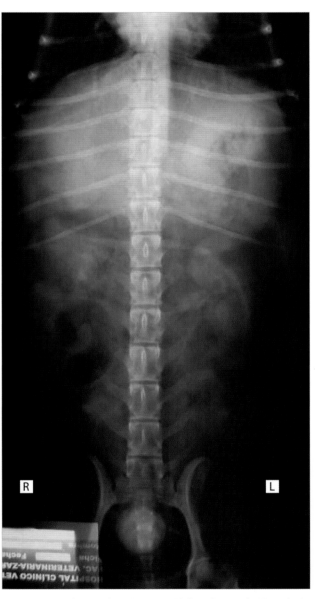

图4　通过排泄性尿路造影评估肾功能。左肾排泄造影剂正常，而右肾则没有排泄

治疗

治疗方法包括右肾切除术（图 6 至图 11），适当用抗生素治疗，以及膀胱切开术取出结石（图 5）。

图 5　膀胱切开术取出结石。以可吸收线缝合膀胱，防止继续形成尿石

参见《小动物后腹部手术》中的膀胱切开术。

参见《小动物后腹部手术》中或本书中的肾切除术。

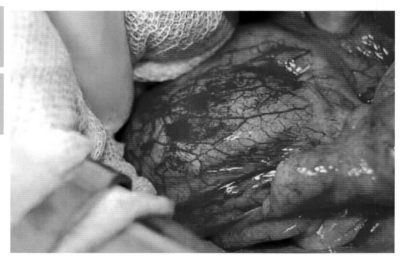

图 6　将肠管移动到患体左侧，可见右肾窝。该图片显示肾脏周围的强烈腹膜炎症反应，同时表现严重血管充血

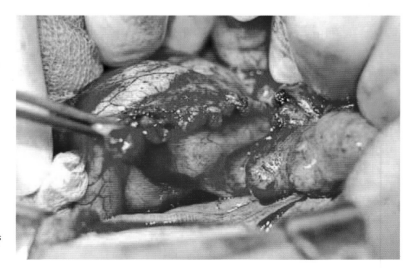

图 7　切割前使用双极电凝器，防止血管出血

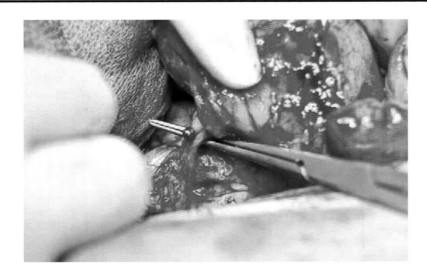

图 8　通过钝性分离将肾脏从腹腔分离，并向内侧移动以使肾血管可视化。图片显示在肾动脉切断之前做一道贯穿结扎

图 9　接下来进行定位、剥离、结扎肾静脉

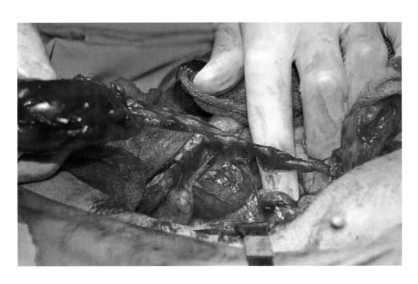

图 10　把输尿管全长剥离直至膀胱，结扎并切断

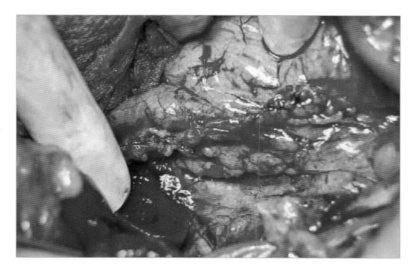

随后检查切除的结构：

有相当大的输尿管结石（图 12 和图 13）。

肾盂中存在许多尿石，伴有大量脓液和明显的肾实质炎症（图 14）。

图 11　肾切除术后，在内脏复位与关腹之前，检查肾血管的出血情况

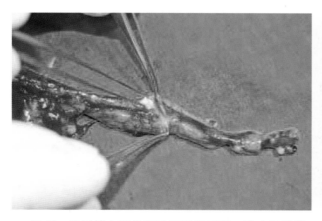

图 12　输尿管中部发现结石阻塞尿路，这也是继发肾脏感染的根源

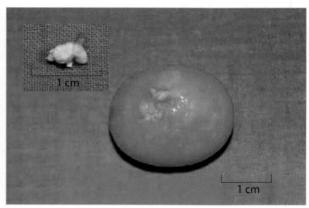

图 13　膀胱和输尿管中结石的大小

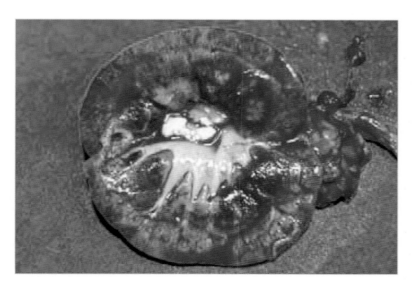

图 14　肾脏矢状切开显示肾盂内的结石和脓液，肾髓质内发生炎症和坏死

术后

病患缓慢恢复，血液检查结果逐日好转，2 周后恢复正常。根据药敏试验，将最初使用的抗生素改为奥比沙星每 24h 2.5mg/kg。持续治疗 12d。

病例 2　母猫肾脓肿

技术难度

Tara 是一只 8 岁的雌性家养短毛猫，就诊时表现精神萎靡、食欲减退和偶见呕吐（图 1）。腹部触诊引起疼痛反应，特别是在肾脏区域。患猫表现中度脱水，体温 38.8℃。

进行腹部放射线检查（图 2）和血液检查（表 1）。

图 1　Tara 就诊当天

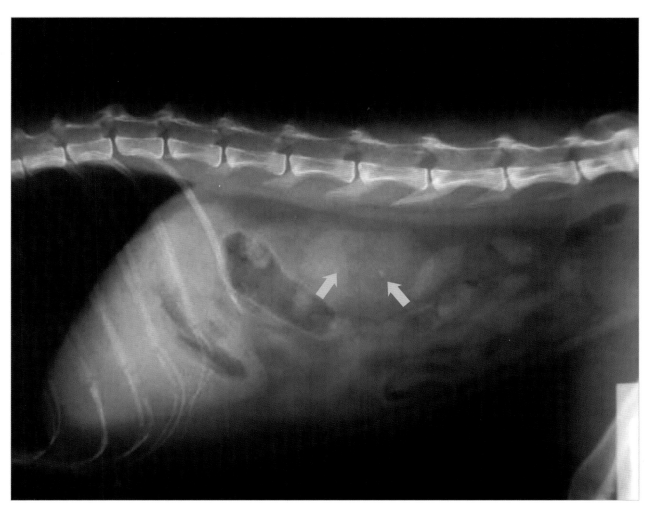

图 2　腹部放射线图片显示肾区有几个密度增加的区域，可能符合尿路结石的结果

表 1 Tara 的实验室结果

血液学		
项目	结果	参考范围
白细胞（×10^9，个/L）	22.01	5.50～19.50
淋巴细胞（×10^9，个/L）	0.67	0.40～19.50
单核细胞（×10^9，个/L）	1.76	0.15～1.70
中性粒细胞（×10^9，个/L）	15.37	2.50～12.50
嗜酸性粒细胞（×10^9，个/L）	0.6	0.10～0.79
嗜碱性粒细胞（×10^9，个/L）	0.22	0.00～0.10
红细胞压积（%）	0.441	0.30～0.45
红细胞（×10^{12}，个/L）	8.40	5.00～10.00
血红蛋白（个/L）	134	90～151
血小板（×10^9，个/L）	345	175～600
生化检查结果		
项目	结果	参考范围
总蛋白（g/L）	82	54～82
白蛋白（g/L）	25	22～44
球蛋白（g/L）	57	15～57
碱性磷酸酶（μkat/L）	0.217	0.17～1.53
谷丙转氨酶（μkat/L）	0.95	0.33～1.67
总胆红素（μmol/L）	<1.71	1.71～10.26
血糖（mmol/L）	7.714	3.88～8.32
尿素氮（μmol/L）	152.2	26.52～185.64
钙（mmol/L）	2.5	2.0～2.95
磷（mmol/L）	0.936	1.09～2.74
钠（mmol/L）	143	142～164
钾（mmol/L）	4	3.7～5.8

由于怀疑发生了化脓性肾炎，因此进行排泄性尿路造影以评估肾功能（图 3 和图 4）

参见排泄性尿路造影。　➡ 第 278 页

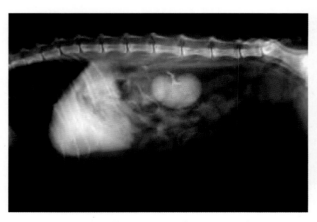

图 3　排泄性尿路造影显示左肾造影剂正常排泄，而右肾无法正确识别

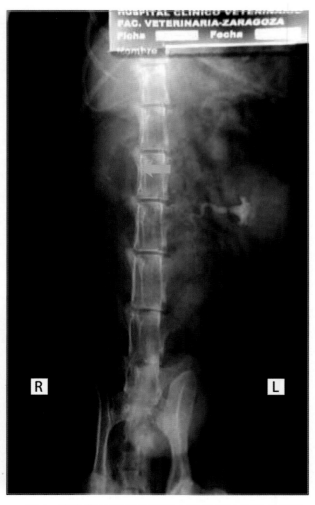

图 4　腹位背 X 射线片证实左肾解剖结构和功能正常。相比之下，右肾并未排泄造影剂，并显示肾盂明显扩张（黄色箭头）

由于右肾功能衰竭，将右肾切除术作为 Tara 治疗的基础方案（图 5 至图 14）。

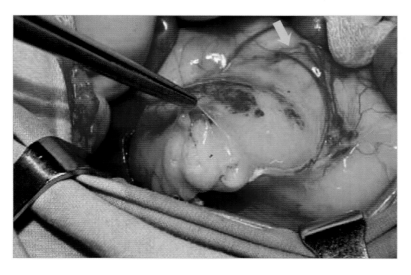

图 5　较长的中线开腹后，将肠道移至患体左侧，暴露右侧肾窝（蓝色箭头：卵巢血管残余；黄色箭头：输尿管）。在离肾脏一定距离处切开腹膜，便于器官处理

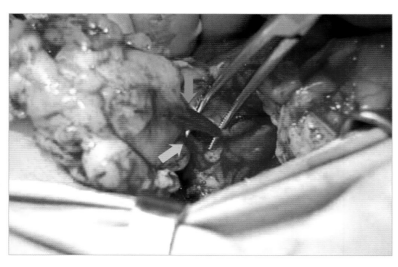

参见《小动物后腹部手术》中的胃切开术或本书第 38 页相关内容。

图 6　从肾脏背侧进行钝性分离，然后将肾脏向内侧翻转，暴露肾脏血管。该图显示剥离出的肾脏血管，将肾脏进行内侧移位，定位肾血管。该图像显示剥离肾静脉（蓝色箭头：静脉，黄色箭头：动脉）

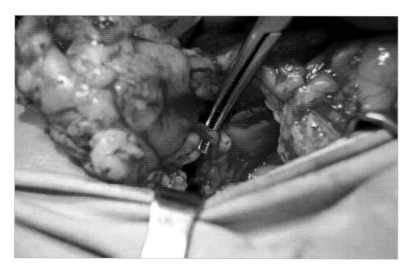

图 7　各血管沿纵向剥离。该图片显示在做动脉结扎之前先放置一把止血钳，将血管和其他组织分离开

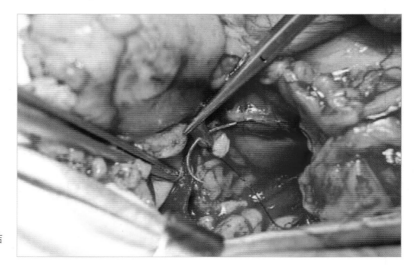

图 8　对肾动脉做贯穿结扎止血。这种结扎法可避免由血压导致的结扎线滑脱

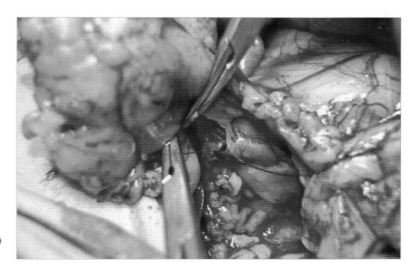

图 9　结扎并切断动脉后，结扎切断肾静脉。静脉血压较低，不必做贯穿结扎

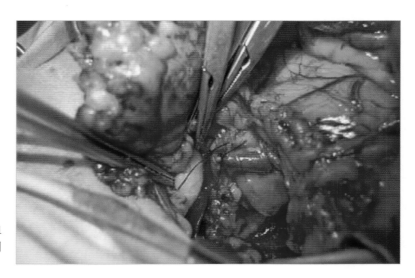

图 10　切记肾脏可能有几个不同的肾血管。本病例出现了 2 个肾静脉，需要分别剥离与结扎

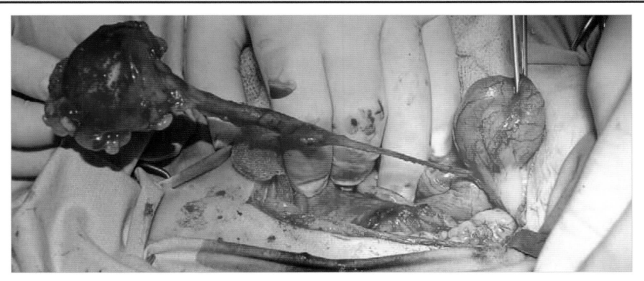

图 11　将整个输尿管剥离直至膀胱。图片显示输尿管中部结石引起输尿管直径的变化

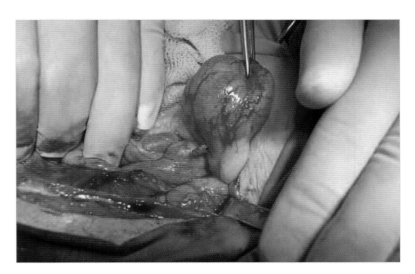

图 12　在接近膀胱的位置将输尿管结扎并切断。从腹腔移出肾脏

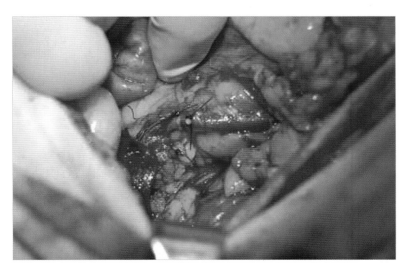

图 13　肾切除术后，确认血管结扎线的位置正确，并且在手术部位没有出血

> ❋ 肾脏血管可能有两套，可能在肾脏的头极或尾极出现。需要小心剥离进行确定。

由于病患几天没有进食，因此决定留置胃管（图 14），防止术后发生肝脂质沉积症。

图 14 关腹之前，为防止恢复期发生肝脏脂质沉积，可在胃中留置 Foley 导管饲喂病患

参见饲喂管的放置。 ➡ 第 326 页

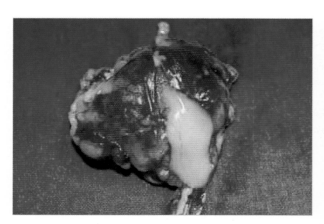

图 15 切开的肾脏排出大量脓性物质

术后

> 肾脏组织病理学证实病患患有严重间质性肾炎，大约 70% 的肾小球和肾小管发生破坏和大面积坏死。

抗生素治疗包括阿莫西林-克拉维酸和恩诺沙星。治疗维持 10d。

细菌培养结果表明，肾盂积脓的病原菌是链球菌，对先前给予的抗生素敏感。

由于 Tara 在手术后拒绝进食，通过胃管饲喂 2 周，直到其食欲恢复。病患逐渐恢复状态，4 周后血液学和血液生化指标恢复正常。

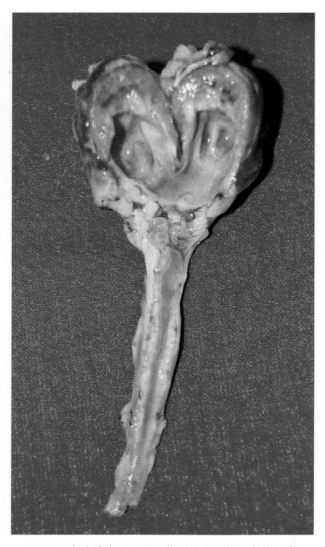

图 16 去除脓液后，可见肾盂扩张和肾积水的程度

肾肿瘤

患病率 ▓ □ □ □ □

　　在小动物临床实践中，肾肿瘤比较少见。最常见的原发性肾肿瘤是犬的肾癌和猫的淋巴瘤。由于肾脏占据大量血流和拥有众多的毛细血管，所以当肾脏发生肿瘤时，应该考虑到容易造成其他器官的肿瘤转移。

> 肾脏转移的发生率很高。

　　根据肿瘤的位置、大小和发展情况（肾积水、血尿、肾肿大等），临床症状表现多种多样，如食欲减退、贫血、发热、体重减轻、红细胞增多症。

　　引起肾脏体积增大的肾肿瘤应该与肾积水或多囊性改变的阻塞性疾病相区别（图1至图3）。

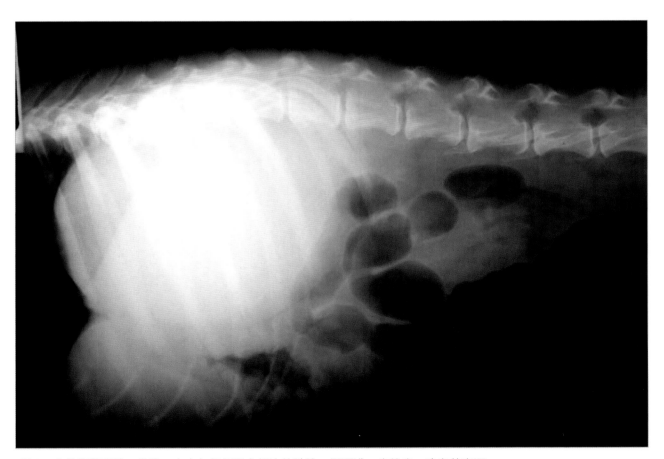

图1　在前腹部区域，发现一个未与任何器官相连的肿块。需要进一步检查，确定其来源

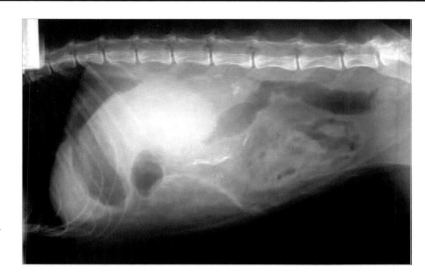

图2 肾区密度和大小增加。本病例认为是右肾。

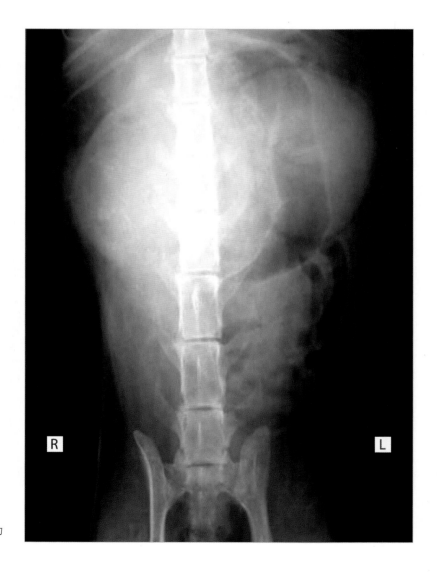

图3 腹背位放射线片显示大的肿物为右肾

超声检查是鉴别腹部器官肿大的非常有效的诊断方法。

　　开始手术之前，必须全面检查腹部或肺部是否存在转移病灶。只有在没有转移并且对侧肾脏形状和功能正常的情况下，才可以切除患病的肾脏（图4和图5）。

参见《小动物后腹部手术》中的肾切除术或本书第38页。

　　预后取决于肿瘤的类型、位置和范围，是否存在转移以及肿瘤的生物学特点。

单侧肾肿瘤切除术后病患的预后表现从良好至谨慎不等。

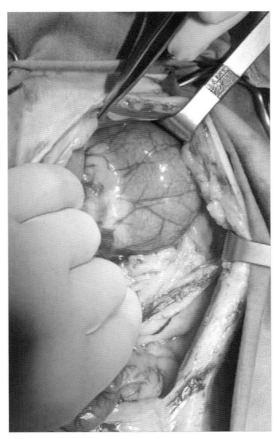

图4　左肾的术中图像，与之前放射线照片为同一病例

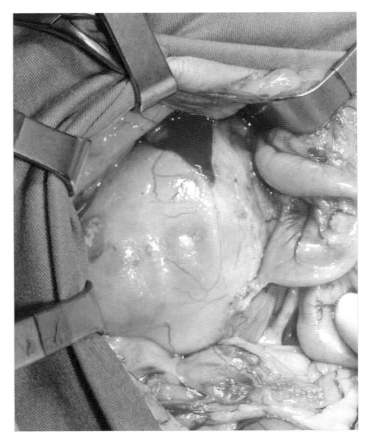

图5　同一病例的右肾：未分化肉瘤。由于对侧肾脏未受影响且没有转移迹象，实施肾切除术

病例 1　肾腺癌

技术难度

8 岁的雌性可卡犬，因虚弱和食欲减退转诊至医院。临床检查显示腹中部有一个大肿块。

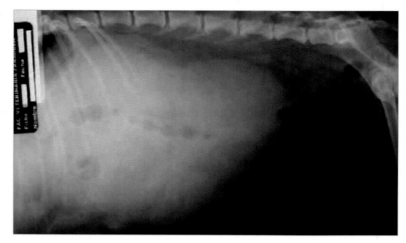

图 1　侧位放射线检查有一肿块占据整个腹中部

放射线检查显示右肾脏肿大（图 1 和图 2）。由于左肾未受影响，功能正常（图 3），且未见转移，决定实施肾切除术。

怀疑肾肿瘤时，使用腹部超声和胸部放射线检查来排除转移。

参见腹部超声。　➡ 第 282 页

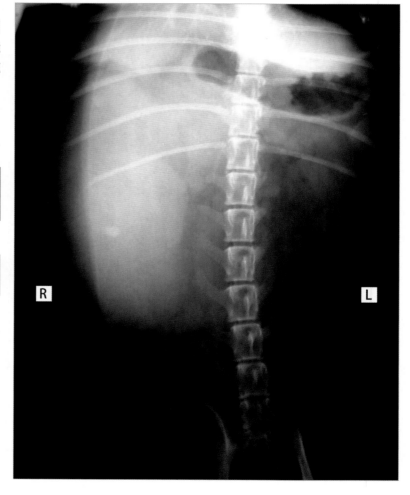

图 2　腹背侧放射线显示肿块与右肾有关

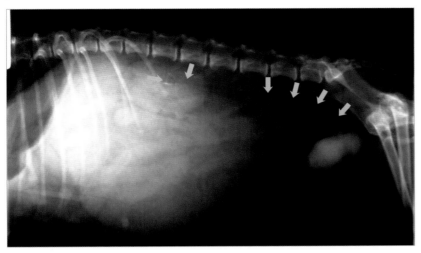

图 3　排泄性尿路造影显示左肾的结构和功能正常

参见排泄性尿路造影。　　➡第 278 页

做一腹中线大切口暴露腹腔后，将病患肠袢移至左侧，并用浸有盐水的无菌手术纱布覆盖（图 4）。

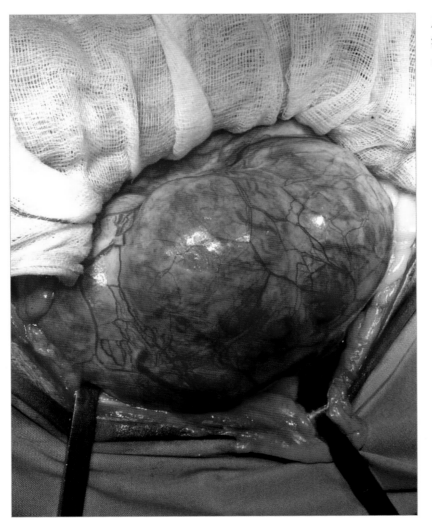

图 4　手术区域的准备工作包括正确放置手术敷料，以保证肠道避开手术操作区域

下一步进行肾静脉识别、剥离、结扎和切断（图5至图8）。

> ❋ 在肾肿瘤病例中，应首先结扎肾静脉，以降低肿瘤细胞扩散的风险，从而减少在处理和切除肾脏期间发生转移的风险。

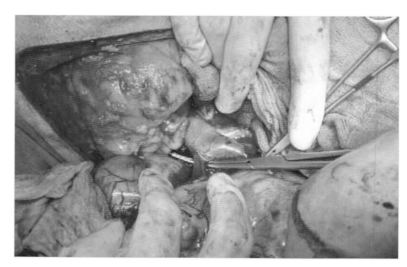

图5　确认后腔静脉和两根肾静脉

图6　小心剥离右肾静脉，以防止损伤下面的肾动脉

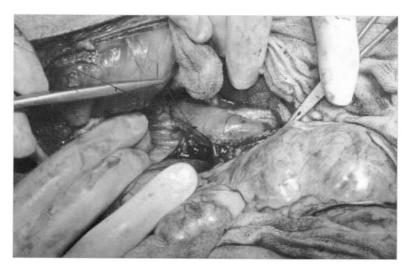

图7　双重结扎肾静脉，在两处结扎点之间留下足够的空间，以免在结扎线间剪断时，靠近后腔静脉端的结扎线滑脱

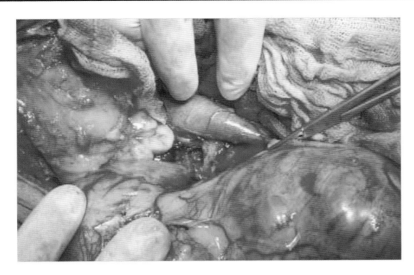

图 8　切断静脉，确认有无出血。如图所示，肾动脉正好在其下方

下一步，剥离并结扎肾动脉（图 9 和图 10）。

✳　肾动脉应使用贯穿结扎。

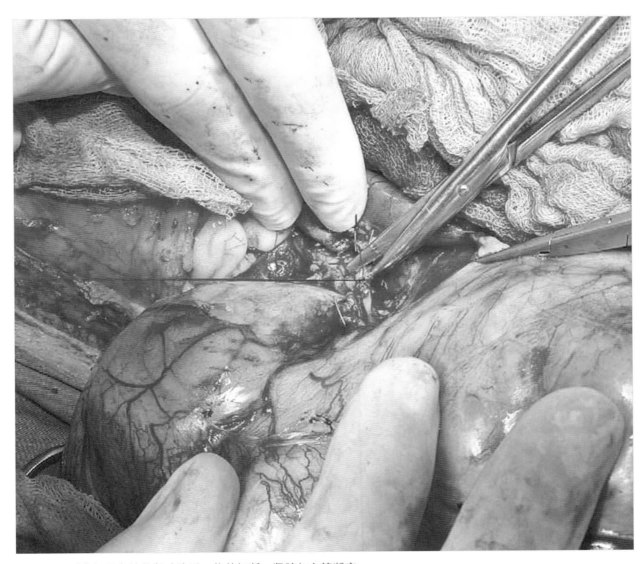

图 9　剥离与贯穿结扎肾动脉后，将其切断，肾脏与血管断离

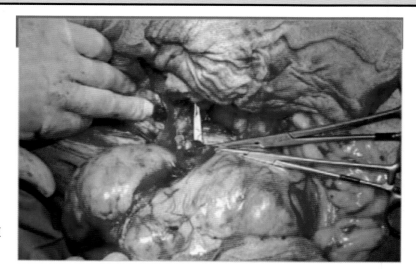

图 10　该图显示了肾血管的止血。从腹壁剥离后，肾脏处于游离状态

下一步，将输尿管从腹壁分离，同时凝固周围血管，直到膀胱（图11），在膀胱处结扎并切断输尿管（图12）。

图 11　游离的肾脏和被剥离到膀胱的输尿管

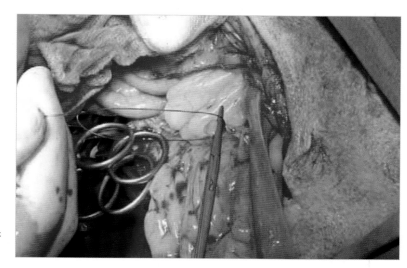

图 12　在接近膀胱处将输尿管结扎并切断

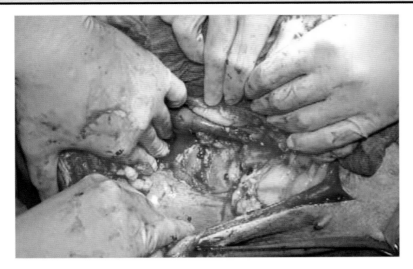

像其他这类手术一样，关腹前常规检查术部是否存在出血（图 13）。

图 13　常规检查重大血管周围的结扎线是否确实，如肾血管

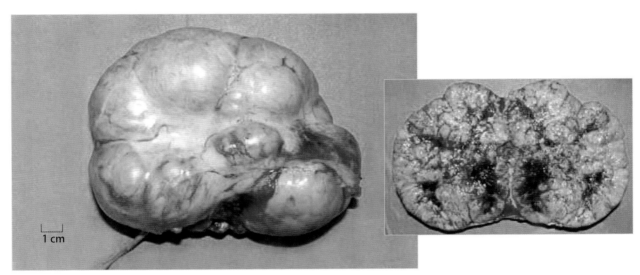

图 14　图像显示肾肿瘤的大小和眼观表现

样本组织病理学证实为肾腺癌。

随访

　　病患恢复良好，10d 后摘除缝线，治疗完成。12 个月后病患因为状态不佳、体重减轻、异常嗜睡而被带到兽医处。胸部放射线显示肿瘤转移（图 15）。主人决定对其实施安乐死。

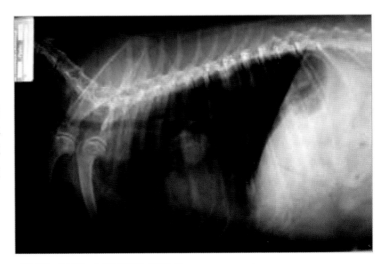

图 15　结节，"炮弹样"转移灶

肾活检

患病率				

肾活检适用于肾功能不全，尤其是急性肾功能不全（图1）。

肾活检可在超声引导下经皮进行，或由腹腔镜辅助（图2和图3）或在开腹手术下进行。

存在恶病质、凝血障碍、大的肾囊肿或肾周脓肿的情况下，不建议经皮穿刺进行肾活检。

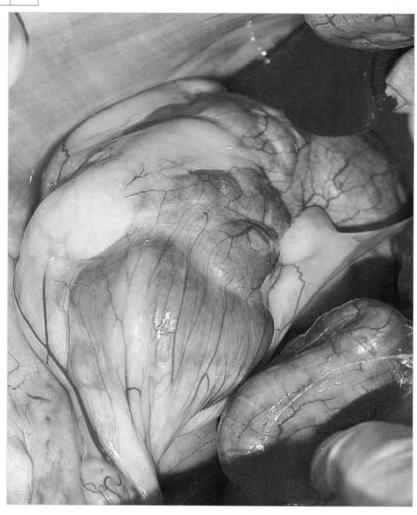

图1　不明原因肾功能不全病患的右肾

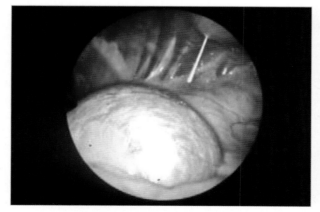

图2　腹腔镜能够直接检查肾脏，可视状态下将活检针引导至最具代表性的组织区域

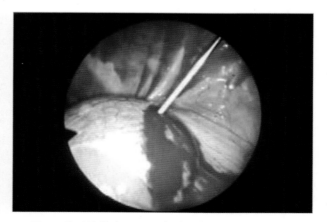

图3　腹腔镜检查可以观察到所有需要注意的肾损伤和出血情况

楔形活检

外科手术活检，即肾实质的楔形切除。楔形活组织检查，是使用手术刀在肾实质上做一个切口。然后，与第一个切口成角度做第二次切开，获得楔形的肾脏组织（图 4 至图 6）。

楔形活组织检查提供了比其他技术更好、更多的样本。

图 4　将胃肠移到对侧，充分暴露肾区。本病例左肾结构异常，将对其进行活检

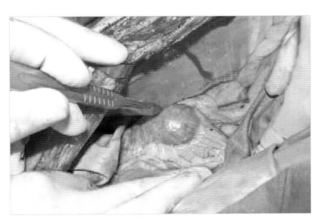

图 5　用手术刀做 2 个相交的切口，获得肾实质的楔形样本

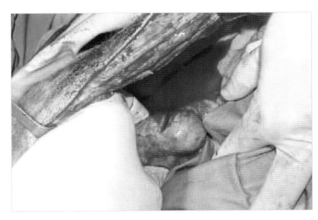

图 6　活检后的肾脏发生缺损，会出现相对大量而持续性的出血

＊　切口垂直于肾脏的凸起缘。

使用 3/0 或 4/0 合成可吸收线做几个褥式缝合，用于止血与关闭切口（图 7）。

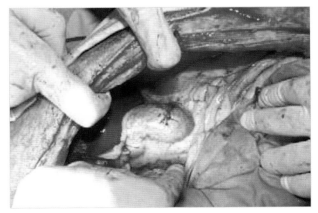

图 7　通过做数个缝合，达到止血和闭合缺损的目的，常规检查切口出血情况

病例 1　肾楔形活检

技术难度 ■■□□□

Chica，3 岁雌性拳师犬，现在的主人 6 个月前发现该犬尿失禁。犬主人未见该犬的其他异常临床症状。

兽医对该犬进行了多项检查；尿液分析结果未见异常，表 1 为血液检查结果。由于怀疑输尿管异位，进行了排泄性尿路造影，结果显示只有轻微的输尿管扩张。输尿管似乎在膀胱三角区正常终止，但膀胱壁非常厚。

考虑到需要准确诊断，患犬被转诊至作者所在医院进行肾脏及膀胱活组织检查（图 1），以及大中线剖腹手术。将输尿管剥离至直膀胱处，显示进入膀胱位置正常。进行膀胱切开术并从膀胱壁取样进行全层活检。检查双侧肾脏发现异常，外观表现结节状（图 2）。

表 1　Chica 的实验室检查结果

血常规检查结果		
项目	结果	参考范围
白细胞（×10^9，个/L）	9.70	5.50～19.50
淋巴细胞（×10^9，个/L）	2.2	0.40～19.50
单核细胞（×10^9，个/L）	0.3	0.15～1.70
中性粒细胞（×10^9，个/L）	6.41	2.50～12.50
嗜酸性粒细胞（×10^9，个/L）	0.7	0.10～0.79
嗜碱性粒细胞（×10^9，个/L）	0.01	0.00～0.10
红细胞压积（%）	0.221	0.30～0.45
红细胞（×10^{12}，个/L）	3.40	5.00～10.00
血红蛋白（个/L）	104	90～151
血小板（×10^9，个/L）	395	175～600
血液生化检查结果		
项目	结果	参考范围
总蛋白（g/L）	67	54～82
白蛋白（g/L）	28	22～44
球蛋白（g/L）	39	15～57
血糖（mmol/L）	5.77	3.88～8.32
尿素氮（μmol/L）	564.32	26.52～185.64
钙（mmol/L）	3.0	2.0～2.95
磷（mmol/L）	2.939	1.09～2.74

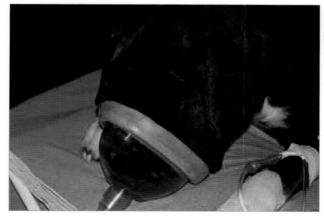

图 1　术前，Chica 通过面罩吸氧，改善血液氧合状态

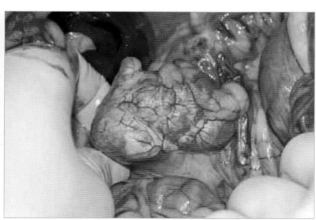

图 2　该病例左肾外观表现结节状。右肾与左肾相似

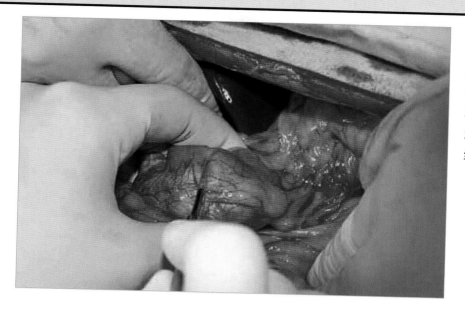

做肾脏楔形活检时，在肾脏的凸面区域用手术刀（号）做一切口（图3）。然后再做一个与第一个切口约20°的第二个切口，以获得组织样本块。

图3　肾脏凸面的第一个切口

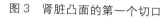

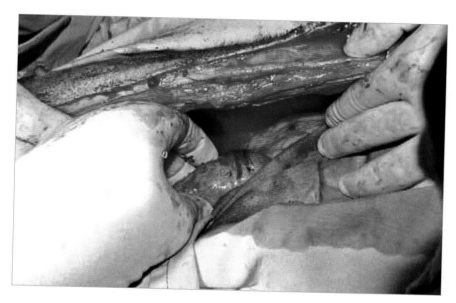

为控制活组织检查区域出血，用4/0单丝可吸收线做4个水平褥式缝合（图4）。

图4　用可吸收线做褥式缝合闭合肾脏切口

病理报告

依据组织病理学作出如下诊断。

膀胱：慢性糜烂性膀胱炎。

肾脏：慢性间质性肾炎、肾小球及肾小管变性。

结论

可能性原因之一是逆行感染，开始表现为膀胱炎，然后发展成为肾盂肾炎，最终导致肾脏变性和纤维化。

另一种可能是以胎儿或围产期感染引起的间质性肾炎，然后下行至膀胱，导致慢性膀胱炎的发生。

雄性犬肾脏与肾上腺的腹侧

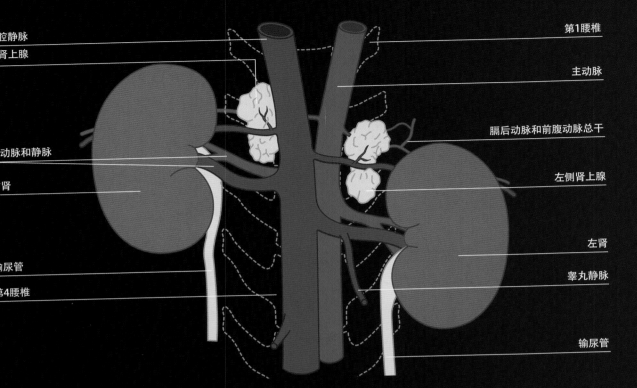

腔静脉
肾上腺
动脉和静脉
肾
输尿管
第4腰椎

第1腰椎
主动脉
膈后动脉和前腹动脉总干
左侧肾上腺
左肾
睾丸静脉
输尿管

大腹腔左侧图

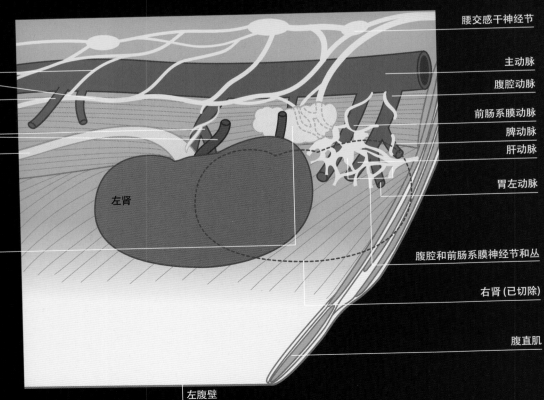

主动脉丛
卵巢动脉
肾动脉和静脉
输尿管
左肾上腺

左肾

左腹壁

腰交感干神经节
主动脉
腹腔动脉
前肠系膜动脉
脾动脉
肝动脉
胃左动脉
腹腔和前肠系膜神经节和丛
右肾 (已切除)
腹直肌

肾 上 腺

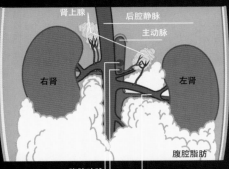

雪貂腹腔腹侧

肾上腺
后腔静脉
主动脉
右肾
左肾
腹腔脂肪
腹腔动脉
前肠系膜动脉
肾动脉与静脉

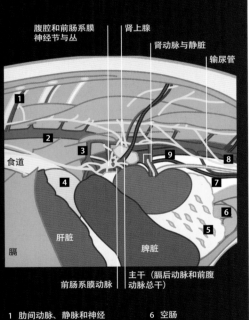

犬肾上腺邻近器官

腹腔和前肠系膜
神经节与丛
肾上腺
肾动脉与静脉
输尿管
1
2
3
9
8
食道
4
7
6
肝脏
5
膈
脾脏
肠
前肠系膜动脉
主干（膈后动脉和前腹
动脉总干）

1	肋间动脉、静脉和神经	6	空肠
2	主动脉	7	睾丸动脉和静脉
3	腹腔动脉	8	前肠系膜神经节
4	胃	9	后腔静脉
5	大网膜		

概述

肾上腺切除术

雪貂肾上腺切除术
嗜铬细胞瘤

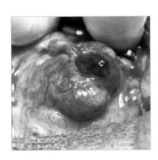 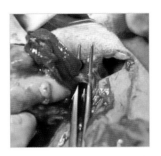

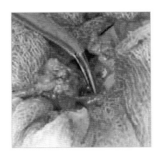 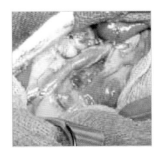

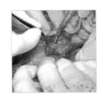  

概述

患病率	■			

肾上腺分泌几种不同物质：

■ 盐皮质激素，调节钠和钾的平衡。

■ 糖皮质激素，除了在一些代谢过程中起作用，也影响免疫系统、造血作用和神经系统功能。

■ 生殖激素，例如孕酮、雌激素和雄激素。

■ 儿茶酚胺，如肾上腺素和去甲肾上腺素。

约有10％～20％库兴氏综合征是由肾上腺皮质肿瘤引起。

肾上腺皮质机能亢进的最常见原因是医源性；其次是脑垂过度分泌ACTH导致肾上腺皮质机能亢进；最后是肾上腺肿瘤，病患可能出现多饮多尿，肌肉萎缩，虚弱，皮肤变薄，毛发粗糙（图1），腹内脂肪增多，高糖血症，电解质紊乱，高血压（图2），充血性心衰和泌尿感染等症状。

肾上腺皮质机能亢进病患术后出现肺血栓的风险增加。

如果肿瘤侵袭腔静脉，也会出现腹水和水肿（图3）。

图1 雪貂右肾上腺肿瘤

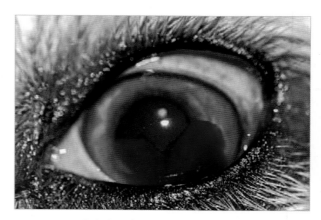

图2 眼内出血，肾上腺嗜铬细胞瘤导致高血压的继发表现

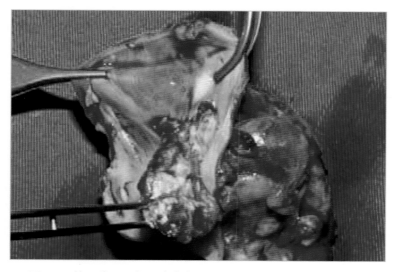

图3 尸检图片显示肾上腺腺癌组织已经侵袭后腔静脉

手术适应证

因为肾上腺切除术仅适用于肾上腺肿瘤病例，所以应准确诊断库兴氏综合征的病因。

如果肾上腺机能亢进为垂体依赖型，内科治疗即可。一般情况下，不推荐双侧肾上腺切除。肾上腺切除术不适用于肿瘤转移病例，或肿瘤已经侵袭后腔静脉的病例。

术前很难诊断腔静脉是否受到肿瘤侵袭；要与动物主人讨论，一旦手术中发现肿瘤侵袭，应采取哪些措施。

糖尿病病患也禁忌实施双侧肾上腺切除术，因为病患缺乏内源性儿茶酚胺类激素，导致糖尿病患高血糖调节困难。

参见肾上腺切除术。　　➡ 第 86、90 页

术前

麻醉前应实施完整的心脏检查。首选纠正电解质失衡。因为这些病患表现更高的术后感染危险，所以应使用抗生素预防感染。

> 高水平糖皮质激素有免疫抑制作用，导致病患更容易发生术后感染。

术中

肾上腺位于每侧肾脏的头极。前移肝脏以便于寻找肾上腺。

> ＊ 肝脏质地脆弱，易发生撕裂，须小心处理。

左肾上腺通常比右肾上腺大一点。右肾上腺非常接近腔静脉，其肾上腺囊甚至可能与腔静脉的外膜相连。

肾上腺血供来源于很难识别的小动脉，这些小动脉被肾上腺周围脂肪包围。膈腹静脉穿过肾上腺，保证肾上腺的静脉血液回流（图 4）。

> ＊ 通过抓取外周脂肪处理肾上腺；避免直接夹取肾上腺。

结扎或双极凝血应该在离肾上腺一定距离的位置进行。在肾上腺血管完全分离之前，尽可能少处理腺体，以避免肿瘤细胞扩散（肾上腺癌）或释放产生高血压和致心律失常的血管活性物质（嗜铬细胞瘤）。

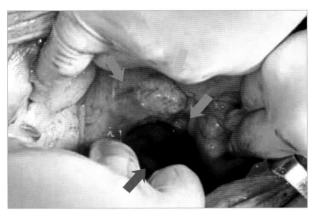

图 4　左肾上腺肿瘤（黄色箭头）。灰色箭头：左肾，蓝色箭头：肾上腺两侧的膈腹静脉

> ＊ 没有单一的肾上腺动脉供应肾上腺，肾上腺接受膈腹（背侧）和肾脏（腹侧）动脉的血供。

> 右侧肾上腺非常接近腔静脉，移除困难。

如果肿瘤已经侵袭腔静脉，尽管有技术难度，但摘除有可能性。使用慢吸收单丝缝线，例如聚丙烯缝线或不可吸收缝线关闭腹腔。

术后

对侧肾上腺通常由于单侧肾上腺肿瘤的影响发生萎缩，糖皮质激素分泌减少，建议术后给予糖皮质激素治疗，直到垂体对肾上腺恢复分泌调节功能。补充糖皮质激素（泼尼松或甲泼尼松，用药 0.5mg/kg，12h 一次，10～12d，之后每 24h 0.2mg/kg，直到余下萎缩腺体恢复正常功能。

盐皮质激素通常不受影响。

这些病患的创口愈合延迟，术后易发生切口疝。为了避免这些情况发生，术后 2 周时间需要佩戴伊丽莎白项圈与腹部绷带。3 周后拆线。因为这些病患存在免疫抑制，所以另一个术后并发症是感染。

肾上腺切除术

María José Martínez，José Rodríguez

患病率					
技术难度					

肾上腺切除术可以通过腹中线切口或腰椎旁切口进行。本书作者首选腹中线切口手术通路，这样有更好的手术视野，便于对此区域术部器官进行检查。

腹中线开腹手术可以很好地检查腹腔。但如果创口近期愈合，则有腹腔脏器膨出的风险。

延长腹中线切口长度后（图1），检查双侧肾上腺和腹腔其余组织结构是否有肿瘤转移的表现。触诊后腔静脉至肝脏，以检查血管是否被肿瘤侵袭或形成血栓。

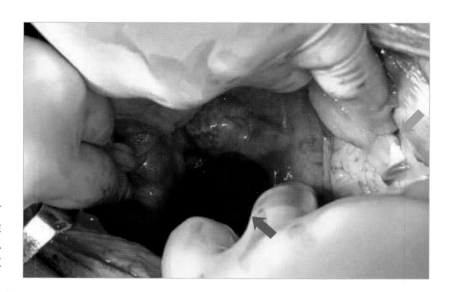

图1　长的腹中线开腹手术通路可充分对肾窝进行检查。黄色箭头：注意该病患的右肾上腺肿瘤表现；蓝色箭头：处理胰腺时需要特殊小心；灰色箭头：右肾

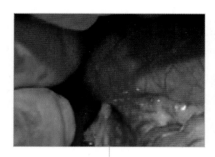

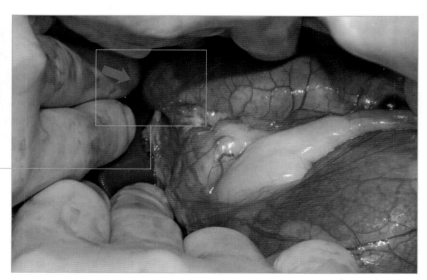

图2　肾上腺肿瘤侵袭腔静脉相对常见。该图片中可见稍白色肿瘤已侵袭腔静脉右侧（灰色箭头）

下一步，将邻近的腹腔器官移动至一侧，用生理盐水浸湿外科纱布覆盖在器官表面来获得相应肾窝较好的手术视野（图3）。

> ✱ 使用自动腹腔牵拉器是改善腹腔术野清晰的有效方式。

> 此手术配备助手十分必要，助手负责分离、保护和隔离腺体周围的器官。

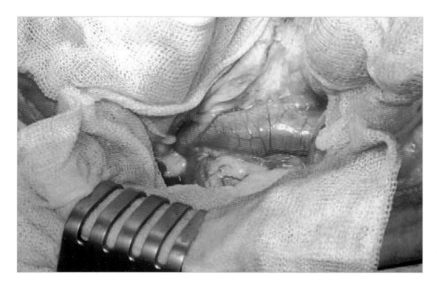

图3　为了能够剥离肾上腺，必须精心准备手术区域。风湿性外科敷料分离与保护肝脏、胃、小肠、胰腺和肾脏

找到膈腹部的静脉，在两个结扎位点之间进行切断，或使用电凝（图4）。

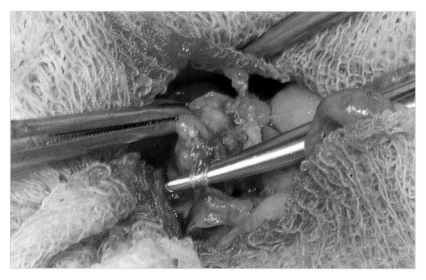

图4　对肾上腺与后腔静脉之间的膈腹部的血管进行分离。本病患是雪貂

小心地将肾上腺从周围组织中剥离。在此过程中会遇到较多需要电凝或结扎的动脉血管（图5）。

> 应将肾上腺完整摘除，不要撕裂被膜，以避免肿瘤组织扩散至腹腔。

在接近腔静脉的地方剥离需要特别小心，因为肾上腺可能黏附于腔静脉外膜，而外膜不应被破坏（图6）。

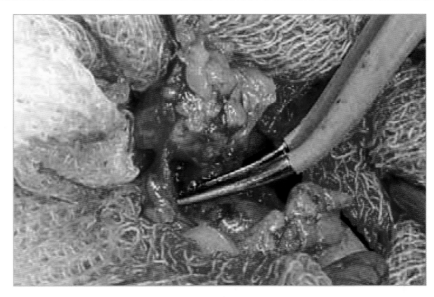

图5　小心剥离肾上腺，小血管实施双极电凝

图6　本病例，因肿瘤与腔静脉之间有粘连，不得不切除部分血管外膜将肾上腺游离出来

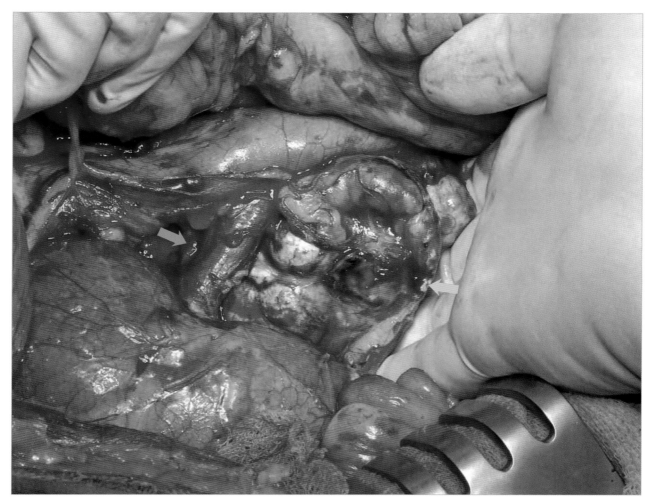

图 7　如果肿瘤很大（黄色箭头），浸润邻近结构，如肾血管（蓝色箭头）、腔静脉与主动脉（白色箭头），则剥离更难。

> 增生的肾上腺，可能与后腔静脉发生粘连，特别是雪貂，更容易出现这种状况。

因为增生的肾上腺体积变大易接近腹腔大血管与同侧肾脏，这时剥离肾上腺变得特别困难（图 7）。

> 肾上腺癌通常表现很大且具侵袭性。

手术完成后检查有无出血，采用能使创口破裂风险低的缝线以常规方法闭合腹腔。

> ✱ 病例可能表现创口愈合延迟：使用吸收慢或不可吸收缝线。闭合腹腔

术后

由于肿瘤抑制对侧肾上腺分泌，术后暂时出现肾上腺功能不足的表现。建议参照"概述"进行内科治疗。

如果肾上腺周围小血管未实施正确止血，可能发生腹腔出血。

严重术后并发症为肺血栓；注意可能发生突然且严重呼吸窘迫。

术后预后良好，比单纯内科治疗效果更好。术后第一年的存活率相对较高，第二年略低。

雪貂肾上腺切除术

患病率		
技术难度		

雪貂尤其是早期做过绝育的雌性雪貂更常发肾上腺肿瘤。

最常见的临床症状为瘙痒、脱毛、体重下降、食欲减退、昏睡或泌尿生殖疾病，例如，雄性雪貂表现尿淅漓和排尿困难，雌性雪貂表现外阴肿胀（图1）。

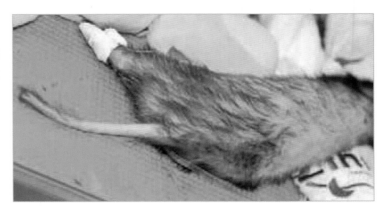

图1 肾上腺肿瘤雪貂的典型皮肤表现

糖皮质激素升高导致犬猫出现综合征，对于雪貂而言，则会引发高雌激素症。这些肿瘤通常很大且浸润周围组织（图2、图3）。

根据临床症状和肾上腺体积增大进行诊断，大部分病例通过超声进行检查（图4）。

血液检测结果通常在正常范围之内，偶见骨髓抑制症状（贫血和血小板减少）。

肿瘤常见于单侧，根据作者经验，大部分肿瘤发生于左侧肾上腺。

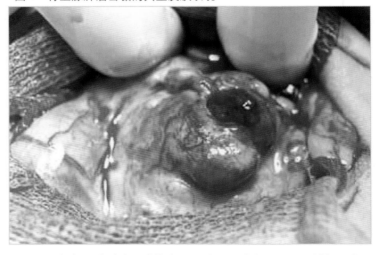

图2 雪貂肾上腺肿瘤通常较大。图片显示肿瘤发生于左侧肾上腺

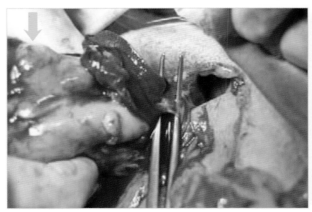

图3 嗜铬细胞瘤可能很大且具浸润性（黄色箭头）。本病例有必要进行右侧肝叶的切除。图片显示相应肝静脉的剥离与结扎。

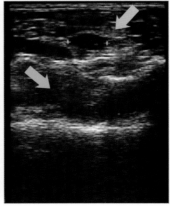

图4 超声图像显示后腔静脉（蓝色箭头）和右侧肾上腺，后者长度14mm（黄色箭头）。左肾上腺长度6.5mm（正常大小为长度 6 ～ 8mm，厚度2～3mm）。该超声影像图片由Marta Ordás 提供

手术技术

最佳手术通路是腹中线切口暴露腹腔，以便对腹腔进行探查。

> 小心检查胰腺，因为可能伴发胰岛素瘤。

开腹之后，将腹腔器官移向对侧，并以温湿无菌盐水纱布予以保护。

肿瘤常见于单侧，根据作者经验，大部分肿瘤发生于左侧肾上腺。

> 肿瘤性肾上腺表现形状不规则，颜色不同（淡黄色或淡褐色），或者触感比正常肾上腺硬。

下一步，剥离肾上腺及其周围组织，避免破坏肾上腺被膜。电凝所有分布于肾上腺上的血管，以及贯穿肾上腺的膈腹血管（图5至图8）。

图5　术野可见肿瘤性肾上腺。本病例左侧肾上腺发生病变

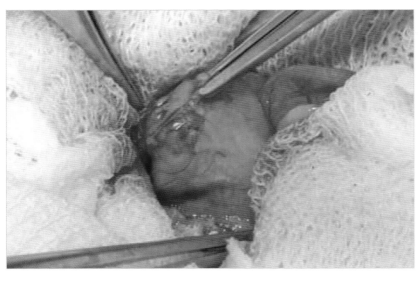

图6　剥离肾上腺时要小心，避免损伤附近的大血管，例如肾静脉或腔静脉

❋ 对于不同来源的小出血点，使用棉试子按压几分钟进行止血。

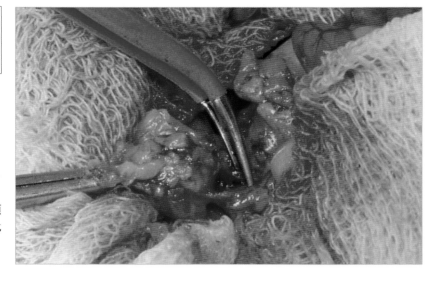

图7 肾上腺周围所有血管止血必须确实，一旦发生出血可能是致命的，此时使用双极电凝效果较好。

图8 肾上腺与外周组织应一同被剥离处理，以避免肿瘤细胞扩散。图片显示摘除前的肿瘤。

左侧肾上腺比右侧肾上腺更易剥离。

右肾上腺的肿瘤更难摘除，因为右肾上腺非常靠近后腔静脉，且通常牢牢附着在其上面（图9）。

在这种情况下，剥离时需要特别小心，因为可能会撕裂腔静脉。所以手术不确定的情况下，可以选择打开肾上腺被膜，摘除肿瘤。肿瘤通常边界清晰，容易摘除。但要注意在这种情况下，肿瘤扩散危险性更高。

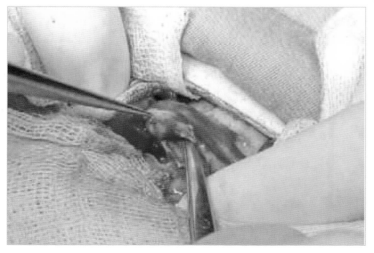

图9 右肾上腺邻近后腔静脉并被右肝叶部分覆盖。剥离时更要小心，避免损伤这些组织结构。

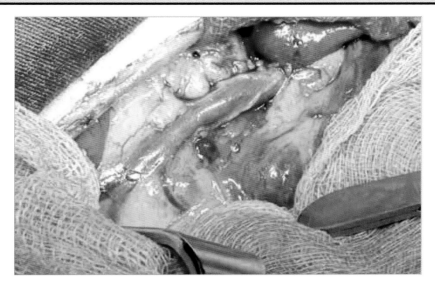

肾上腺切除术之后与关闭腹腔之前，检查所有血管是否存在出血情况（图 10）。

图 10 肾上腺肿瘤摘除之后，未见肾上腺窝内出血

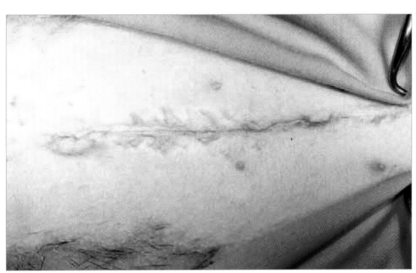

常规方法闭合腹腔。本书作者通常使用 4-0 单丝可吸收缝线对皮肤进行皮内缝合（图 11）。

图 11 以 4-0 单丝合成可吸收缝线皮内缝合皮肤

术后

除非出现肾上腺机能减退症状，否则术后不需要特殊护理。24～48h 后，外阴肿胀变小，术后 1～2 周外阴大小恢复正常。

48h 后，雄性雪貂排尿问题得以改善。

2 周后被毛质量开始改善，约 2 个月后完全恢复。

嗜铬细胞瘤

患病率					
技术难度					

　　嗜铬细胞瘤是一种影响肾上腺髓质的肿瘤。其产生的血管活性儿茶酚胺，可导致高血压、静脉充血、心肌病、充血性心衰、虚脱与猝死。

　　本病例病患是一只 9 岁雌性拳师犬，患犬咳嗽、气喘、精神沉郁、食欲减退和呼吸困难。动脉血压 190mmHg。

> 麻醉期间应密切监测这些病患，纠正所有可能发生的血液动力学变化。

　　腹部超声显示左肾上腺有一个肿瘤；混合回声类型（这也可能是其他肾上腺皮质肿瘤发出的）。

　　血液学和血液生化结果完全正常。建议动物主人摘除肿瘤，因为病患有因心律失常与高血压而猝死的危险，病患还表现出心动过速和心律失常。术前进行内科治疗以纠正这些紊乱。

> 这些病患常出现麻醉并发症，例如心率或血压的广泛变化。

术前

　　为了控制心血管紊乱，病患使用苯氧苄胺的剂量率为每 12 h 0.3mg/kg；目的是降低血压且保持稳定。下一步，用心得安控制心动过速（0.05～0.1mg/kg，IV）。

> ❋　对于这些病例，应避免使用阿托品、氯胺酮和二甲苯嗪。

> 嗜铬细胞瘤是高度血管化的肿瘤；另外，高血压可能导致术中大量出血。

　　手术通路采用长腹中线开腹，这样可以获得良好的左肾窝和腹腔其他组织器官视野（图 1）。下一步，切开肿瘤上方的腹膜，然后尽可能小心剥离（图 2）。

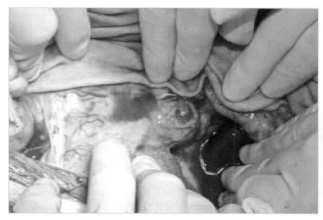

图 1　行长腹中线开腹术后，将肠道移向右侧，并以浸湿了无菌盐水的纱布加以保护。图片清晰可见肾区

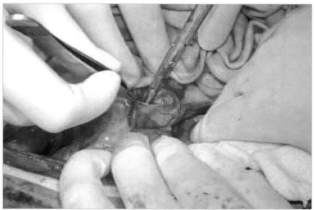

图 2　切开并剥离肾上腺上方的腹膜，获得肾上腺及其血管的最佳通路

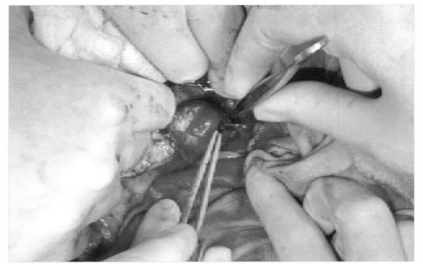

在嗜铬细胞瘤手术中，最好先结扎膈腹静脉，以防止处理腺体期间释放儿茶酚胺。

可见肾上腺周围血供丰富且有大量小出血点；剥离隔腹静脉之前，使用双极电凝控制出血（图 3）。

图 3 腺体周围有许多小动脉。使用双极电凝镊凝固每个小出血点，以达到良好的止血效果

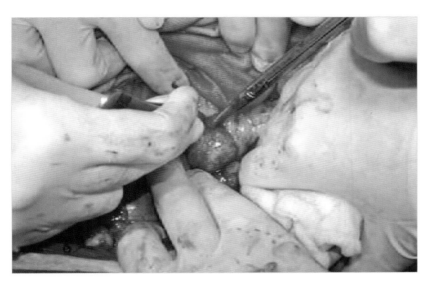

下一步，分离和移除肿瘤之前，先剥离、结扎、切断膈腹静脉（图 4 至图 7）。

图 4 肾上腺与后腔静脉之间膈腹静脉的剥离过程

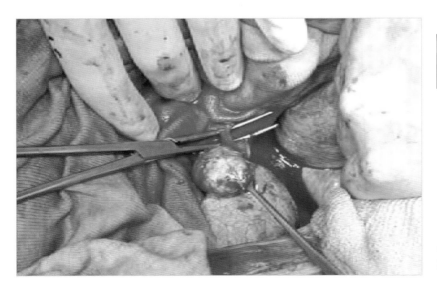

＊ 对这些病患，首要任务是小心止血，以防术后出血。

图 5 使用一对 Overholt® 剥离钳完成分离，剥离钳也用于在血管周围穿过结扎线

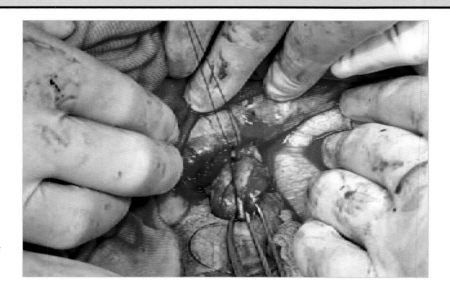

图 6　用 2 根非可吸收线将静脉结扎确实

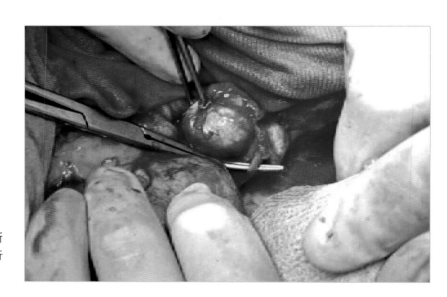

图 7　下一步，剥离、结扎并切断传入静脉，该静脉起始于腹壁，穿行经过肾上腺

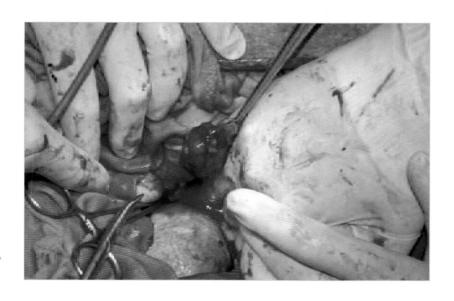

图 8　将所有血管止血与结扎之后，摘除肿瘤

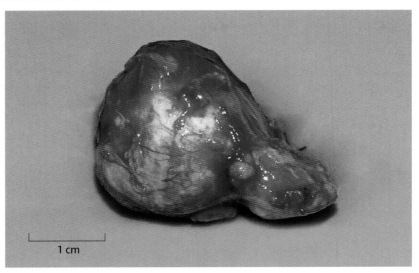

摘除完成后，关闭腹腔之前检查是否存在出血（图10）。

图9　图示肿瘤的大小。组织病理学证实为嗜铬细胞瘤

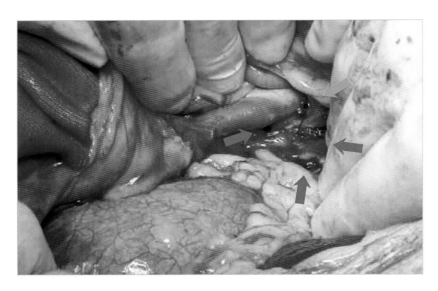

这个病例因为手术空间不足，必须先将肾上腺动脉剥离结扎后，移动肾上腺才能暴露膈腹静脉。

蓝色箭头：结扎静脉；灰色箭头：电凝肾上腺动脉

图10　手术结束时，仔细检查有无出血，即使是很小的出血也要止住，防止发生术后并发症

术后

病患术后恢复顺利，未发生心律异常或高血压，也未出现任何术后皮质机能减退的症状。

术前已实施的抗生素治疗，至少再持续5d。

术后关注病患的心脏病相关表现，术后16个月期间始终表现状态稳定。

嗜铬细胞瘤是肾上腺髓质的肿瘤，其可分泌大量儿茶酚胺和其他血管活性肽，导致心血管、呼吸系统或神经系统的改变。

犬卵巢腹背位示意图

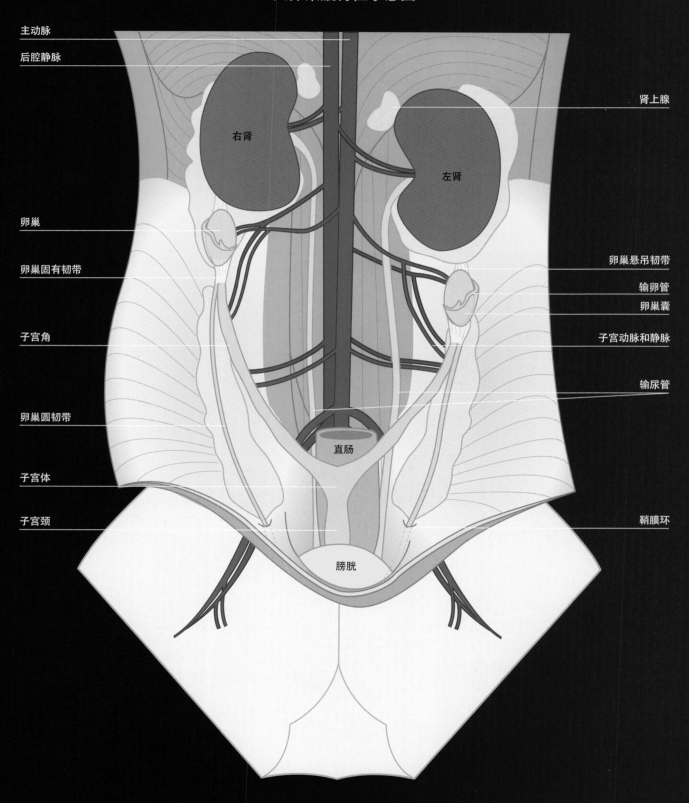

主动脉

后腔静脉

肾上腺

右肾

左肾

卵巢

卵巢悬吊韧带

卵巢固有韧带

输卵管

卵巢囊

子宫角

子宫动脉和静脉

输尿管

卵巢圆韧带

直肠

子宫体

子宫颈

鞘膜环

膀胱

卵　　巢

卵巢纵切面

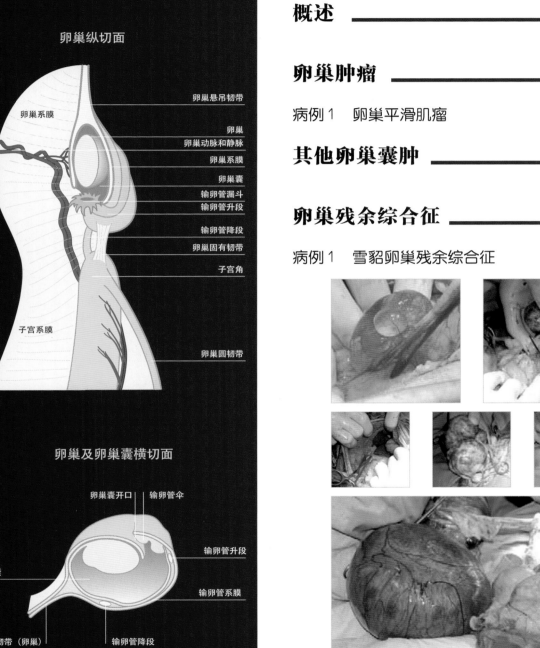

卵巢系膜

卵巢悬吊韧带
卵巢
卵巢动脉和静脉
卵巢系膜
卵巢囊
输卵管漏斗
输卵管升段
输卵管降段
卵巢固有韧带
子宫角

子宫系膜

卵巢圆韧带

卵巢及卵巢囊横切面

卵巢囊开口　输卵管伞

输卵管升段

输卵管系膜

韧带（卵巢）　输卵管降段

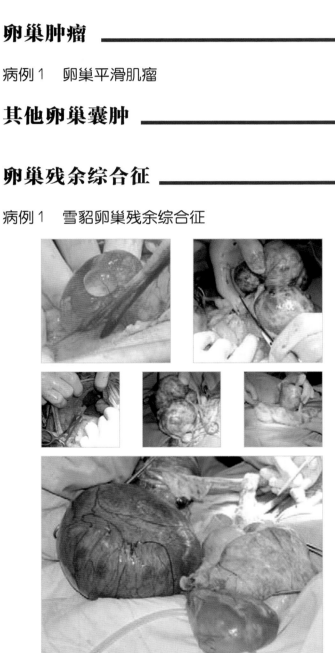

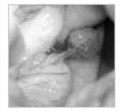

概述

患病率				
技术难度				

卵巢位于卵巢囊内，卵巢囊是一层带薄壁的腹膜袋，很容易撕裂，所以处理时必须小心轻柔。

卵巢蒂（卵巢系膜）含有卵巢动静脉和一定数量的脂肪组织，这使得对肥胖动物实施卵巢切除术难度更大。

> 母犬的卵巢系膜比母猫蓄积更多的脂肪，因为难以观察到血管而使得手术变得更困难。

卵巢悬韧带朝向肾脏和最后两根肋骨，因其内含有血管，所以切除卵巢时应加以注意。

可通过手术解决的常见卵巢问题，包括卵泡囊肿、黄体囊肿（图1至图4）和肿瘤（图5）。

卵巢囊肿是由于黄体酮缺乏或者雌激素过剩导致卵巢排卵失败而形成。病患表现持续发情征状（外阴肿胀、吸引雄性等）。

囊肿多为单个或多个（图2和3）。

> 卵巢囊肿最常见的为卵泡囊肿。

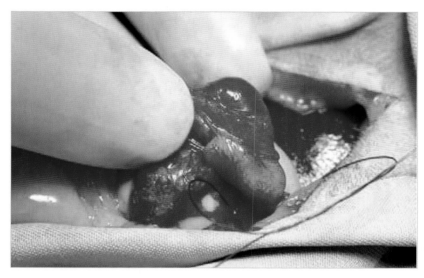

图1　犬卵泡囊肿，发情数月。因药物治疗未达到预期结果，所以施行卵巢子宫切除术

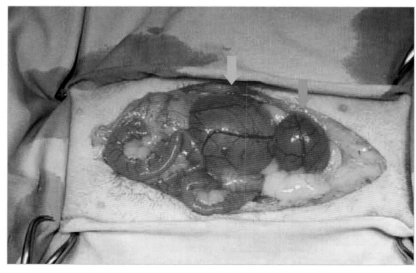

图2　大的卵泡囊肿（黄色箭头）与膀胱（蓝色箭头）对比

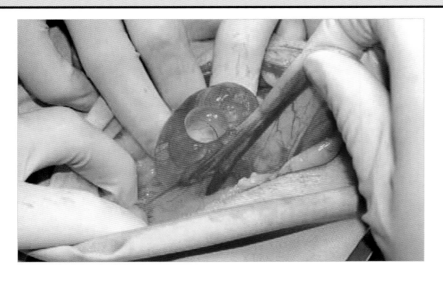

图 3　持续发情母猫表现不同大小的卵泡囊肿

如果药物治疗无效（表 1），应通过开腹手动将囊肿撕破或者实施卵巢子宫切除术。

卵泡囊肿药物治疗	
促性腺激素释放激素（GnRH）	人绒毛促性腺激素（hCG）
2.2μg/kg，IM	20IU/kg，IM
可以重复给药，药物剂量和给药方案详见文献	

> 卵泡囊肿可以非常大（图 2 和图 3）。

黄体囊肿与发情间期延长或无发情及子宫蓄脓有关。

在这些病例中，使用雌激素和前列腺素药物治疗少见有效，应施行卵巢子宫切除术（图 4）。

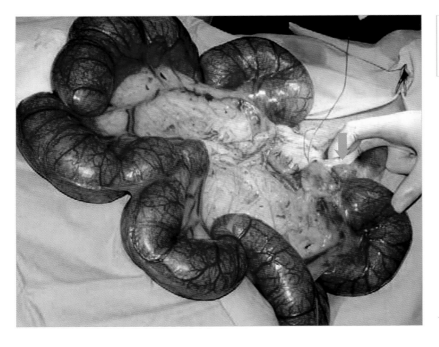

> 参见《小动物后腹部手术》中的卵巢子宫切除术。

图 4　黄体囊肿（蓝色箭头）导致的严重子宫蓄脓

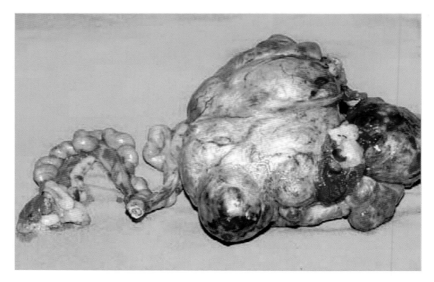

图5 巨大的卵巢肿瘤，导致子宫变化

卵巢肿瘤（图5）很常见，但很少表现出临床症状。通常肿瘤已大到一定程度，但是动物主人只观察到犬的腹部增大；一般情况下，临床医生通过触诊很容易发现这些肿瘤（图6和图7）。

❋ 犬卵巢肿瘤进行腹部触诊时，犬会表现疼痛。

图6 卵巢肿瘤导致的腹部增大

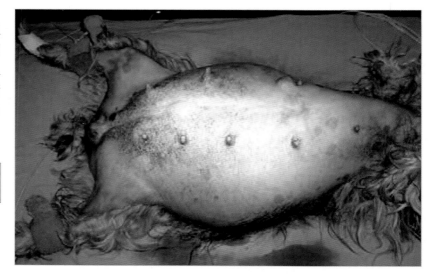

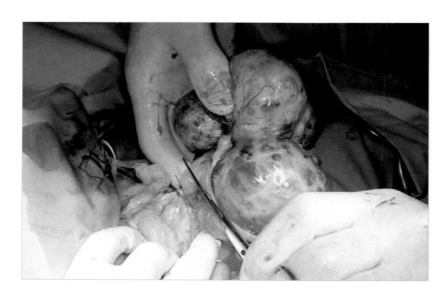

图7 图6中病患的肿瘤性卵巢血管束被结扎与切断

卵巢肿瘤

患病率

　　犬卵巢肿瘤相对常见，但除了卵巢体积增大，很少引起其他临床症状（图1）。

> 绝大多数的卵巢肿瘤起源于卵巢上皮细胞的异常增生分化（乳头状腺瘤、乳头状癌、囊腺瘤、未分化癌）。

　　因为卵巢肿瘤一般不容易被发现，所以在手术时肿瘤往往已经很大（图2至图4）。

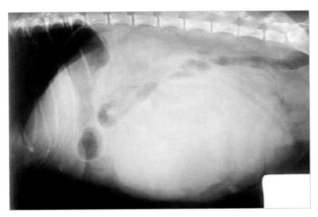

图1　放射线检查显示，这个大体积卵巢肿瘤已占据整个中部腹腔，引起严重腹围增大

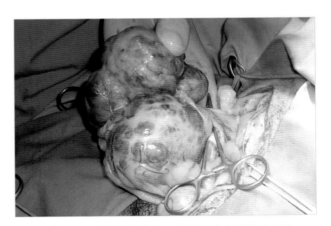

图2　如果肿瘤含有囊肿，通常含有血清样内容物

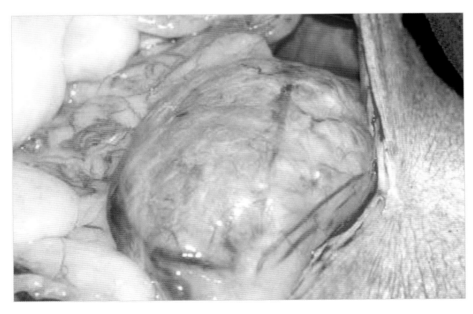

图3　肿瘤通常质地坚实，颜色为浅灰带白至黄色

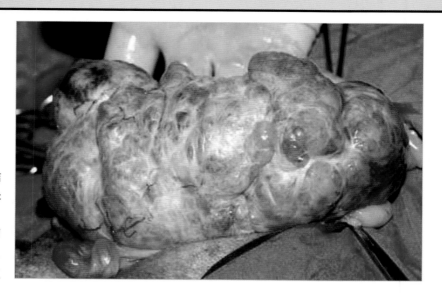

图4 肿瘤内的囊肿改变了肿瘤的结构，使其质地柔软易碎。所以须小心处理瘤体，防止其碎裂

卵巢肿瘤可伴有生殖系统的其他变化，例如子宫内膜增生、持续发情、阴道出血、乳腺增生和脱毛。

尽管这些肿瘤的恶性率很高，但很少发生转移（转移率10%～15%）。

虽然如此，仍需检查其他腹部器官的转移情况，如果有必要，对相应器官进行切除或者活检（图5和图6）。

参见肝组织活检。➡ 第201页

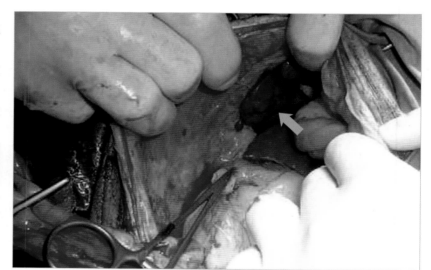

图5 切除卵巢肿瘤后，在右侧肝叶上发现结节（箭头），对其进行活检确定其起源，排除转移的可能性

对于这些病例，需要进行卵巢子宫切除术。

参见《小动物后腹部手术》中的卵巢子宫切除术。

图6 卵巢腺癌（白色箭头）转移至腰下淋巴结（蓝色箭头）。黄色箭头所指为子宫

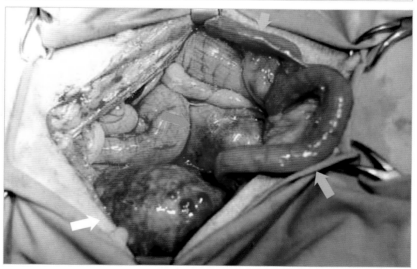

病例 1　卵巢平滑肌瘤

技术难度 ■■□□

根据肿瘤细胞的起源，将原发卵巢肿瘤分成四种：

(1) 卵巢表面上皮

(2) 生殖细胞

(3) 卵巢基质

(4) 性索与生殖细胞（混合型）

卵巢基质肿瘤可以起源于性索（粒层细胞瘤）或是非特异性基质（平滑肌瘤或者脂肪瘤）。

Lady，14 岁犬，腹部隆起逐渐变大，无其他临床症状。除了腹围增大，其他临床检查正常。

放射线检查中腹部左侧显示密度增高，检查结果符合卵巢肿瘤（图 1）。

通过超声诊断为卵巢相关的大肿块（图 2）。

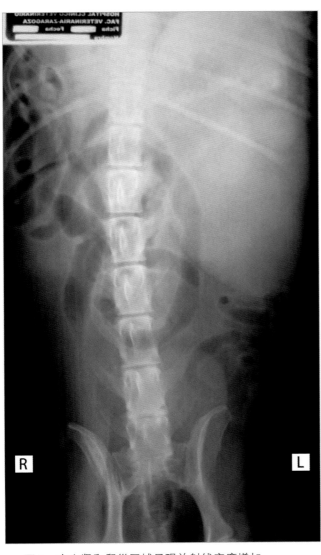

图 1　在左肾和卵巢区域呈现放射线密度增加

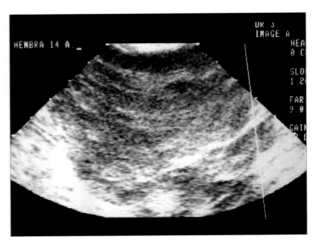

图 2　左卵巢超声检查显示有一大肿块，回声质地不均

胸腔放射线检查和全腹超声检查，未发现转移迹象。

主人同意手术，实施了卵巢子宫切除手术（图3至图5）。

术后恢复良好。

病理诊断为卵巢平滑肌瘤，预后良好。

与周围组织无粘连，结扎卵巢悬韧带。

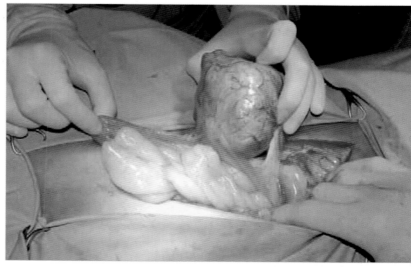

图3 开腹后，左侧卵巢被牵拉出腹腔

图4 按照标准的操作技术进行卵巢切除术。在这个病例中，由于血管束被大量的脂肪包裹，结扎血管时要格外小心

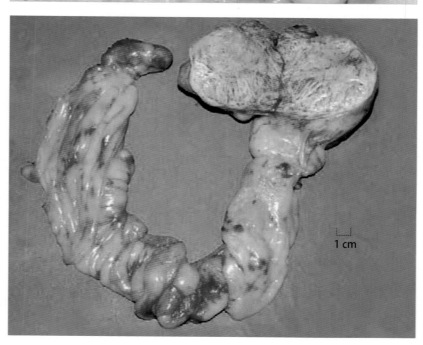

图5 被摘除的生殖器官外观

卵巢肿瘤被切成两半，以暴露内部结构。

其他卵巢囊肿

患病率 ████

　　卵泡和黄体囊肿是最常见的卵巢囊肿，但由于卵巢上皮细胞内陷或者是胚胎发育过程的中肾管发育不良也可形成其他类型的囊肿。

　　这些囊肿通常不伴有生殖器官和发情周期的改变。但是，这些囊肿通常非常大，需要手术切除。

　　本病例病患为9岁雌性犬，表现显著的腹围增大，无其他明显临床症状。

　　放射线显示大面积边界不清的腹部扩张、伴随胃肠内容物移位至前背部（图1）。超声确诊为一个大的囊性肿块，但无法确定其他来源。

　　开腹探查显示为大的卵巢囊肿，实施了卵巢子宫切除手术（图2至图4）。

　　手术非常成功，10d后出院。

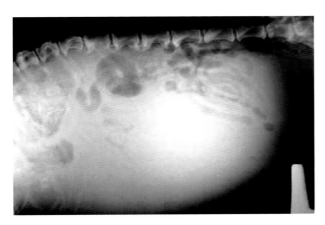

图1　放射线显示下腹部密度增强，腹部器官移向头背侧

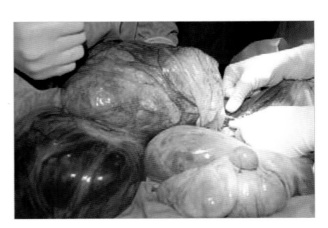

图2　开腹探查即可见该肿物为卵巢囊肿

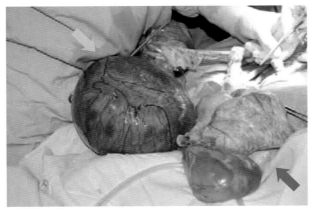

图3　以标准方式实施卵巢子宫切除手术。图片所示囊肿位于右侧卵巢（黄色箭头），左侧卵巢（灰色箭头）

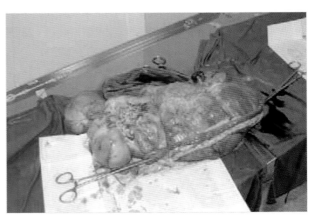

图4　该囊肿质脆易碎。图片显示所摘除的组织和部分破裂的囊肿

卵巢残余综合征

患病率	■				

所谓的卵巢残余综合征是指所有做过卵巢子宫切除术或者卵巢切除术的并发症。

接受过常规切除卵巢术的雌性动物，其卵巢组织摘除不完全，可能造成继续发生与激素相关的发情表现。

对于一些特定病例，尤其是肥胖动物很难暴露卵巢蒂部，可能是引发这个问题的一种原因。

> 卵巢血供被切断后，其血运重建非常容易。如果腹内留下少量卵巢组织，其功能可能再次恢复。

这些病例中，尽管动物卵巢已被切除，但是动物主人会因宠物明显的发情征状而带其就诊。

因卵巢组织的残余量、血管化以及单侧残余还是双侧残余情况不同，综合征发生的时间不同。有时病犬表现出子宫蓄脓的症状（厌食，精神沉郁，多饮多尿）。

这些症状常由残留的卵巢组织和部分子宫体而引发，因此称为"子宫颈蓄脓症"。

有卵巢组织残余的雌性动物也可能发生子宫颈部蓄脓。

因为症状通常表现明显，可直接做出诊断。阴道细胞学可根据阴道上皮细胞角质化阶段判断发情期。怀疑排卵或者诱导排卵后测定孕酮水平也可辅助进行诊断。主人带宠物前来就诊时，雌性动物通常处于发情期，此时可通过超声检查卵巢和子宫大小而观察到卵巢、子宫残余物。

进行卵巢切除术时要谨慎操作，防止发生卵巢残余综合征。

手术治疗

技术难度	■			

手术治疗的目标是切除残余的卵巢组织。

残余卵巢摘除是一个简单手术。主要难点在于解剖位置和动物肥胖程度。通常建议动物处于发情期和发情间期时进行手术，因为此时残余卵巢组织其结构更易见，且具有功能性，体积也增大。

> 术前 3～5d 肌内注射 500IU 马绒毛膜促性腺激素（eCG），增加残余卵巢大小，方便术中操作。

术中可能出现早期手术导致的组织粘连。因此，在切开腹膜和扩大切口操作时需要特别小心。

参见开腹探查术。　　　➜ 第 315 页

> 因为是二次手术，腹中线切口可能发生粘连。

为了查找卵巢残端，建议进行全腹探查，特别是肾后区域。

手术难点在于术野可视化程度低，特别是犬，其术部位于腹腔深部，尤其是肥胖犬（图 1）。

为了更好地进行腹腔检查，助手应牵拉腹壁，将腹腔内容物移向一侧，尽可能做到暴露术野。通常，右侧卵巢受影响更大，因其位置更靠前腹，卵巢子宫摘除手术期间更难于完全暴露，但是双侧都应该仔细检查，避免出错（图 2 和图 3）。

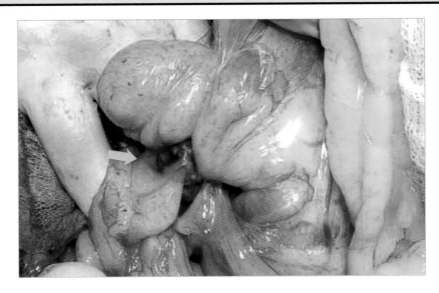

图 1　卵巢残余组织（黄色箭头），在肥胖犬中很难进行查找，与网膜、肠管发生多处粘连

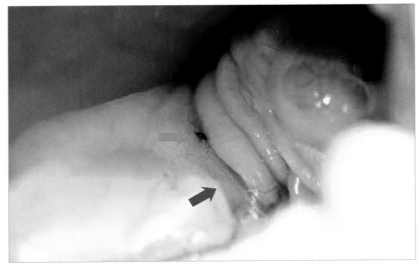

卵巢残余组织的摘除主要难点在于术野的充分暴露，这时就需要助手的帮助，一般在右侧卵巢更容易发现残余的卵巢组织。

图 2　右侧卵巢蒂部残端，图中所示前期手术结扎线（蓝色箭头）和血管（灰色箭头）。这侧未见残余的卵巢组织。

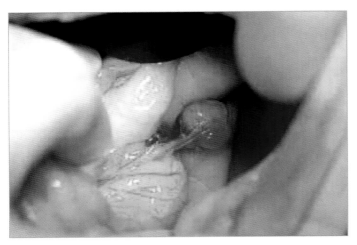

确定卵巢残余组织位置之后，向后牵拉，进行检查。卵巢组织的血管数量不等。有些病例中，血供来自卵巢血管，需要使用单丝可吸收线进行一处或多处结扎。另有一些病例，血供则来自次级侧支血管，可能需要电烙止血。

结扎线尽可能远离卵巢组织。血管结扎后，摘除残余的卵巢组织，检查结扎血管的出血情况（图 4）。

图 3　左肾尾极可见一个含有澄清液体的球形结构，呈现典型血管化类型的卵巢。此为残余的卵巢组织。

卵巢残余综合征是卵巢子宫切除术的常见并发症。因此，也可能发生于子宫体的残余组织。

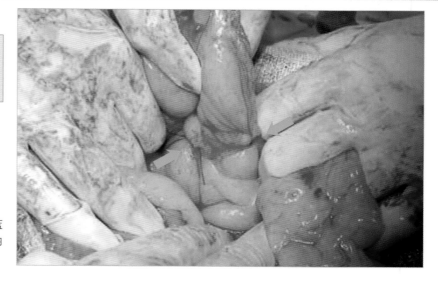

图4 本病例必须进行2次结扎（蓝色箭头）。其中左侧的一道用于结扎卵巢血管

切除卵巢残余组织后，需要仔细检查膀胱背侧，确定子宫颈端是否存在子宫体残余。子宫颈表现比子宫体更厚且更椭圆，在子宫颈处结扎了平行于子宫体的血管之后，切除所有残端组织（图6）。这种病例中的新子宫残端需要进行部分网膜覆盖，防止发生膀胱粘连。

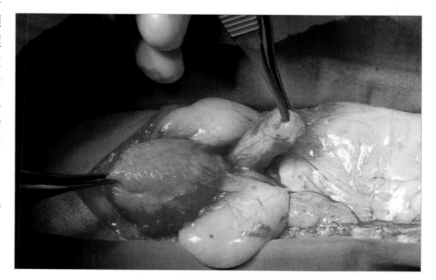

图5 将膀胱向后翻转，可见子宫残端。在此病例，子宫体残端过长，应以超过子宫颈为好

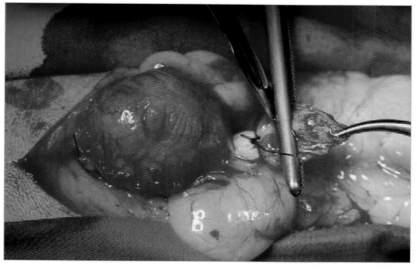

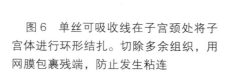

图6 单丝可吸收线在子宫颈处将子宫体进行环形结扎。切除多余组织，用网膜包裹残端，防止发生粘连

病例 1　雪貂卵巢残余综合征

患病率	■			

Maca（图 1），雪貂，1.5 岁，就诊时已切除卵巢。

病患转诊原因是表现持续发情，转诊医生在超声检查中发现右肾后方存在一个 4cm 的球形无回声结构。

检查结果符合卵巢囊肿。

决定手术切除这只雪貂剩余的卵巢组织，治疗卵巢残余综合症。

全身麻醉后，对术部进行标准准备（图 2）。病患背卧，实施腹中线开腹手术。

由于雪貂与猫科动物具有相似的解剖和生理结构，所以麻醉和手术参照猫科动物。

图 1　对 Maca 进行麻醉前给药后，准备进入手术室

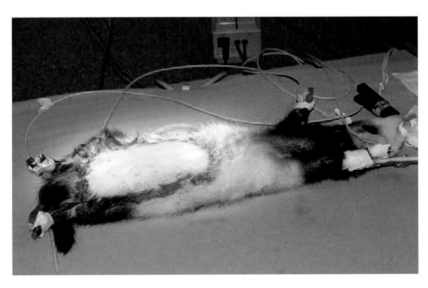

图 2　实施麻醉后，连接监护设备，仰卧保定以便进行腹中线开腹手术

打开腹腔，找到卵巢残余组织后，可见一个大的囊肿，手术将其一起切除（图3）。

✳ 小心处理卵巢组织。如果卵巢组织发生破裂，残留的卵巢组织会进一步再次新生血管。

图3　腹腔检查可见右侧卵巢有一个液体充盈的囊肿

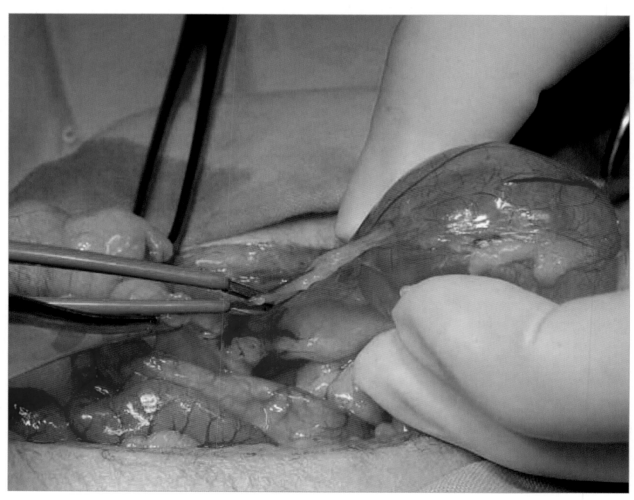

图4　残余的卵巢组织被含有血管的脂肪包裹。本病例的血管较小，使用双极电凝进行止血

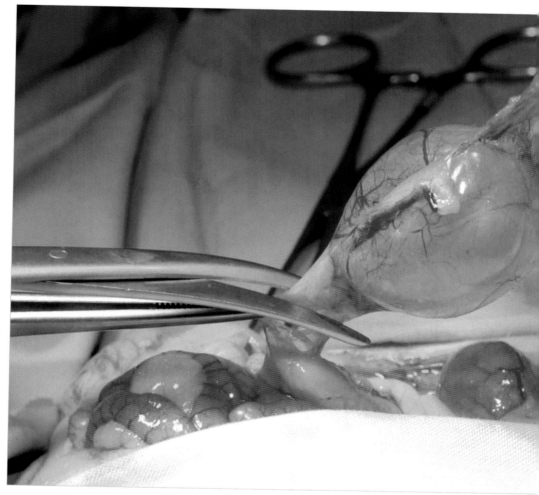

图 5 卵巢囊肿从包裹的脂肪组织中被逐渐剥离切除

使用双极电凝器对血管进行止血（图4），卵巢残端从脂肪组织中完全剥离后进行切除（图5）。

然后，彻底检查腹腔是否有其他生殖器官的残余组织。

最后，闭合腹中线，第一层使用连续缝合，通过十字缝合进行加固，缝合线选用合成可吸收材料。单丝可吸收缝线进行皮内缝合闭合皮肤。

犬脾脏及邻近器官血供

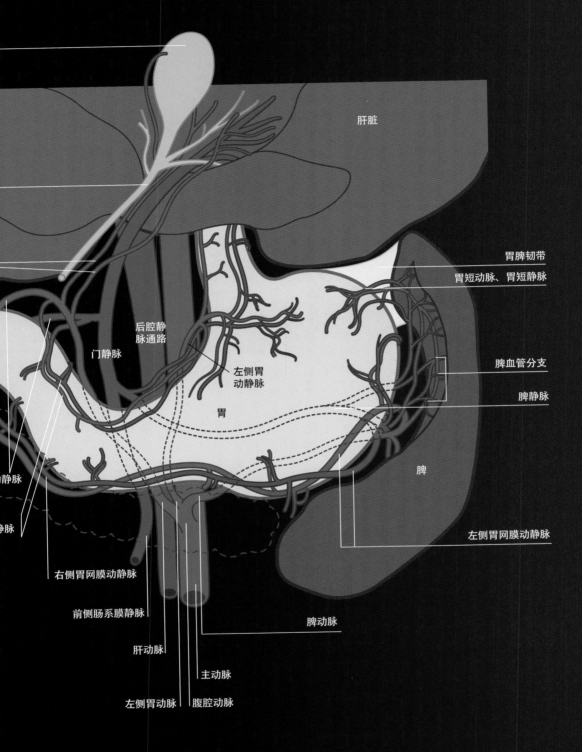

肝脏

胃脾韧带

胃短动脉、胃短静脉

后腔静脉通路

脾血管分支

门静脉

脾静脉

左侧胃动静脉

胃

脾

左侧胃网膜动静脉

右侧胃网膜动静脉

前侧肠系膜静脉

脾动脉

肝动脉

主动脉

左侧胃动脉

腹腔动脉

脾

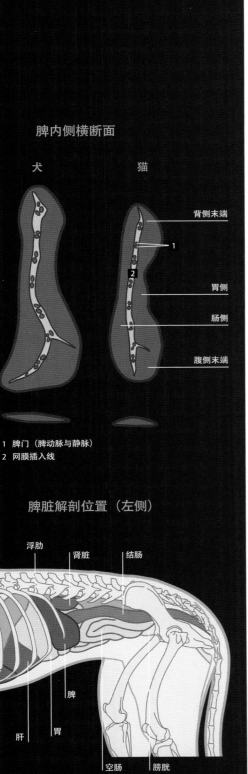

脾内侧横断面

犬　　　　猫

背侧末端

1

2

胃侧

肠侧

腹侧末端

1　脾门（脾动脉与静脉）
2　网膜插入线

脾脏解剖位置（左侧）

浮肋　　肾脏　　结肠

脾

肝　　胃

空肠　　膀胱

概述

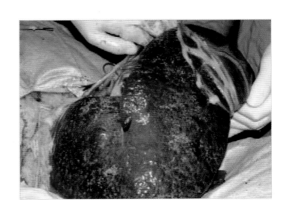

脾扭转

自发性脾扭转

脾肿瘤

病例 1　脾纤维瘤
病例 2　部分脾切除术

 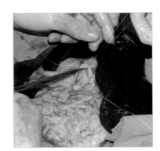

概述

患病率 ▮ □ □ □ □

脾脏对病患的生命来说并不是必需的，但是在网状内皮系统、免疫反应和血液稳态中发挥重要作用。

从外科角度来看，最重要的损害是创伤性脾破裂（图1）、脾肿瘤（图2）和脾扭转（图3）。这些疾病的主要特征详见表1。

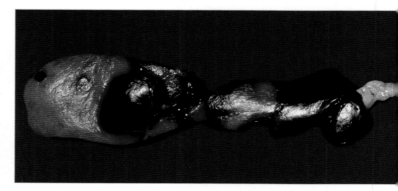

图1　犬，交通事故中受到撞击，脾脏发生多处破裂，死于内出血

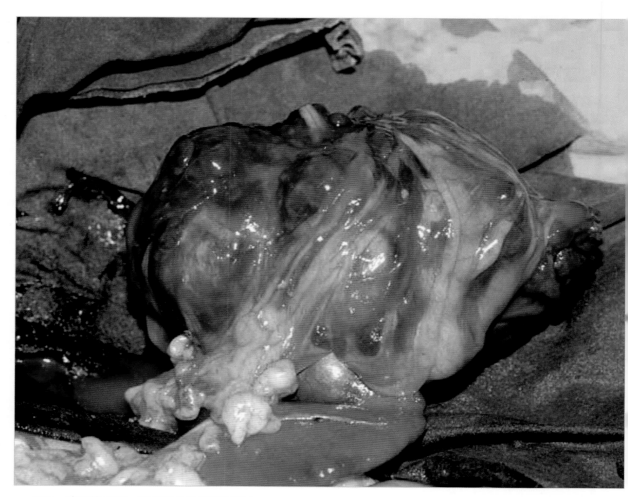

图2　脾血管肉瘤，已破裂并引起腹腔积血

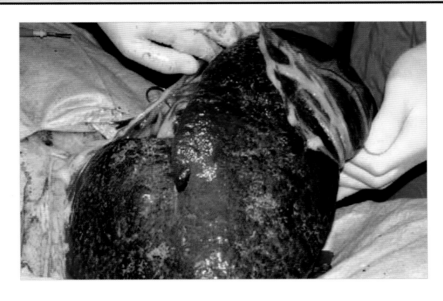

图3 自发性脾扭转，引起急腹症并有低血容量休克症状

表1 常见外科脾脏疾病鉴别诊断

项目	创伤性破裂	肿瘤	扭转
品种倾向	无	德国牧羊犬	巨型深胸犬
发病速度	特急性	急性或渐进性	特急性
脾脏大小	小	局部增大（结节）	非常大
组织性质	不规则，质脆	球形，多个结节，质脆	充血，均匀，坚硬
腹痛	常见	如未破裂，则无	初期表现
腹腔积血	出现	如破裂，则出现	无
贫血	严重	中度到重度	明显
其他症状	多处创伤、断裂	转移	胃扩张扭转综合征

交通事故和高空坠落常见发生创伤性脾脏损伤，尤其是撞击发生在动物的左侧时。对猫而言，这种情况不太常见，因为猫的肋骨可以很好地保护脾脏。

根据脾被膜完整性和腹腔积血情况，确定是否需要手术。

大部分脾脏肿瘤影响血管内皮（血管瘤和血管肉瘤）。这两种都是大的空洞腔样肿瘤，破裂时导致低血容量性休克。

血管肉瘤生长速度快且有转移趋势，尤其危险。

> 脾脏肿块，无论是血肿还是肿瘤都应该切除，防止发生破裂和继发性出血。

> 发生脾脏肿瘤时，应实施心脏超声检查，排除转移至心脏的可能性。

通常情况下，脾脏手术是全脾切除。然而，该手术可能存在副作用，包括：

■ 运动耐力降低
■ 休克恢复能力降低
■ 对低氧血症反应性降低
■ IgM 水平降低
■ 异常红细胞数量增加
■ 术后白细胞增多、血小板增多
■ 术后抗感染能力降低
■ 埃利希虫病、巴贝西虫病和利什曼病易感性增加

脾扭转

患病率			
技术难度			

脾扭转是指脾绕着血管扭曲。

> 急性脾扭转是外科急症，需要迅速手术。

> 超声检查是脾脏疾病的最佳诊断工具。

这些病例首先发生静脉塌陷，但动脉仍然通畅，因此导致充血性脾肿大。

其病因尚不清楚，但可能是由于先天性异常，也可能是由于维持其原位的胃脾韧带和/或脾结肠韧带的创伤性损伤，或是胃扭转所致。

> 脾扭转既可能是胃扭转的病因，也可能是胃扭转的结果。

术前

■ 纠正低血容量性休克。
■ 红细胞压积低于 20％ 的患病动物需要输血。
■ 全身抗生素治疗，控制肠道细菌迁移。
■ 治疗麻醉诱导前出现的心律失常。

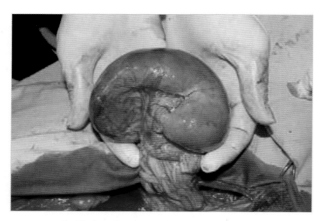

图 1　慢性脾扭转，导致脾脏萎缩。注意扭转的脾门和大网膜已经阻塞血管

脾扭转临床症状通常为急性的，有时是间歇性的，可导致血管栓塞和脾萎缩（图 1）。

急性症状包括腹痛和不适、流涎、腹胀、腹泻、血尿，随后迅速出现心血管休克症状。

体格检查发现中腹部有肿块。

超声检查显示脾脏肿大，表现弥散性低回声，线性回声分隔出大面积无回声区。

中腹部肿块的鉴别诊断应考虑其他致病因素，例如脾脏肿瘤和免疫介导性疾病等，其他器官肿大包括肾脏、卵巢、淋巴结，以及胃扩张-扭转综合征（GDV）。

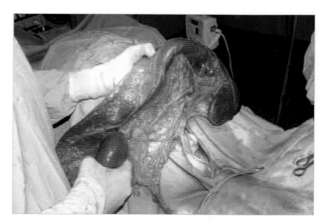

图 2　脾扭转引发脾肿大。由于静脉先于动脉发生塌陷，脾脏内滞留大量血液

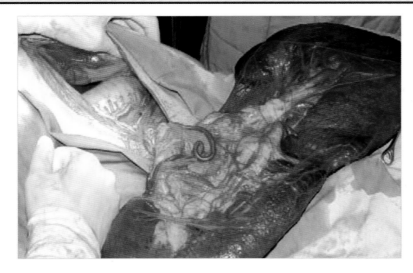

手术技术

建议在脾脏未反转之前实施全脾切除术，防止释放扭转期间形成的毒素和形成血栓（图 2 和图 3）。将脾血管与胃短血管分成若干部分结扎，保证止血确实（图 4 至图 7）。

图 3 图片清晰显示血管与网膜同时发生完全扭转，实施脾切除术，不要尝试恢复脾脏的解剖学位置

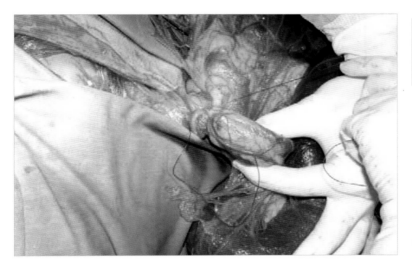

＊ 为确保结扎止血确实，用 0～2 号可吸收线进行 2～3 道结扎。

图 4 结扎脾血管。由于所结扎组织非常厚，需要多重结扎以确保完全止血

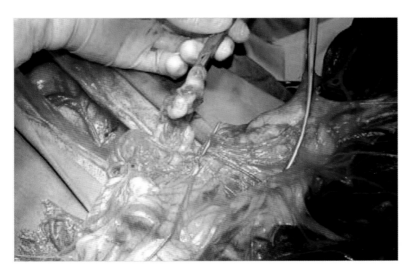

图 5 该病例中将更少的组织分别进行结扎。注意脾静脉瘀血明显

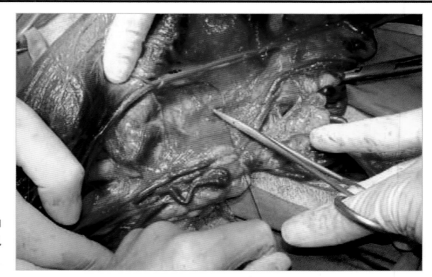

图6　可能的情况下，将包含血管的组织分成多个部分进行结扎。这种结扎方式更稳固，更少发生继发性出血

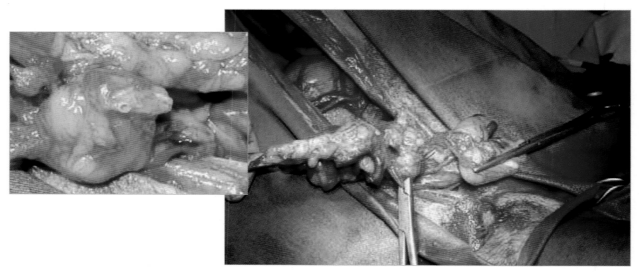

图7　关闭腹腔之前，检查脾脏大血管未发生出血，如放大图片所示

注意胰腺左叶及其血供非常接近脾血管。应防止损伤该器官（图8）。

必要时考虑实施部分胰腺切除术。

对这些患病动物应进行预防性胃固定术，以防止后期可能发生胃扭转。

术后

如果采取上述措施，这些患病动物的恢复情况和预后表现良好。

图8　胰腺左叶（箭头）接近脾血管位置。应找到并注意该位置，防止结扎、割断脾脏血管时损伤胰腺

自发性脾扭转

患病率 ▮▮

　　Fräulein 是一只 5 岁的雌性大丹犬，它的主人们养了许多同品种犬。他们发现该患犬腹部隆起时，立即将其送至急诊科。

　　体格检查显示心率和呼吸频率增加，黏膜苍白（图 1），毛细血管再充盈时间延长，中腹部膨胀（图 2）。

图 1　患犬表现低血容量性休克的症状。该图显示结膜苍白

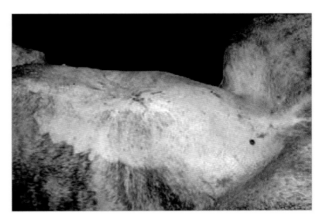

图 2　腹部触诊疼痛，中腹部明显膨大。

　　血液学结果表明再生性贫血（红细胞压积 32%）和白细胞增多（36×10^9 个/L）。血液生化结果显示，除碱性磷酸酶和谷丙转氨酶升高，其他各项处于正常范围内。超声检查显示腹部有一个巨大、质地均匀、显著低回声的肿块（图 3）。

> 充血性脾肿大鉴别诊断包括门静脉高压、右心衰竭、脾扭转、脾静脉或门静脉栓塞。

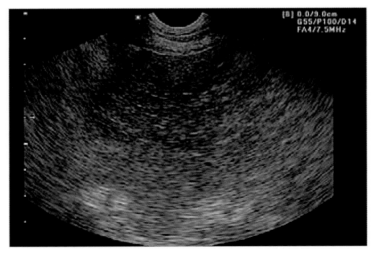

图 3　典型的脾扭转超声图像。弥散性低回声，大面积无回声区分离线性回声

患犬血流动力学稳定后，实施开腹和脾切除术（图4至图8）。

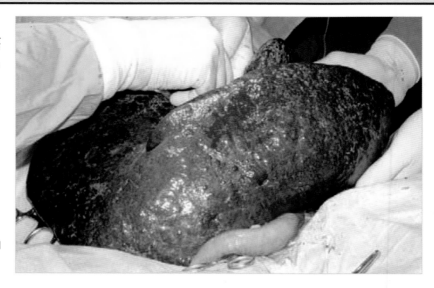

图4　开腹后，找到并切除脾脏。如图所示，脾脏体积增大

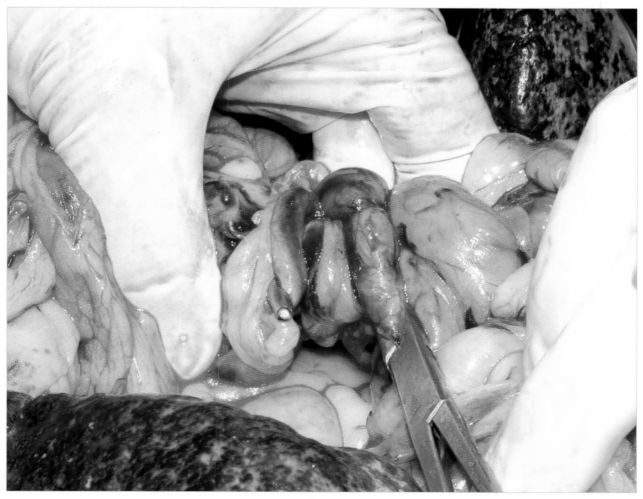

图5　未解除脾脏扭转时，可见扭转的血管蒂。扭转的血管被整体夹紧并结扎，以达到止血作用

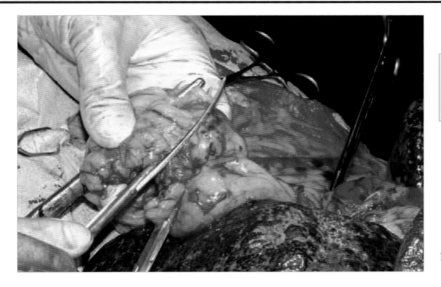

扭转的血管蒂内含有脾血管、胃短血管及网膜。在反转脾脏之前，结扎全部扭转血管蒂。

图6　在扭转血管蒂近端结扎血管，然后切断

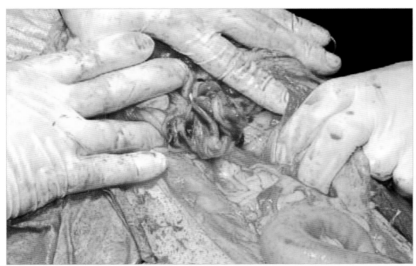

图7　脾切除后，检查脾血管是否出血

关闭腹腔之前，进行预防性胃固定术，以防止后期发生胃扭转。术后次日检查患犬恢复情况良好，9d后拆线。

＊　采用1号单丝合成可吸收材料结扎脾血管。

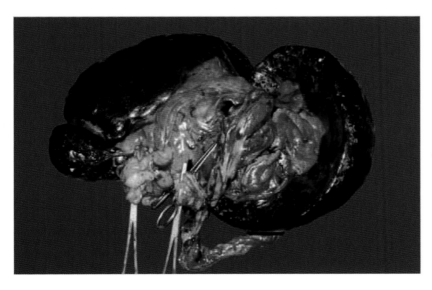

图8　切除的脾脏。如图可见，脾门不仅包括血管，还有大部分网膜

脾肿瘤

患病率	
技术难度	

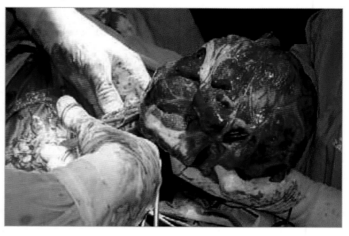

最常见的脾脏肿瘤是血管瘤，特别是血管肉瘤（图 1）。虽然脾脏肿瘤的良恶性难于鉴别，但对病患的预后非常重要。

脾脏血管肉瘤是侵袭性肿瘤，通常转移到肝脏、网膜或肠系膜。

图 1　脾血管肉瘤的术中图片

> 血管肉瘤与循环系统密切相关，也可能出现在右心房。

脾脏也是其他部位肿瘤发生转移的器官。

最常见的非肿瘤性病变是结节性增生（图 3）和血肿（图 4）。

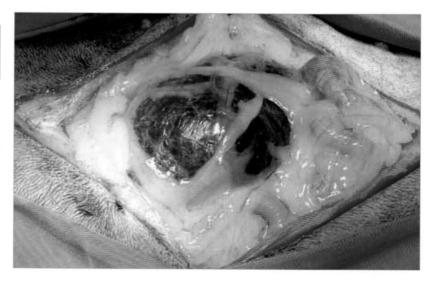

图 2　脾脏肿瘤，该患病动物 8 个月前实施了乳腺切除术

图 3　脾脏中段结节性增生。该病例手术适应证是防止发生包膜破裂与继发性出血

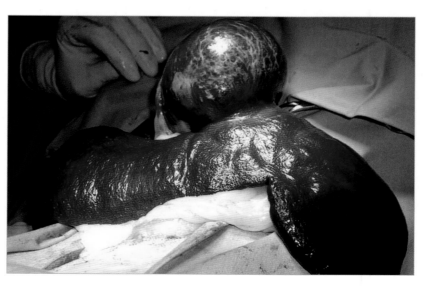

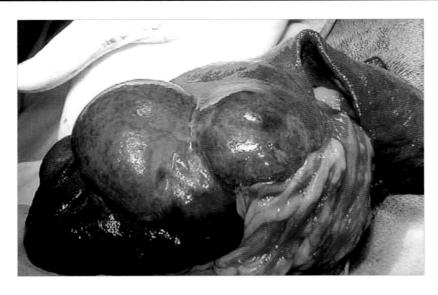

图 4　脾血肿。外观相似于恶性脾肿瘤

血肿是大小不同的肿块，直视不能与血管肉瘤鉴别。血肿可能发生在外伤或结节增生破裂之后。

临床症状

这些患病动物的临床症状包括：

■ 腹部器官肿大

■ 厌食、精神沉郁、呕吐和腹泻

■ 低血容量性休克（心动过速，黏膜苍白，毛细血管再充盈时间（CRT）延长，外周脉搏微弱等）

诊断

依据临床症状和影像学检查进行诊断。X 射线检查显示中腹部有一肿块（图 5），超声检查显示脾脏病变及可能性转移。

> 记得需要进行超声心动检查。大约 15% 病例的右心房存在肿块。

拍摄胸部放射线排除肺部转移（图 6）。

这些病例进行细针穿刺活检获得组织样本较少，提供信息很少。

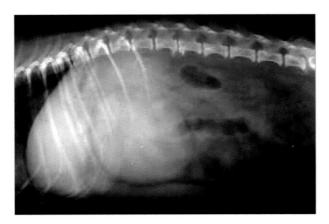

图 5　位于腹部中前的脾脏区域呈现密度增加

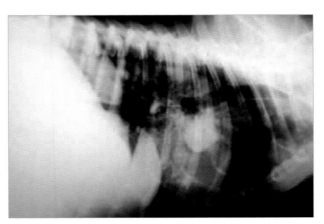

图 6　左侧位视图 (LL)。建议拍摄 3 个体位放射线检查（LL、RL 和 VD）。在这种情况下，单独的右侧位放射线检查不能发现转移肿瘤，可能与心脏发生重叠

治疗

为了防止脾破裂后发生低血容量性休克，脾切除术是首选治疗方法（图7至图10）。

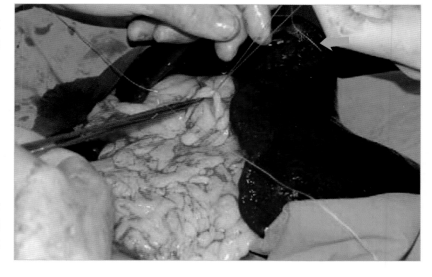

图7　脾脏中段有肿瘤病患实施脾全切除术的第一阶段。图示脾血管正在被结扎（箭头）。接下来结扎运行至胃大弯处的胃短血管

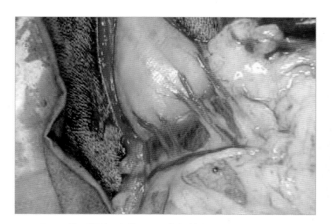

图8　找到胃短血管，是脾血管向胃大弯的分支

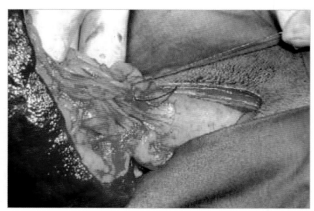

图9　近脾处结扎胃短血管，保留通向大网膜的分支

图10　脾脏中段肿块，已切除，确诊为脾脏结节性增生

由于血小板消耗和弥散性血管内凝血（DIC），这些患病动物的凝血可能发生改变。

术后

病患可能表现术后心律失常（24％病例），如果正确治疗，该症状24～48h消失。肿瘤送检进行病理组织学检查，根据肿瘤来源判断预后。如果早期实施手术且临床症状不明显，预后通常会更好。

在血管肉瘤病例中如果应用包括阿霉素的化疗方案，可提高存活率。

病例 1　脾纤维瘤

患病率					
技术难度					

脾肌纤维基质肿瘤比血管肉瘤少见。

在这些病例中，腹腔出血风险最低。这种肿瘤坚硬、结实、灰白色，少见出血（图1）。

> 恶性肿瘤（纤维肉瘤、平滑肌肉瘤）表现高度活性，预后差。

Maggie，9岁，雌性杂交犬，由于患有乳腺腺癌已经实施乳腺切除手术。本次就诊是因为腹部有一个硬块，逐渐增大。

临床检查及血液检测结果均在正常范围内。

放射线检查显示腹部中部有一大肿块，可能位于脾脏相对应部位（图2和图3）。

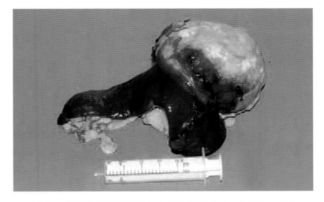

图 1　脾纤维肌基质瘤。可见此肿瘤血管并不丰富

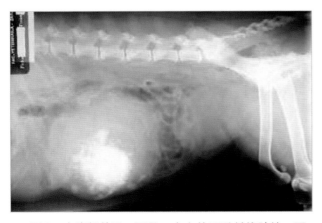

图 2　中腹部前区，可见一个大的不透射线肿块，可能位于脾脏部位

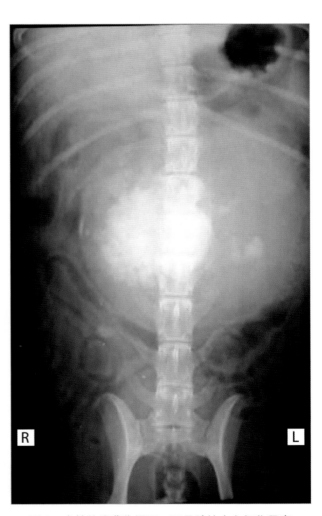

图 3　病灶的腹背位视图。可见肿块中心钙化程度

该病例未进行超声检查。

胸片未见肺部病灶且体况良好，建议实施剖腹探查术。

脾脏中段可见一个大肿块，因此实施全脾切除术（图4至图6）。

手术过程顺利，患犬恢复满意。

病理组织学检查结果为脾脏纤维瘤，预后良好。

10d后，患犬完全康复，2年后最后一次检查显示，所有指标都在正常范围内。

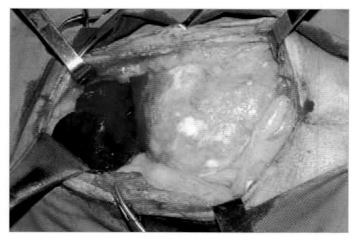

图4　开腹后，首先看到的是脾脏及肿瘤，呈灰白色。其外观与其他脾脏病变表现明显不同

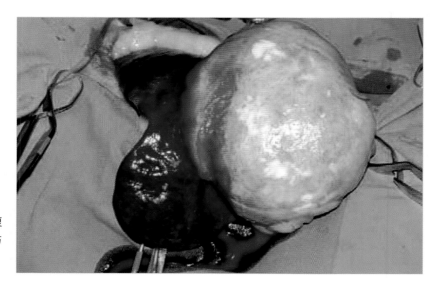

图5　小心处理脾脏，将脾脏拉出腹部，注意防止其破裂。肿瘤很大，其与器官相连接部分易碎，要格外注意

图6　完成脾切除术。图片所示脾血管结扎部位

病例 2　部分脾切除术

技术难度 ▮▮

部分脾切除术保留了器官的功能性（图1），应用于活组织检查、切除不可修复的局灶性病变和局部肿块。

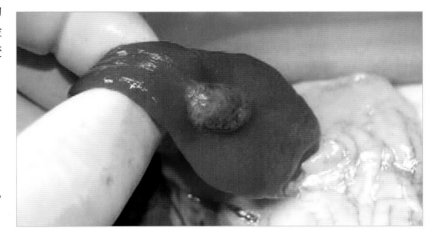

图1　脾脏腹侧末端发现一个结节，将进行部分脾切除术

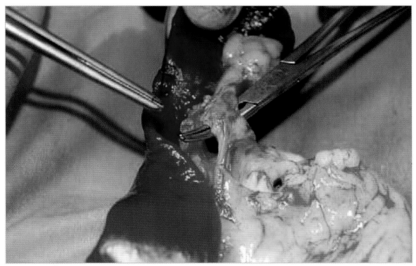

明确要切除区域的界限，结扎供应该区域的脾门血管并切断（图2和图3）。

图2　剥离、结扎并切除脾门血管中供应该区域的血管

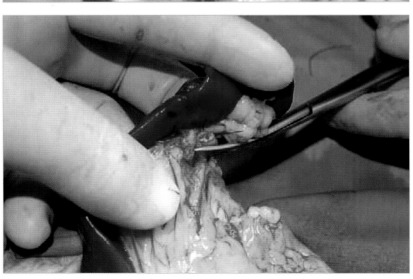

图3　切断供应病变部分脾脏的血管分支

在脾脏上找到血供良好的部分，在此处切开脾脏实体（图4、图5）。

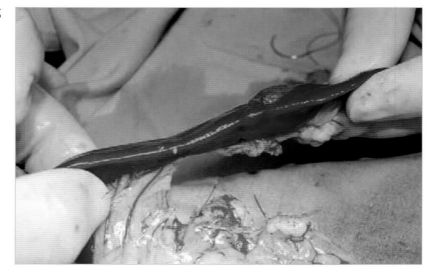

图4 寻找血供良好区域，作为脾脏部分切除部位的分界

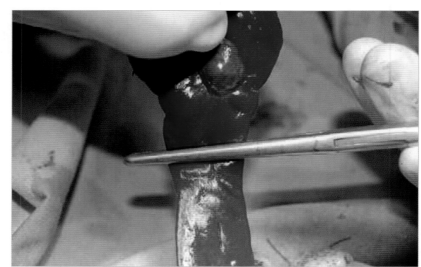

图5 止血钳夹住脾脏以止血，但不要太紧，避免撕裂组织

✱ 如果脾脏实质较厚，用手指朝向病灶压迫切除线，以避免病灶扩散。然后，使用止血钳夹住该区域。

在脾脏上做2个斜切口（呈V形），以促进实质的闭合和止血（图6）。

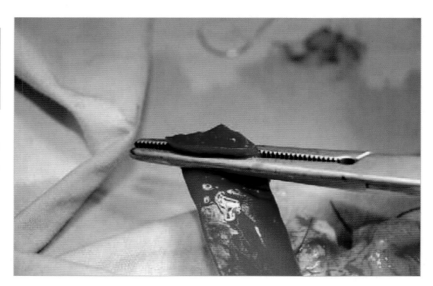

图6 采用2个斜切口切除脾实质

用单丝合成可吸收材料对切口末端进行连续缝合（图7）。

> ✳ 如果止血钳撤除后发生出血，进行两层叠加的连续褥式缝合。

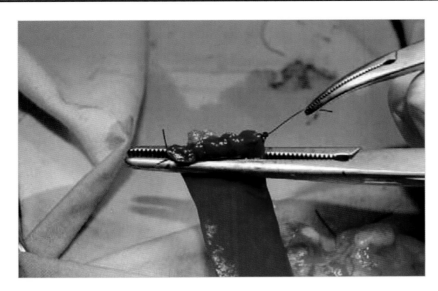

图7 切开的脾脏表面连续缝合最终图片

另外，根据脾脏实质的大小，也可以使用3.5号或4.8号的外科吻合器（TA）（图8）。

> ✳ 为了保证吻合钉的稳定性，吻合钉不能距离切面太近。

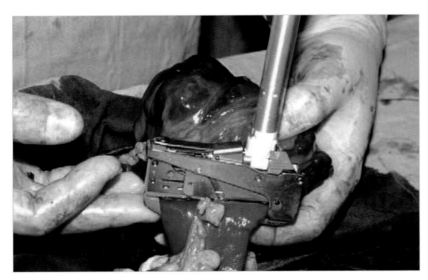

图8 外科吻合器放置2排重叠的吻合钉，以确保实质的良好闭合和止血

无论脾脏切面以何种方式缝合，检查切除实质是否出血都是至关重要的（图9）。

脾切除部分越大，发生脾扭转的风险越大。所以，建议将剩余脾固定至胃或肠。

> ✳ 为了防止可能发生的脾脏扭转，建议将脾脏固定在胃或肠袢。

图9 脾脏切除后、关腹前确定脾脏创口无再出血情况

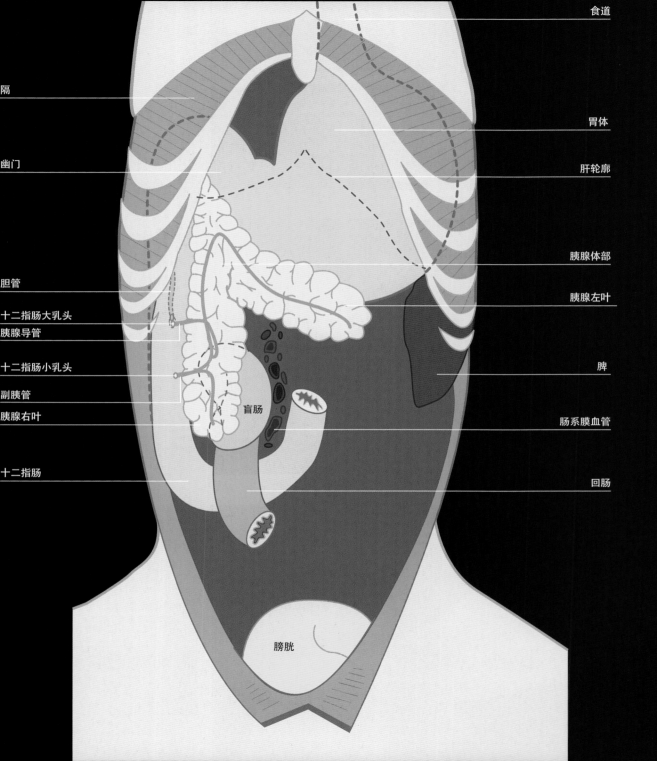

食道

隔

胃体

幽门

肝轮廓

胰腺体部

胆管

胰腺左叶

十二指肠大乳头
胰腺导管

十二指肠小乳头

脾

副胰管

胰腺右叶

盲肠

肠系膜血管

十二指肠

回肠

膀胱

胰　　腺

概述
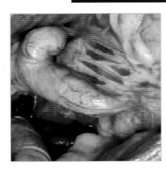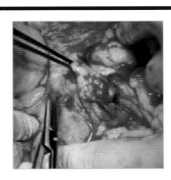

外分泌胰腺肿瘤，胰腺癌

动、静脉
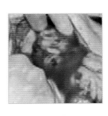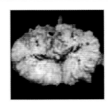

内分泌胰腺肿瘤，胰岛素瘤

胰岛素病伴发肝转移
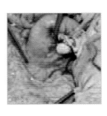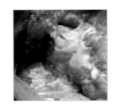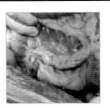

胰腺囊肿
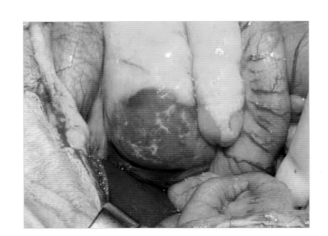

胰腺血供

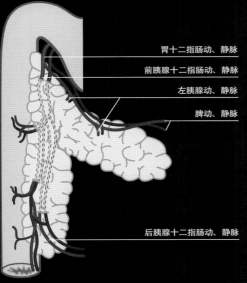

胃十二指肠动、静脉
前胰腺十二指肠动、静脉
左胰腺动、静脉
脾动、静脉
后胰腺十二指肠动、静脉

胰腺与邻近器官

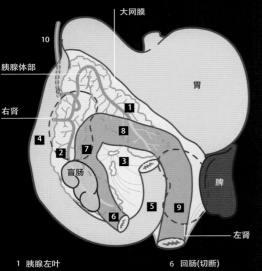

大网膜
10
胰腺体部
右肾
胃
4
8
2
7
3
盲肠
脾
5
9
6
左肾

1 胰腺左叶　　　　　6 回肠(切断)
2 胰腺右叶　　　　　7 升结肠
3 肠系膜淋巴结　　　8 横结肠
4 十二指肠降部　　　9 降结肠
5 十二指肠升部　　　10 胆管

概述

患病率	■■	
技术难度	■■■	

胰腺分为 3 个部分：

■ 右叶，紧邻十二指肠，与前部、后部胰十二指肠动脉共用一个血供。

■ 左叶，平行于脾血管，脾血管有一个或两个血管分支为左叶供血。

■ 胰腺体部，连接左右两个胰叶，近邻幽门。

胰腺的消化分泌物经 2 个导管排入十二指肠，这两个导管可能是在腺体内汇合，或经由不同乳头离开腺体，其中一个开口在十二指肠大乳头位置接近胆管。这是大乳头阻塞时发生黄疸的原因，所以黄疸可能是胰腺疾病的临床症状之一（图2）。

胰腺肿瘤通常表现非特异性症状，例如体重下降、食欲减退、渐进虚弱、腹水和精神萎靡。患胰岛素瘤动物的典型症状为肌无力、全身震颤、疲劳与兴奋。

> 胰腺病变或肿瘤会阻塞胆管，导致肝脏发生胆汁淤积。

部分胰腺切除术的适应证包括活检以获得精确诊断（胰腺炎、胰腺纤维化、恶性肿瘤等），严重外伤，肿瘤与囊肿。在某些胰腺炎病例中也适用。

> 胰腺肿瘤通常表现恶性。
> 在任何开腹手术中，都应小心处理胰腺，防止其意外损伤，否则很容易导致炎症发生。

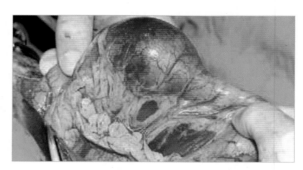

图 1　实施十二指肠或胰腺右叶手术时，剥离血管要非常小心，不要损伤灌注其他器官的血管分支。本案例中，非常容易确定十二指肠血管分支，但在其他案例中不会总是这样

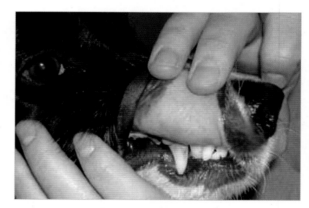

图 2　胰腺中部腺癌导致的黏膜黄染

急性胰腺炎病例的可能手术适应证：

1. 尽管接受了内科治疗，病情渐进性恶化。
2. 胰腺脓肿。
3. 腹膜炎（图 3）。
4. 胰腺炎控制后，持续性胆道梗阻（图 4）。
5. 无法通过任何比活检创伤小的方法获得明确诊断。

图 3　急性胰腺炎病例出现严重腹膜炎和失活胰腺组织，且对内科治疗无效时，进行部分胰腺切除手术

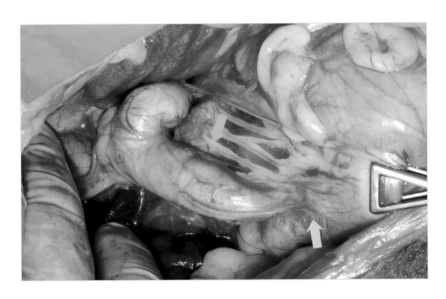

图 4　慢性胰腺炎病例，表现严重胆汁滞留。注意胰腺病变导致扩张严重的胆管（蓝色箭头），十二指肠乳头位置发生狭窄（黄色箭头）

　　胰腺手术时，记住如果两个胰腺导管都进行了结扎，不管是必要操作还是错误结扎所导致的急性胰腺炎都可以进行药物治疗。然而，病患将出现胰腺外分泌功能不足问题。

术前

　　胰腺手术的最常见并发症是胰腺炎。为尽力防止这种情况发生，推荐术前使用奥曲肽[*]（2 μm/kg，SC）。

> 术后急性胰腺素病的致死率往往是因为受器官衰竭而致。

―――――――――

　　[*]　奥曲肽是一种生长抑素的合成类似物，可抑制胰腺的外分泌与内分泌活动，治疗结束后无反弹效应。

手术步骤

部分胰腺切除术适用于组织活检，或切除肿瘤、囊肿、脓肿和坏死组织的移除。

右叶胰腺摘除术

将病患的幽门和十二指肠拉向左侧，可见胰腺右叶。如果切除部分距离十二指肠较远，可直接实施胰腺右叶切除术（图5），这样损伤十二指肠血供的风险较小。

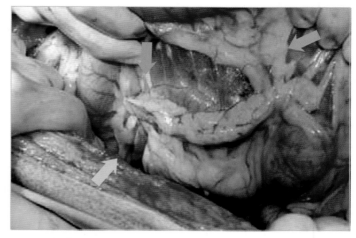

图5 本病例中，胰腺右叶与十二指肠明显分离。因为只有2个血管需要结扎，所以容易进行切除（蓝色箭头）。但要注意胰腺体紧邻十二指肠（黄色箭头）

如果胰腺特别接近十二指肠，需要更小心进行部分剥离（图6）。确定胰腺十二指肠的血管分支，结扎或电凝通向胰腺的血管（图7），不要损伤十二指肠的血供。

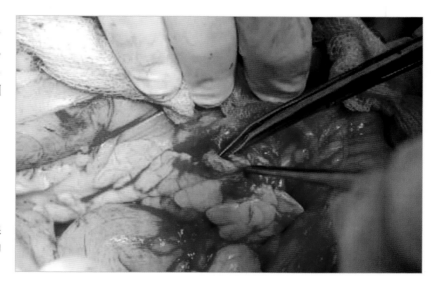

图6 小心剥离胰腺，以减少对胰腺实质的损伤，防止损伤供应十二指肠的血管

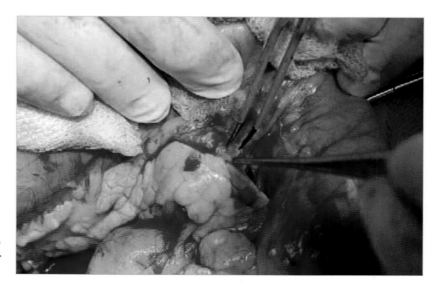

图7 胰腺十二指肠血管的小分支，运行朝向胰腺，这些小血管分支应该分别结扎或凝固止血

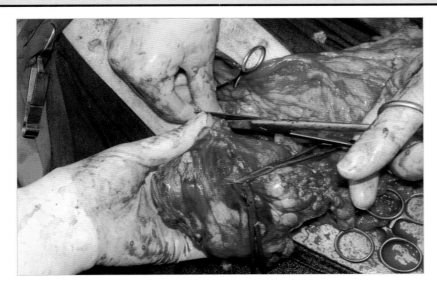

摘除肿瘤之后（图7），用大量温热盐水冲洗腹腔并吸除，以常规方式关闭腹腔。该犬术后恢复良好，之前最明显的腹水症状并未再次出现（图8）。

图6　小心剥离与结扎胰十二指肠血管的胰腺分支，不要损伤胰十二指肠的十二指肠分支血管

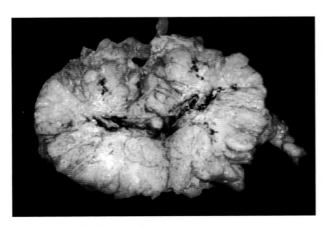

图7　切除肿块的宏观图片

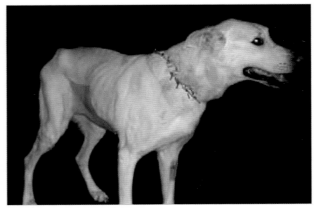

图8　术后10d，患犬表现正常，腹水消失，恶病质状态没有继续恶化

该病例是胰腺肉瘤（源于结缔组织的恶性肿瘤）。

门静脉压力解除后，腹水消失。

术后期间，提供高营养食物纠正其恶病质状态。

几天之后患犬逐渐恢复，3周后能够完全正常生活。

2年后，该犬因精神不振与腹痛复诊（图9）。放射线与超声检查显示，肿瘤转移至多个器官。动物主人决定不再做进一步检测或治疗。

图9　术后2年，该犬已经完全恢复正常生活

内分泌胰腺肿瘤，胰岛素瘤

患病率	■			

胰岛素瘤是发生在胰腺 β 细胞的肿瘤。该肿瘤分泌大量胰岛素，导致显著低血糖的临床情况。胰岛素瘤主要发生于中年至老年犬，平均年龄8～9 岁。

这种肿瘤通常表现单一、小型、黄色至暗红色，包裹在囊内（图 1）。大多数为恶性肿瘤，通过手术摘除可控制临床症状，延长存活时间。

> 慢性低糖血症可能导致永久性神经损伤（神经元脱髓鞘和轴突变性）。

低糖血症可能引发的症状包括虚弱、共济失调、明显失明、昏迷、定向障碍、肌肉颤抖和抽搐，这些症状出现在禁食、运动或兴奋的时期。这些病患不应按神经学问题治疗性诊断，需要适当检查。

> 胰岛素瘤病患可能表现局部或全身性抽搐，通常持续 30s 至 5min，之后症状消失。

> 抽搐主要出现在空腹期间，葡萄糖低于 2.22mmol/L，动物进食或静脉给予葡萄糖后症状消失。

> 如果不能手术，这些病患可以用低剂量皮质类固醇刺激糖异生。

根据 Whipple 三联征的标准，推定诊断高胰岛素血症：

1. 因运动或兴奋而加剧神经症状。
2. 低糖血症与临床症状同时发生，血糖低于 2.99mmol/L。
3. 口服葡萄糖或食物后临床症状消失。

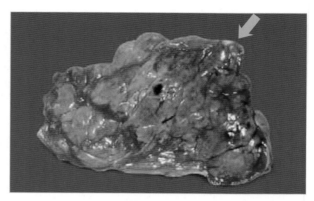

图 1 带有肿瘤的胰腺组织实施了部分胰腺切除术（蓝色箭头）。肿瘤尺寸较小

诊断

根据上述临床症状和空腹血糖（低于 54mg/dL）、空腹胰岛素（高于 25mU/mL，参考范围 5～25mU/mL）进行诊断，例如，纠正胰岛素/葡萄糖比值＞30。

> **＊** 纠正胰岛素/葡萄糖比值计算公式：
> $$\frac{胰岛素（mU/mL）\times 10}{血糖（mg/dL）-30}$$

> 应采用一些实验证实低血糖症的存在，应避免因临床症状或实验室检查的错误。

胰岛素瘤的超声检测

超声检查可鉴别约 30％～50％胰岛素瘤病患的小、球形低回声结节。

> 诊断时，50％～60％胰岛素瘤病患已经发生转移。

胰腺 β 细胞功能性肿瘤的明确诊断是在行过开腹探查，对肿瘤的直观观察触诊，以及组织采样后进行病理学检查进行的。

治疗

需要手术摘除肿瘤组织。

部分病例需要内科治疗纠正术后或者合成胰岛素转移瘤所导致的低糖血症。

内科疗法

■ 少食多餐进食高蛋白、脂肪与复合碳水化合物（5～7 次/d）。

■ 泼尼松龙［0.5～1mg/（kg·d），分次给药］，抑制胰岛素产生，刺激糖原分解。

■ 二氮嗪［首次剂量 5～10mg/（kg·d），分次给药，上限 60mg/（kg·d）］，一种非利尿降压药，抑制胰岛素分泌。这种药物限制供应且昂贵。

■ 奥曲肽（1～2μg/kg 每 8～12h 一次，皮下注射），是生长激素抑制素类似物，抑制胰岛素的合成与分泌。应密切监测病患状态。

外科疗法

技术难度	

大部分胰岛素瘤位于胰腺左叶。

胰岛素瘤可能表现单一结节或弥散类型。但是，无论何种表现形式都不会影响疾病发展进程。

应实施部分胰腺切除术，并对局部淋巴结和肝脏进行组织活检（图 2）。尽管肉眼未见转移，但胰腺 β 细胞肿瘤经常转移至局部淋巴结、肝脏（图 3）、脾脏，或者肠系膜与网膜（图 4）。

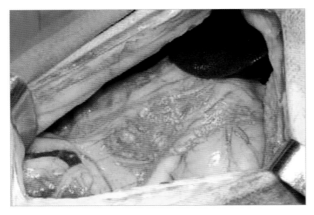

图 4　转移扩散至腹膜的恶性胰腺肿瘤（腹膜癌）

参见胰腺切除术。	➡ 第 136 页
参见肝组织活检。	➡ 第 201 页

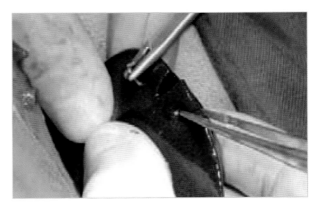

图 2　无明显局部转移症状病例中，胰岛素瘤切除后对肝脏进行组织活检

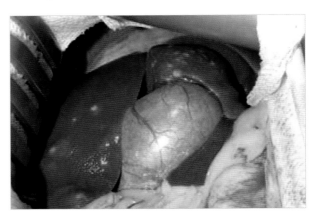

图 3　继发于胰岛素瘤的肝脏弥散性转移病例。可见因十二指肠大乳头阻塞导致的胆汁滞留

胰腺切除术后，病患可能发生急性胰腺炎。因此，术后务必禁食 24～48h，进行肠外饲喂。过了这段时期后，逐渐调整为口服饲喂。

应经常监测血糖水平。

术后，无明显可见肿瘤转移的病患存活率超过 14 个月。如果发生肝脏转移，预后更差。

老年病患预后较好。

胰岛素瘤伴发肝转移

Mimi 是一只 7 岁雌性法国斗牛犬。就诊前几天，该犬出现定向障碍、精神状态异常且颤抖、多尿与多饮等症状。

常规检查未见明显异常，神经学检查表现正常且排除了生殖问题。血液学和生化检测结果均在参考范围内。除了以下结果：

- 葡萄糖：2.83mmol/L（3.88～8.32）。
- 钾：3.1mmol/L（3.7～5.8）。
- 碱性磷酸酶：3.006μkat/L（0.17～1.53）。

引起犬低血糖的可能原因如下（表1）

表 1　引起犬低血糖的可能原因

空腹低糖血症鉴别诊断
抗凝剂使用错误
延迟分析血样和红细胞消耗葡萄糖
胰腺内分泌肿瘤、胰岛素瘤
胰腺外肿瘤，例如肝脏肿瘤
肾上腺皮质机能减退
门脉分流
肝病
内毒素休克或败血性休克
工作犬特发性低糖血症
寄生虫病
严重红细胞增多症
……

即使病患处于低糖血症时，胰岛素瘤仍持续分泌胰岛素。

空腹胰岛素浓度升高：57.1mU/mL（5～25mU/mL）。胰岛素/葡萄糖 27.2。这些检查结果与 Whipple 三联征标准相符，诊断为胰岛素瘤。

尽管超声检查可能未发现原发性胰岛素瘤，但是在肝脏右侧邻近胆囊部位发现肿块，可能与转移有关（图1）；腹腔其他部位正常。

病患入院后，通过缓慢输注含钾溶液和间歇性给予 50%葡萄糖（1mL/kg）纠正低血糖和低血钾。同时也给予泼尼松龙（0.5mg/kg，q12h）降低胰岛素分泌，增加血糖水平。

每 2～3h 检测一次血糖。

便携式血糖仪检测结果往往比实际血糖值低约 15%。

以这种方式提升血糖，直到血糖水平达到 4.99mmol/L。

为了证实胰岛素瘤的存在，且将其与肝转移瘤同时摘除，建议实施剖腹探查术。

通过部分胰腺切除术来治疗胰岛素瘤。

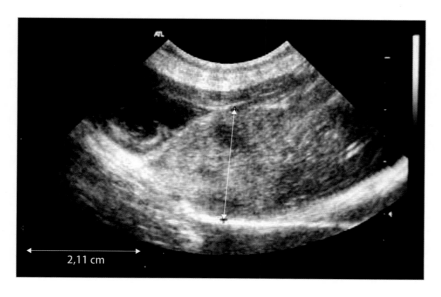

2,11 cm

图 1　位于肝脏中叶的肿瘤（2.11cm）

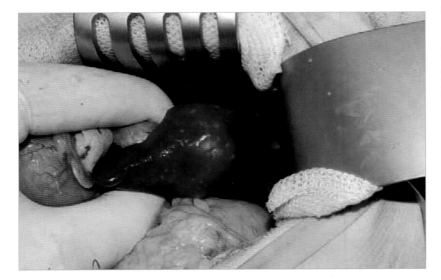

手术过程

　　打开腹腔后，最先看到的是肝脏上的肿瘤区及一些转移到右侧肝叶上的小结节（图2），其余肝实质表现正常。

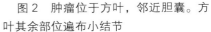

图2　肿瘤位于方叶，邻近胆囊。方叶其余部位遍布小结节

　　胰腺体部与右叶未见病灶。仔细检查胰腺左叶发现一块结构混乱区域和一个邻近脾血管的坚硬结节（图3）。

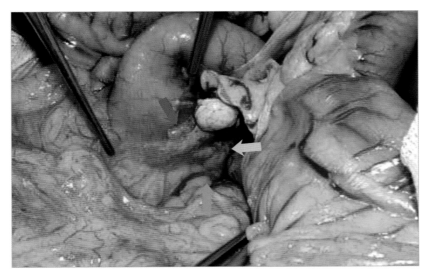

图3　胰腺左叶尖部可见一个结构不清的组织（灰色箭头），脾血管附近可见一个硬的小结节（蓝色箭头）

　　对胰腺与脾静脉粘连的组织进行剥离，并且结扎来源于脾脏血管的胰腺血管（图4）。

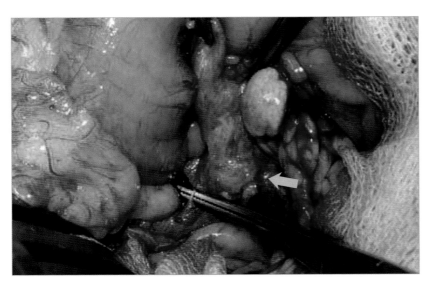

图4　小心剥离胰腺左叶，确定并结扎源于脾脏血管的胰腺血管。黄色箭头所指为胰腺肿瘤

继续向胰腺近端剥离，在病变胰腺区周围留出足够的健康组织进行结扎（图5）。去除结扎线远端的肿瘤组织，然后检查断端的出血情况（图6）。

此手术最常见的术后并发症是手术过程中处理胰腺组织所导致的胰腺炎。

＊ 结扎胰腺组织后，在距离结扎线一定距离的位置切断病变胰腺组织，防止结扎线滑脱，释放胰酶进入腹腔。

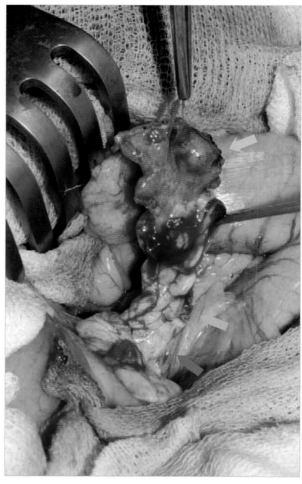

图5 需要去除的胰腺部分：已经剥离出来带有健康胰腺组织的肿瘤（黄色箭头）。灰色箭头指示结扎位置，蓝色箭头指示组织切断位置

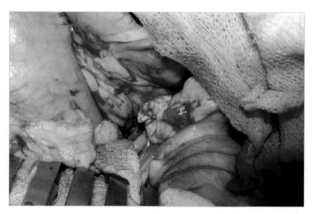

图6 结扎后，在距离结扎点一段距离的位置切断胰腺病变组织，以防止结扎线滑脱，释放胰腺分泌物进入腹腔和引发腹膜炎

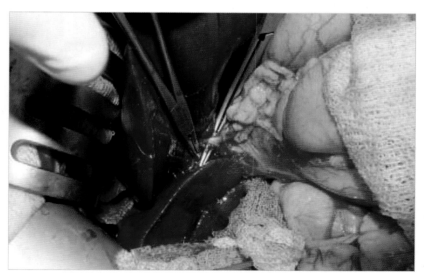

胰腺肿瘤切除后，发生肿瘤的方叶和小转移的右侧肝叶也需要被切除（图7至图9）。

冲洗腹腔，将液体吸出，常规关闭腹腔。

参见肝叶切除术。　➡ 第208页

图7 结扎进入肝脏中叶的门静脉分支

术后

　　术后立即检测血糖，每 2h 监测一次，如发生低糖血症，按前文所述方法进行纠正，并给予阿莫西林/克拉维酸与甲硝唑。

　　由于正常胰腺功能被胰岛素瘤抑制，可能会出现短暂的高血糖症。对于这些病例每 12h 应给予胰岛素（0.2IU/kg），直至胰腺功能再次恢复正常。

❋ 每 12h 进行超声检查一次，以发现任何腹部出血或腹膜炎的迹象。随着病患病情好转，逐渐减少肠外治疗，术后 3d，由于血糖与食欲正常，该犬没用药就出院了。每月监测一次病患的血糖。

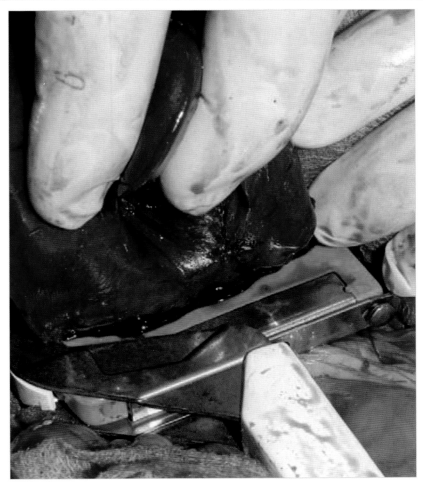

图 8　使用外科吻合器放置 2 排交替缝合钉以用于肝实质止血

　　患犬术后恢复良好，6 个月后复诊未见转移或全身异常。患犬生活完全恢复正常。

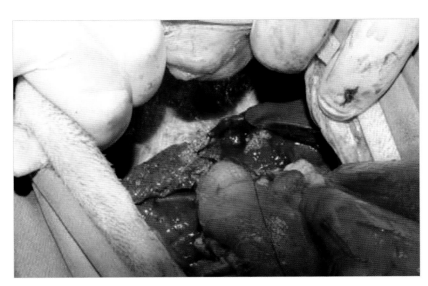

图 9　将缝合钉下的肝实质切断并移除后，发现断端止血效果良好

胰腺囊肿

患病率 ■ □ □ □ □

伴侣动物临床中少见发生胰腺囊肿。胰腺囊肿可能是由慢性胰腺炎、肿瘤或创伤复发引起的。

病患可能无症状或表现非特异性症状，例如，腹痛、食欲减退或呕吐。

Yuka 是一只 9 岁雌性约克夏犬，之前就诊治疗糖尿病。由于 Yuka 最近刚被收养，既往史不清（图 1）。

图 1 住院的 Yuka

几天后，该犬因严重腹部疼痛与高热住进了医院的重症监护室。

血液检查的结果见表 1。

腹部超声检查发现在胰腺附近有一液性肿块（图 2）。

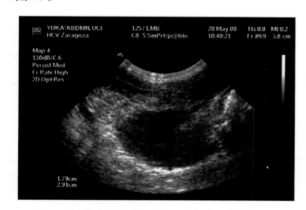

图 2 肿块超声图像，位于胰腺附近的肿块超声图像

因为有可能是胰腺脓肿，因此未对肿块进行经皮抽吸，以避免腹腔污染的危险。

胰腺脓肿与囊肿，应该进行外科治疗。

表 1 Yuka 血液检查结果

血液学		
项目	结果	参考范围
白细胞（×10⁹，个/L）	40.54	5.50～19.50
淋巴细胞（×10⁹，个/L）	1.88	0.40～6.80
单核细胞（×10⁹，个/L）	6.69	0.15～1.70
中性粒细胞（×10⁹，个/L）	31.52	2.50～12.50
嗜酸性粒细胞（×10⁹，个/L）	0.36	0.10～0.79
嗜碱性粒细胞（×10⁹，个/L）	0.09	0.00～0.10
红细胞压积（%）	0.329	0.30～0.45
红细胞（×10¹²，个/L）	4.55	5.00～10.00
血红蛋白（g/L）	122	90～151
血小板（×10⁹，个/L）	472	175～600
血液生化检查		
项目	结果	参考范围
总蛋白（g/L）	78	54～82
白蛋白（g/L）	32	22～44
球蛋白（g/L）	46	15～57
葡萄糖（mmol/L）	19.147	3.88～8.32
碱性磷酸酶（μkat/L）	15.781	0.17～1.53
ALT（μkat/L）	2.50	0.33～1.67
淀粉酶（U/L）	475	200～1 200
总胆红素（μmol/L）	6.84	1.71～10.26
BUN（mmol/L）	4.284	3.57～10.71
肌酐（μmol/L）	61.0	26.52～185.64
钙（mmol/L）	2.55	2.0～2.95
磷（mmol/L）	0.419	1.09～2.74
钠（mmol/L）	156	142～164
钾（mmol/L）	3.0	3.7～5.8

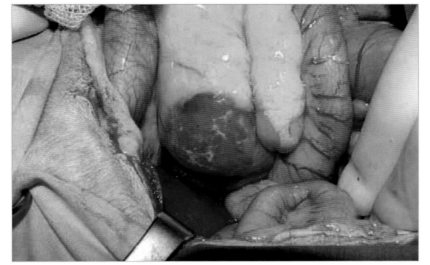

术前

　　术前纠正电解质紊乱，麻醉诱导时，静脉按 20mg/kg 给予头孢唑啉。从剑状软骨至脐部做腹中线开口。将十二指肠拉出并向左侧移动，暴露出囊肿（图3）。

图3　将十二指肠向左侧移动后，充分检查胰腺右叶，确定囊肿的位置

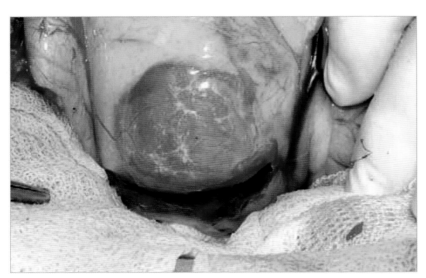

　　将囊肿及其粘连的组织，以及附着的腹部器官进行剥离，然后从其他腹部结构组织中游离出来，用双极电凝镊对其周围供养它的血管进行凝固止血后，将囊肿完全移除（图5）。

　　常规关闭腹腔，但要使用单丝合成慢吸收缝合材料闭合腹壁，缝合张力要超过4周。

图4　剥离囊肿与后腔静脉之间的粘连

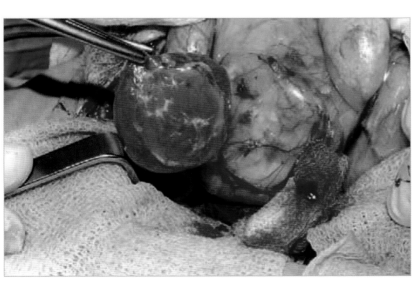

＊　如果是糖尿病病例，推荐使用非可吸收或慢吸收缝合材料关闭腹腔。

　　术后抗生素治疗 10d。Yuka术后恢复良好，糖尿病得以控制后，Yuka 的生活恢复正常。

图5　摘除囊肿之前，将所有流向囊肿的血管分支进行双极电凝

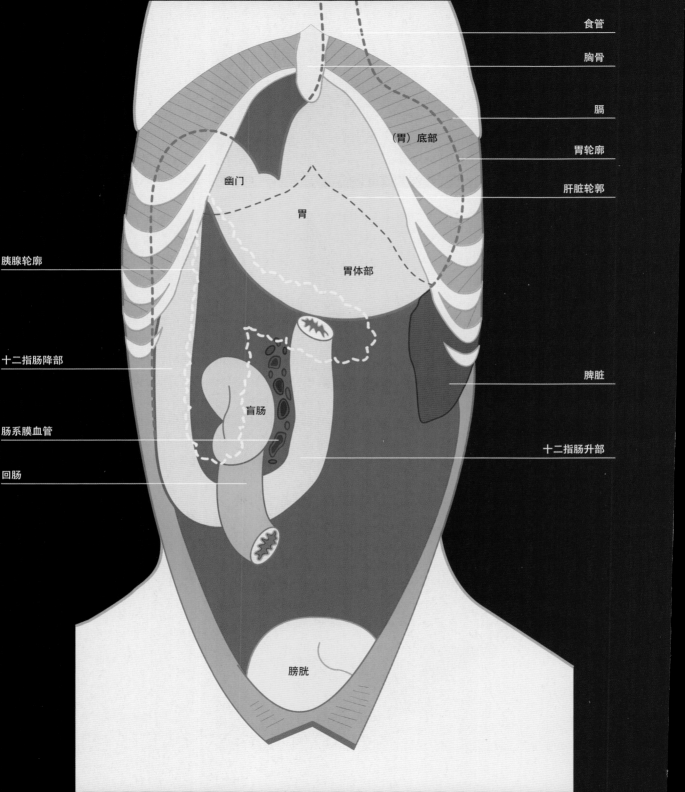

食管

胸骨

膈

（胃）底部

胃轮廓

幽门

肝脏轮郭

胃

胃体部

胰腺轮廓

十二指肠降部

脾脏

盲肠

肠系膜血管

十二指肠升部

回肠

膀胱

貂腹腔的腹背位视图

- 胰腺
- 肝脏
- 十二指肠
- 胃
- 门静脉
- 脾脏
- 肾上腺
- 右肾
- 左肾
- 主动脉
- 肾脏动静脉
- 卵巢动静脉
- 后腔静脉
- 输尿管
- 旋髂深动静脉
- 膀胱

犬胃部肌肉和血供
贲门口

- 食管
- 幽门管
- 底部
- 幽门
- 贲门张开
- 十二指肠
- 幽门窦
- 体部

1 胃黏膜及褶皱

肌层
2 外斜纤维
3 纵向纤维
4 环形纤维
5 内斜纤维

6 浆膜层

参见血液供给。 ➡ 第114页

异物

概述
病例1　异物：胃切开术
病例2　雪貂胃内异物
病例3　胃缺血性坏死：部分胃切除术

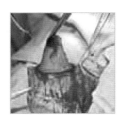  

胃扩张-扭转综合征（GDV）

概述
病例1　胃扩张-扭转综合征：胃充血
病例2　胃扩张-扭转综合征：胃折叠术

肿瘤

概述
胃活组织检查
胃体及胃底肿瘤：胃部分切除手术
幽门窦胃肿瘤：Billroth II 式胃切除术（胃空肠吻合术）

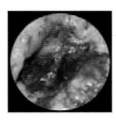  

异物

概述

患病率	
技术难度	

伴侣动物可以吞下各种各样的物体，比如骨头、高尔夫球、石头、玩具、布、线、绳子和塑料球。

猫很少吞食异物。如果有阻塞迹象，毛球或线性异物如纺线是最可能的原因。

胃内异物的存在可能引发胃损伤，导致或多或少的隐匿性呕吐，通常发生在进食后（图1）。对于这些患病动物需要控制脱水与低钾血症。通过消化道血液的吐血，即所谓的"咖啡渣"样呕吐，分析可能是胃糜烂或溃疡的迹象。如果发生胃穿孔，会导致腹膜炎，如果不及时和积极干预，可能致命。

如果异物光滑且位于胃体内，临床症状可能非常轻微，甚至不存在。

如果打算做胃镜检查，不要使用硫酸钡。

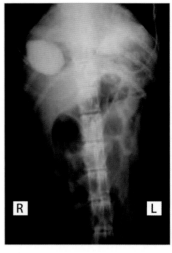

图1 因为异物滞留在幽门窦内，使胃无法排空，所以病患不能耐受固体食物或液体

不透射线的异物诊断很容易（图1和图2）。如果物体是射线可透的，则应使用造影剂（图3）。

参见放射学检查。　　➡ 第268页

图2 有时异物的放射线影像与取出的物体非常相似

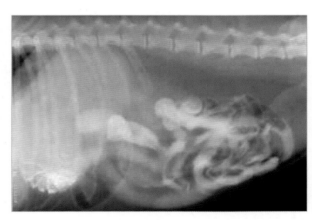

图3 此图为一个软性异物病例。为了确定异物所在，必须使用造影剂

术前

这些患病动物可能患上继发性食管炎或吸入性肺炎。对于这些病例的治疗，应给予 H_2 受体抑制剂、胃黏膜保护剂（表1），以及对口腔菌群有效的抗生素（表2）。

表1　抑制分泌和胃保护药

西咪替丁	10mg/kg，每8h一次，口服，静脉注射
雷尼替丁	2mg/kg，每12h一次，口服
奥美拉唑	0.7～1.5mg/kg，每24h一次，口服
硫糖铝*	0.5～1mg，每8h一次，口服

＊硫糖铝会干扰西咪替丁的吸收，应该在不同的时间服用。

表2　用于患有食道病变和吸入性肺炎的抗生素

氨苄西林	22mg/kg，每8h一次，口服，肌内注射，皮下注射
克林霉素	11mg/kg，每12h一次，口服
阿莫西林	12～20mg/kg，每12h一次，口服，静脉注射,肌内注射
恩诺沙星	5～10mg/kg，每12h一次，口服，静脉注射
甲硝唑	10～25mg/kg，每12h一次，口服，静脉注射
头孢唑啉*	11～22mg/kg，每8h一次，肌内注射，静脉注射

＊如果在手术中作为预防性抗生素使用，应在麻醉前使用。

> 胃的 pH 很低，所以里面几乎没有细菌。

在麻醉患病动物之前，应纠正任何电解质、代谢和酸碱失衡。

> ✳ 手术前，应重新进行放射线检查，确定异物是否仍位于胃内。

手术步骤

可先使用可弯曲的胃镜取胃内异物，如果不能实现，则应进行胃切开术。

> 与食管造瘘术或肠切开术相比，胃切开术更安全且问题更少。

从剑状软骨至脐部做一腹中线切口，打开腹腔暴露胃区。如有必要可向下方继续扩大切口。

为了防止腹部污染，再用一层无菌手术创巾或敷料隔离胃和腹腔（图4）。

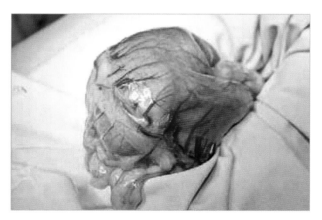

图4　打开腹腔后，暴露胃区，并通过一层手术创巾或敷料将胃与腹腔隔离开

胃切开术应在胃小弯和胃大弯之间血管稀疏的区域进行。

在选定的区域，放置2或4条牵引线，以方便操作和防止胃内容物漏入腹腔（图5）。

> ✳ 胃切开术应在胃体中部进行，避开幽门窦，以防止可能出现幽门狭窄，妨碍胃排空。

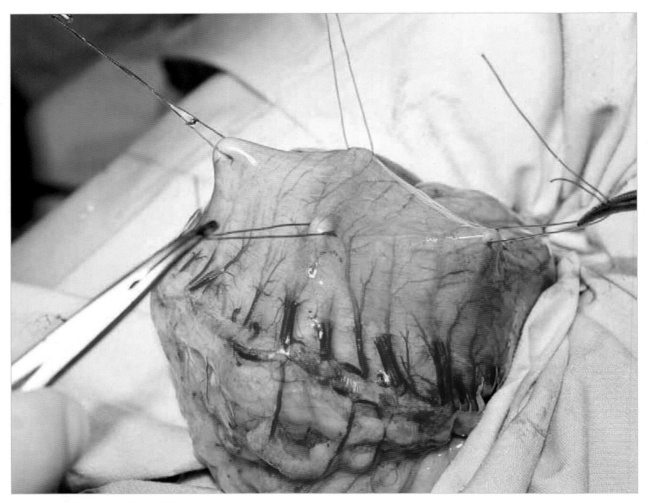

图5 胃切开区域放置4根缝合线

 建议采用纵向切口，这样不会发生胃蠕动。

用手术刀打开胃壁时，应使用刀尖用力刺透胃壁全层。如果操作过于轻柔，黏膜很可能会移动并且很难打开胃腔。然后用剪刀将切口扩大至取出异物所需的切开长度（图6至图8）。

胃黏膜很容易与肌层分离。

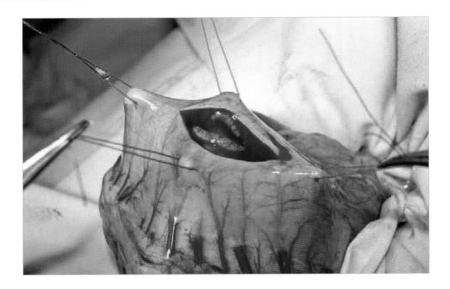

图 6　使用手术刀切开胃，使用尖锐的刀尖进行切口，以便全层刺入而不分离黏膜

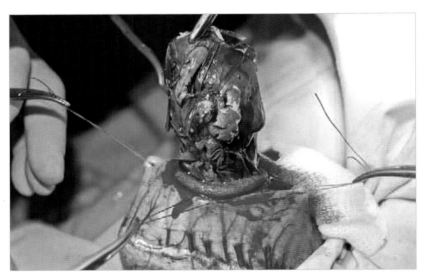

图 7　切口的大小应与异物相适应

图 8　当异物大于胃部切口时，切口长度需要用剪刀扩大。避免撕裂胃壁

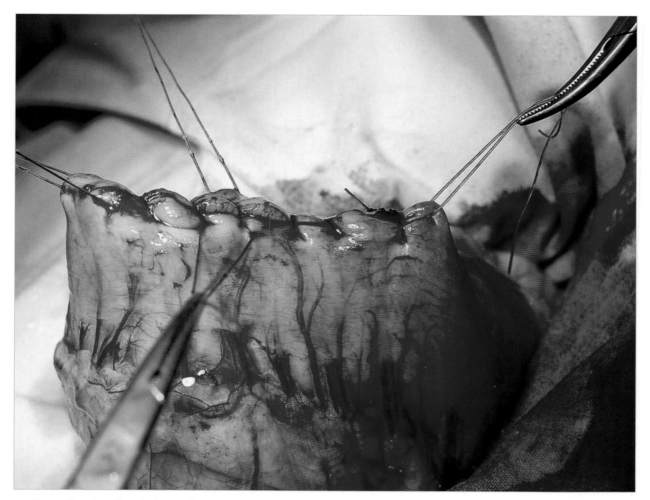

图 9　第一层用单股合成可吸收缝线对胃壁进行全层连续缝合

使用单股合成可吸收材料，穿透除黏膜层以外的所有层，连续缝合胃（图 9）。

> ✳ 缝合胃壁时，要保证胃黏膜内翻且不会被卡在缝合线内。

然后，在第一层缝合之上进行第二层缝合，以确保良好的密闭性和愈合。本案例对浆肌层进行伦勃特或库兴氏缝合（图 10）。

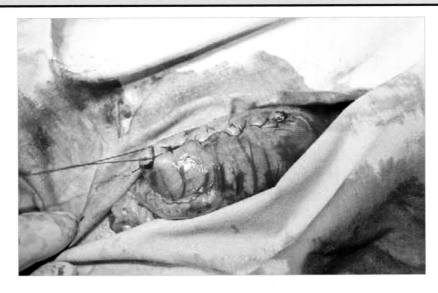

图 10 第二层缝合。采用内翻缝合，以确保密封良好。本病例采用库兴氏缝合法

此外，胃壁的缝合也可使用吻合器进行（图 11），这样可以完美地密封切口。

图 11 用外科吻合器缝合胃壁。正确使用时，密闭完整，发生并发症的风险最小

缝合胃壁后，在继续手术操作之前，建议更换手套，并取下被胃液污染的器械。

> 当从胃中取出异物时，检查整个消化道以排除存在其他可能引起梗阻的物体。

在关闭腹腔之前，使用大网膜对胃切开处进行覆盖并缝合，以促进愈合并防止与其他器官粘连。

术后

维持一段时间输液，直到患病动物能耐受流体食物。在低钾血症的情况下，应补充钾。如果术后 12～24h 未发生呕吐，可少量多次给予软性食物。如果动物术后 36h 仍发生呕吐，可给予氯丙嗪（每 8h 一次，0.2～0.4mg/kg，肌内注射或皮下注射）、昂丹司琼（每 12～24h 一次，0.1～1mg/kg，口服，每 8h 一次，0.1～0.2mg/kg，皮下注射）或马罗吡坦（1mg/kg，皮下注射或口服）。

如果没有并发症，则预后良好，因为胃愈合很快。

病例 1　异物：胃切开术

技术难度					

一只表现胃阻塞症状的猎犬到医院就诊。

放射线拍片显示胃内有异物，整个肠道表现非常严重的麻痹性肠梗阻（图 1）。血液检查仅显示轻度白细胞增多，而其他血液学、血液生化检查、电解质和尿液的检测均未见异常。经过几次内窥镜取除异物失败后，决定进行腹中线开腹实施胃切开术（图 2 至图 6）。

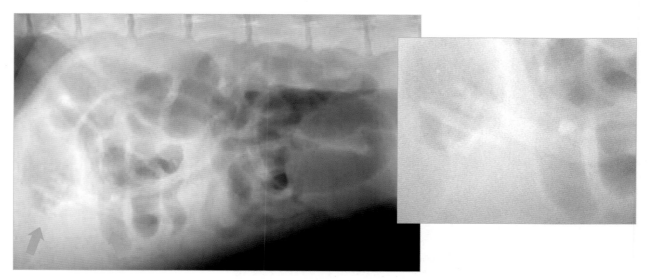

图 1　X 射线片显示广泛性麻痹性肠梗阻，前腹部有异物（箭头）

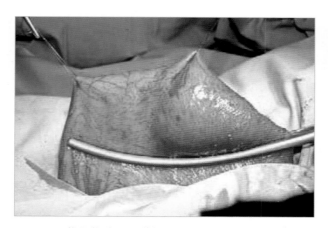

图 2　将异物移至要进行胃切开术的区域，并且为了防止异物逆行滑动，放置肠钳。然后将胃进行无菌隔离并留置牵引线

图 3　在胃体中部进行纵向切口，轻轻取出异物

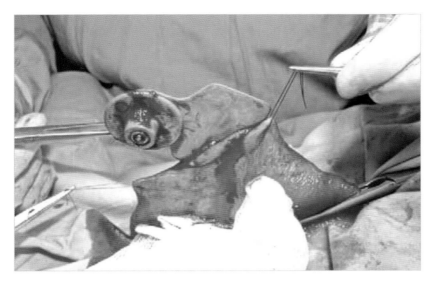

图 4　由于异物体积较大，无法取出，延长胃切口。避免撕裂胃部

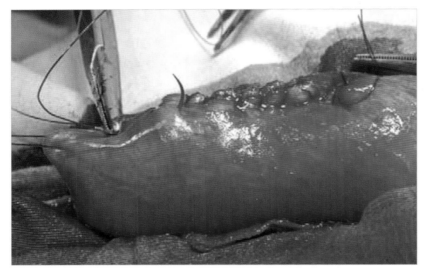

图 5　用单股合成可吸收缝合线对胃壁进行两层连续缝合。该图为在第一层缝合基础上进行第二层简单缝合的开始（库兴氏）

触诊检查整个胃肠道，远端未发现其他异物或问题。患病动物术后恢复良好，18h 后开始进食软食，无肠道不良反应。

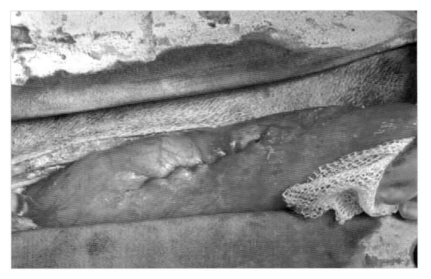

图 6　完成第二层内翻缝合后的胃壁

病例 2　雪貂胃内异物

技术难度				

病患为一只雄性雪貂，由于幽门窦内异物而表现出呕吐、脱水、精神不振和腹痛的症状，转诊送到医院实施手术。（图1和图2）。

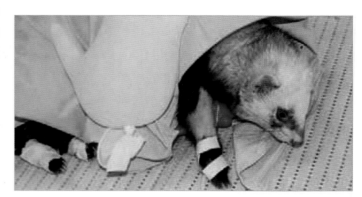

图1　术前纠正电解质失衡和脱水，稳定病患

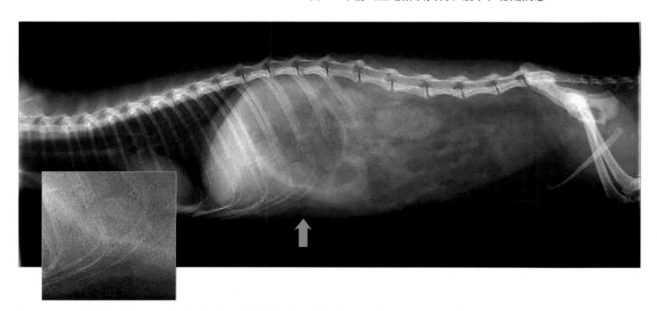

图2　X射线检查发现胃内积气膨胀，引起其消化道症状的原因可能为幽门窦内存在异物（箭头）

年幼的雪貂喜欢吃乳胶和泡沫橡胶，这可能会导致胃肠道阻塞。

在这些情况下，应在异物到达小肠之前进行手术。完全性小肠阻塞可能对患病动物造成严重后果（持续性呕吐，脱水，虚脱，休克等）。

雪貂血液检测的正常参考值见表1。

表1　雪貂血液检测的正常参考值

白蛋白	ALB	26~38g/L
碱性磷酸酶	ALP	0.15~1.40μkat/L
丙氨酸氨基转移酶	ALT	1.366~4.817μkat/L
天冬氨酸氨基转移酶	AST	0.466~2.0μkat/L
总胆红素	TBIL	1.71~17.1μmol/L
尿素氮	BUN	3.57~16.06mmol/L
钙	Ca^{2+}	2.0~2.95mmol/L
胆固醇	CHOL	1.657~7.666mmol/L
肌酐	CRE	8.84~79.56μmol/L
葡萄糖	GLU	5.217~11.488nmol/L
总蛋白	TP	52~73g/L
球蛋白	GLOB	18~31g/L
γ-谷氨酰转移酶	GGT	0.0~2.0U/L

手术步骤与其他动物手术相似（图3至图8）。

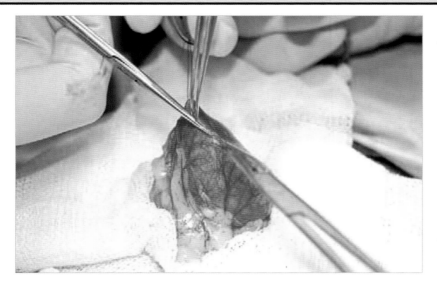

图3　暴露胃区，将胃区与腹腔隔离。预置牵引线后，在胃上做一个切口，打开胃腔，可用剪刀适当延长切口

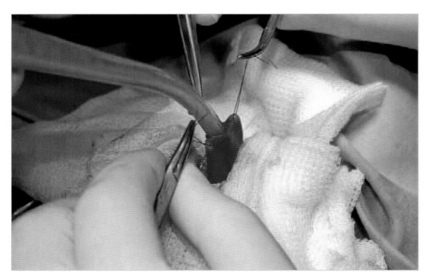

图4　吸出胃内容物，防止在处理胃的过程中胃内容物污染腹膜腔

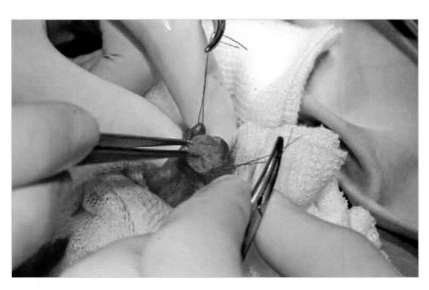

图5　用合适的解剖镊抓住异物并取出

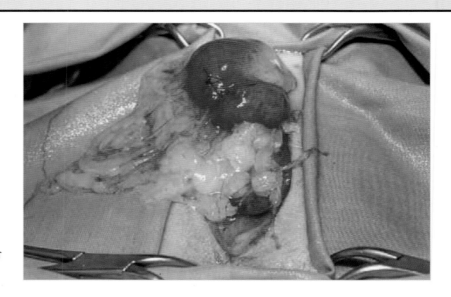

图 6　按常规方式用两层连续缝合闭合胃切口

图 7　关腹前，使用温热的乳酸林格冲洗腹腔。抽吸液体时更换新的无菌吸头

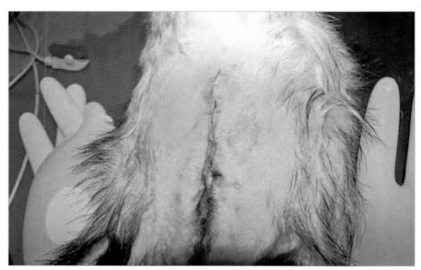

图 8　用可吸收线皮内缝合皮肤

＊ 在取出异物前吸出胃内容物可以降低腹部污染的风险。

病患恢复得非常好，手术后 12h 开始进食软食。10d 后，无需其他治疗。

病例 3 胃缺血性坏死：胃部分切除术

Diva 是一只 8 岁母犬，表现腹痛，食欲不振，精神萎靡和疲劳（图1）。

血液检查的结果如表1所示。

腹部 X 射线片显示麻痹性肠梗阻，肠襻向后方移位，前腹部密度增加以及胃内有憩室（图2和图3）。

表 1　Diva 的血液检查结果

血液学		
项目	结果	参考范围
白细胞（×10⁹，个/L）	18.74	5.50～19.50
淋巴细胞（×10⁹，个/L）	1.13	0.40～6.80
单核细胞（×10⁹，个/L）	0.44	0.15～1.70
中性粒细胞（×10⁹，个/L）	16.60	2.50～12.50
嗜酸性粒细胞（×10⁹，个/L）	0.47	0.10～0.79
嗜碱性粒细胞（×10⁹，个/L）	0.10	0.00～0.10
血细胞比容（%）	0.42	0.30～0.45
红细胞（×10¹²，个/L）	7.08	5.00～10.00
血红蛋白（g/L）	15.1	90～151
血小板（×10⁹，个/L）	146	175～600
血液生化		
项目	结果	参考范围
总蛋白（g/L）	62	54～82
白蛋白（g/L）	13	22～44
球蛋白（g/L）	50	15～57
碱性磷酸酶（μkat/L）	3.54	0.17～1.53
丙氨酸氨基转移酶（μkat/L）	1.266	0.33～1.67
总胆红素（μmol/L）	109.44	1.71～10.26
葡萄糖（mmo/L）	3.66	3.88～8.32
尿素氮（mmo/L）	16.06	3.57～10.71
肌酐（μmol/L）	132.6	26.52～185.64
钙（mmol/L）	2.375	2.0～2.95
磷（mmol/L）	2.164	1.09～2.74
钠（mmol/L）	128	142～164
钾（mmol/L）	2.8	3.7～5.8

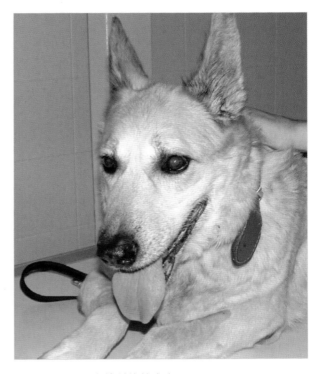

图 1　Diva 在放射线检查室

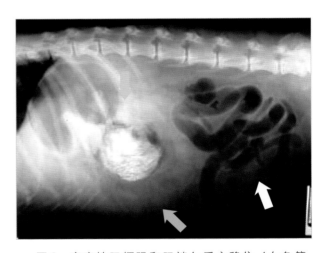

图 2　麻痹性肠梗阻和肠襻向后方移位（白色箭头）。前腹部密度增加区，似乎包围着胃的一部分（蓝色箭头）。含有大量骨骼的消化内容物和胃憩室（黄色箭头）

宠物主人同意进行剖腹探查，以便做出诊断并尽可能解决问题。腹中线长切口开腹。在前腹部，观察到强烈的腹膜反应。几乎整个网膜都粘连在胃壁上，而腹腔内有游离的消化液（图4）。

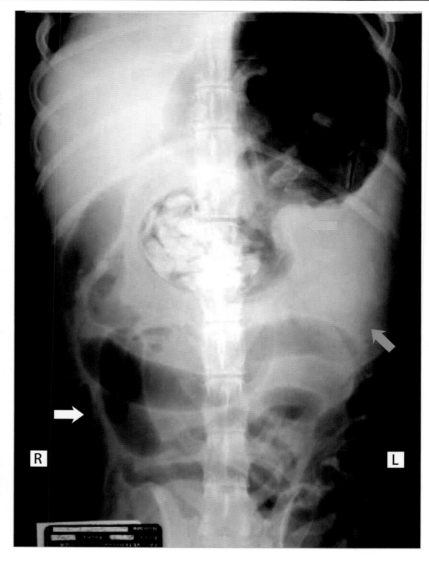

图3　放射线显示肠祥向后方移位（白色箭头），其主要是由于围绕胃憩室（黄色箭头）的肿块占位所致（蓝色箭头）。注意，憩室内包含骨骼，并与胃体相连

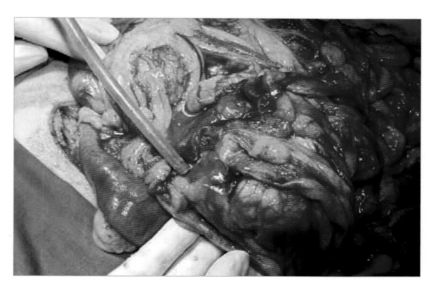

图4　放射线图片上看到的腹部肿块是与胃壁粘连的网膜。该图片显示继发于消化道内容物进入腹腔引起的腹膜炎。腹腔内的消化道内容物正在被吸出体外

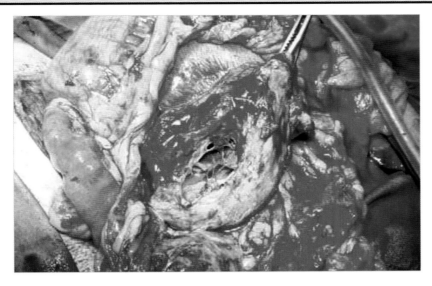

当进行胃大弯与周围的网膜分离时，发现问题源于胃壁部分坏死（图5）。

图5　胃大弯被剥离后显示胃壁发生坏死，消化道内容物漏入腹腔

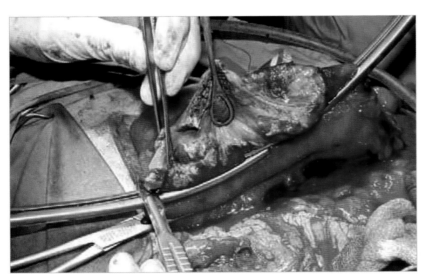

由于坏死区域位于胃体中段，决定对该区域进行胃切除术（图6至图9）。

图6　在确定胃体要切除的部分后，放置两把无创肠钳，以防止胃内容物进一步泄漏，并切除坏死组织

图7　常规方法闭合胃壁。第一层闭合胃壁采用两个简单连续缝合

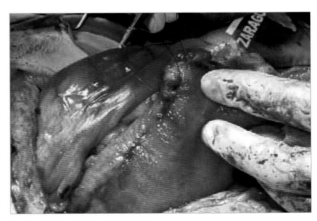

图8　第二层缝合采用连续内翻缝合，最终缝合外观如图所示

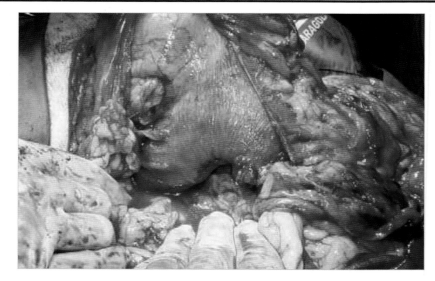

图9　胃最终缝合后外观

闭合胃壁关腹前，用温热无
菌生理盐水冲洗腹腔并吸出（图
10）。常规方法闭合腹腔。

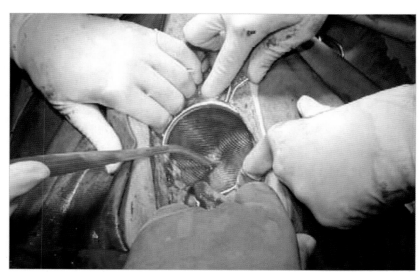

图10　使用无菌滤网可便于用盐水
冲洗腹腔后对液体进行抽吸

在这些患病动物中，纠正电解质失衡、维持水
合作用、确保良好的抗生素给予和使用止痛药
至关重要。

病患在术后12h开始进食流质食物，由于病
患对流质食物的耐受性良好，术后24h后进食软
质食物。

病患逐渐好转，逐渐耐受更多的食物，术后
2周，无需其他治疗。

胃扩张-扭转综合征（GDV）

概述

患病率		
技术难度		

胃扩张-扭转综合征，也称为"胃扭转"，特征是胃扩张，围绕它的肝脏和脾脏的附着物也随之旋转（图1至图3）。

> 胃扩张-扭转综合征具有高死亡率，即使在正确治疗的动物中也是如此。

鉴于这些患病动物的高死亡率，应向易患犬只（巨型和深胸品种）的主人提出一些建议：

■ 把每天的饲喂量分成几次给予，避免单次大量给予食物。

■ 进食时避免应激及与其他犬只争食，以防进食过快。

■ 限制进食前后的体育运动。

■ 不要使用架高的饲料碗。

■ 避免从患有这种综合征的动物中留种繁殖。

■ 考虑对易感犬进行预防性胃固定术。

■ 如果发现犬只流涎、打嗝、呼吸困难或腹胀，立即寻求救治。

发病机制

如果胃自身旋转，它与食道和肠道的连通就会被阻断。气体不能被排出并积聚在胃内，造成进一步的扩张。胃的静脉充血导致液体在胃内积聚。后腔静脉和门静脉的压迫使心脏的静脉回流量减少，进而导致心输出量减少、心肌缺血。

> 胃扩张-扭转综合征是兽医和犬面对的最严重的紧急情况之一。

中心静脉压和平均动脉压降低，引起低血容量休克和组织灌注减少，影响肾脏、心脏、胰腺、胃和肠等器官。心律失常是很常见的，尤其是有胃缺血时。

如果这种情况得不到迅速纠正，就会出现多器官衰竭和死亡。

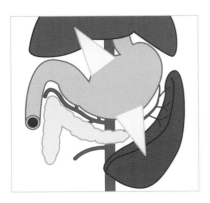

图1 胃通过胃肝韧带连接到肝脏，后方连接到网膜和脾脏。箭头表示张力方向

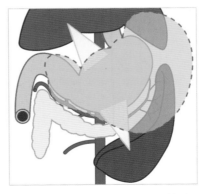

图2 如果发生胃扩张，扩张的最明显区域是胃的底部和体部，与前一图像中提到的韧带相比，它占据偏心位置

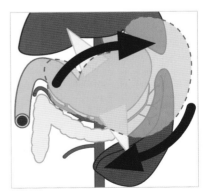

图3 由于这个原因，扩张的胃容易绕自身旋转，导致胃扭转

临床症状

病患躁动不安，表现为无呕吐物的干呕，流涎，呼吸窘迫和腹围增大。也可能表现心动过速、脉搏微弱、黏膜苍白、毛细血管再充盈时间延长。

首先做什么？

这些病患应该有良好的书面治疗方案。

> 手术的成功主要取决于动物主人和兽医的反应速度。

> ＊ 抢救动物时，医护人员越多，成功的可能性越大：人员多可以同时完成几项工作，并且可以在更长的时间内更好地监控病患。

首要目标是稳定病患与排空胃。

病患的稳定

GDV 的稳定及初步治疗程序如下：

■ 在两侧的头静脉或颈静脉放置大口径的静脉导管（图4）。

■ 7.5％高渗盐水，快速增加循环血容量（4mL/kg，快速输液）。

■ 羟乙基淀粉血浆扩容剂预防弥散性血管内凝血（DIC）（4mL/kg，快速输液）。

■ 利多卡因预防出现早搏，如果出现，也可作为治疗使用（0.1mL/kg，2％静脉推注）。

■ 等渗性液体补充剂（Sterofundin®复方电解质注射液）或乳酸林格维持循环容量［20 mL/（kg·h）］。

■ 术前静脉注射咪达唑仑（0.5 mg/kg）和丁丙诺啡（0.02 mg/kg），降低麻醉诱导剂用量与增加镇痛作用。

■ 阿莫西林-克拉维酸和恩氟沙星的抗生素组合，以防止由于细菌从肠道易位引起的感染。

■ 皮质类固醇，如果早期给药，会延长组织缺氧和由此导致的细胞损伤之间的间隔（甲强龙，30 mg/kg）。

治疗前，取血样进行血液学检查和血浆乳酸测定（参考范围 0.50～2.50mmol/L）。

> 血液中乳酸的浓度是一个很好的预后指标，因为它反映了局部缺血和细胞损伤的程度。

图4　在头静脉中放置2个大口径静脉导管。与此同时，其他兽医负责准备药物、血液检查和准备胃减压所需的材料

胃部减压

在进行初始药物治疗时，开始胃减压操作。

首先，尝试留置胃管。

■ 使用大口径的管子（与马驹使用的相同）并且标记鼻尖和最后一根肋之间的距离（图5）。

■ 在切齿之间放置一卷带空心的绷带，如果可能的话，将管子插入到标记处（图6）。

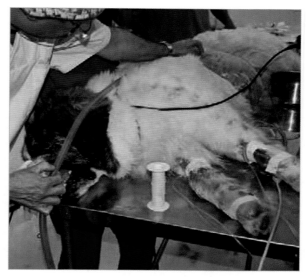

图5　测量鼻子和最后一根肋骨之间的距离，并在管子上标出位置。这可以辅助工作人员清楚何时到达胃。注意，左侧腹部已经备皮处理

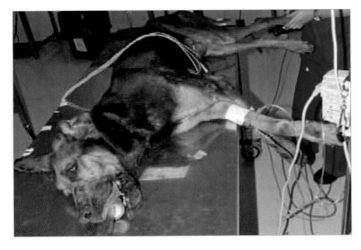

图6　在这个病例中，管子被成功地插入胃中并使其减压。病患情况稳定，可以接受手术治疗

如果管子插入到标记处，则意味着它已经到达胃部。

不要强行插入胃管，因为这可能损伤甚至撕裂食道。

如果管子不能进入胃部，请尝试改变病患的位置，将它翻过来或让它坐起来。

如果这些尝试失败，则需要经皮减压。

■　为此，可以使用大口径静脉导管、小套管针或长的多孔探针；由于探针中央管芯的结构，很容易插入（图7至图9）。

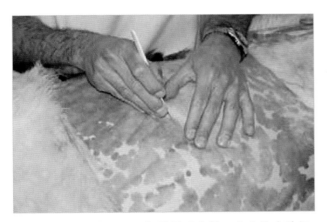

图7　选择在最后一根肋骨后方做一个小的皮肤切口，之所以选择左侧是因为旋转的胃会牵引脾脏，因此现在脾脏在腹部的右侧。这会降低意外损伤脾脏的风险

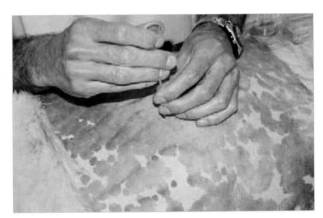

图8　带有管芯的导管牢固地插入胃腔

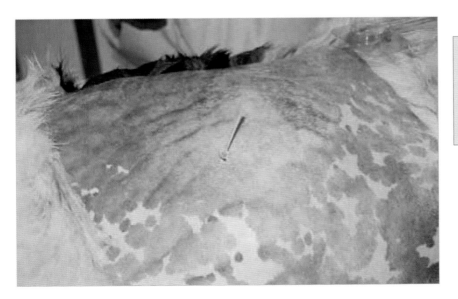

Peritocath® 导管（BBraun）在这些情况下非常有用，因为它有多个开口，因此它不容易阻塞，且管壁足够厚，因此它通常不会扭结。

图9　抽出管芯，胃立即开始排气

当胃减压且贲门压力减轻时，胃管更容易通过。

■ 将胃管插入胃中后，用温水冲洗数次直至去除所有胃内容物（图10和图11）。

一定要经常进行胃的排空和冲洗，因为病患在操作后会出现麻痹性肠梗阻，胃部蠕动收缩消失，内容物容易发酵，引起再次膨胀。

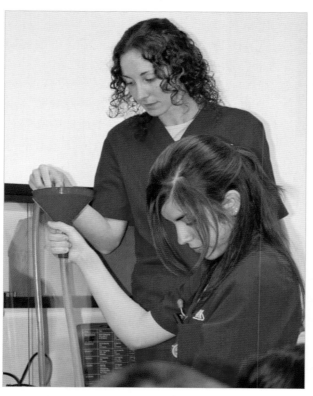

图10 温水被倒进胃管，除去胃内容物。如果从一定高度进水会更容易

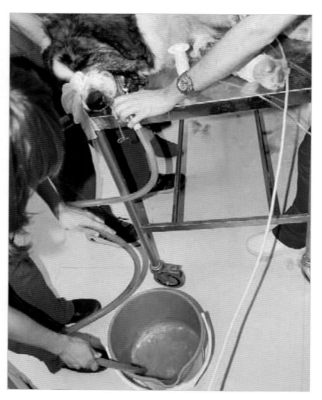

图11 倒入2~3L水后，降低胃管，使胃内容物被虹吸出来

胃扩张与 GDV 的区别

在整个过程中，可以采用腹部放射线来区分单纯胃扩张和胃扩张-扭转综合征（图12和图13）。

通过这些放射线影像了解到关于胃的位置和内容物状态，这在术前和术中都具有意义。

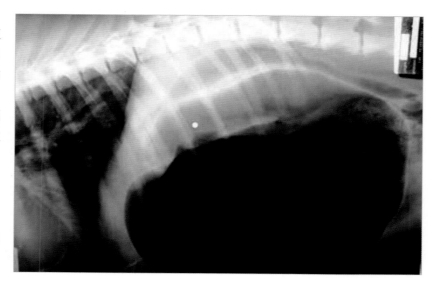

图12 由于幽门和十二指肠移位引起的胃扭转呈典型倒C形图像

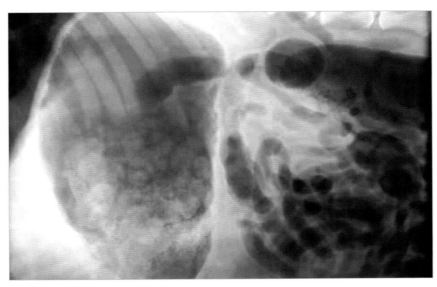

图 13　广泛性麻痹性肠梗阻和胃扩张，其内有大量食物（干饲料）

手术计划

一旦病患稳定下来就进行手术。

> 胃发生旋转的情况下，虽然进行了减压，但仍然会发生血管损伤和坏死。

麻醉方案

使用异丙酚（3mg/kg）进行诱导，给予100%氧气，异氟烷维持麻醉（1.2%～1.3%）。

必要时术中提供额外镇痛剂，芬太尼静脉推注（5μg/kg）。

> 足够的镇痛将允许保持异氟醚的 MAC 最低肺泡有效浓度（1.2%～1.3%），从而降低药物的扩张血管和降低血压的作用。

病患监测包括：
- ECG（心电图）
- 无创血压
- 脉搏血氧仪
- 二氧化碳浓度监测

心电图

如果心电图显示具有窦性心律的期外收缩（期外收缩之间，观察到恒定的 QRS 复合波），则放置三通管以同时使用 Sterofundin® ［复方电解质注射液 20 mL/（kg·h）］和持续利多卡因输液［50μg/（kg·min）］，溶液制备方法为 25mL 2%利多卡因混合、500mL 生理盐水。

另一方面，如果存在无窦性节律或低窦性心律的期外收缩，则不应给予利多卡因。如果期外收缩发生消失，心脏将停跳。

> 利多卡因具有镇痛作用，并能控制期外收缩。

血压

平均动脉压应保持在 70mm Hg 左右（收缩期约为 90mm Hg，舒张期约为 50mm Hg），防止发生组织再灌注问题和严重低血压损伤肾功能。

如果压力不能提升超过 70mm Hg，则可以相同剂量重复施用最初用的高渗和胶体溶液。

相反，如果压力过大，则应将 Sterofundin® 的给药剂量减少至 10mL/（kg·h）。

脉搏血氧测定和二氧化碳浓度

脉搏血氧仪应指示血红蛋白饱和度为 95%～100%。必要情况下使用 100%氧气并辅助通气，以确保通气良好。

应提供机械或手动辅助通气，以二氧化碳分析仪 35mm Hg 调整呼吸频率：通过增加或减少呼吸频率以获得 35mmHg 的 $ETCO_2$。这样，充足的机械通气可保证血液氧含量与二氧化碳的排出。

> 良好的通气可使患畜的 pH 恢复正常。

手术目标

目标是：

■ 胃的减压和解剖学位置的复位。

■ 检查胃和脾，确定损伤和坏死区域。

■ 将胃固定在腹壁上，以减少未来发生扭转的风险。

胃的反转复位

通常，胃是沿顺时针方向发生扭转，因此反转应沿逆时针方向（图 14）。左手抓住幽门区向上拉入腹部切口，而右手固定胃的体部和底部，拉到动物体的左侧并朝向手术台（图 15）。

图 14　腹中线开腹后，可见胃被大网膜覆盖，十二指肠横过大网膜，因为幽门位于患病动物左侧

＊　为了检查胃的位置是否正确，沿着膈膜插入一只手并触诊腹部食道。如果遇到柔软、光滑、均匀的结构，则胃复位正确。然而，如果感觉到硬的、不规则的和紧张的索状结构，则食道被扭曲，胃仍然处于扭转状态。

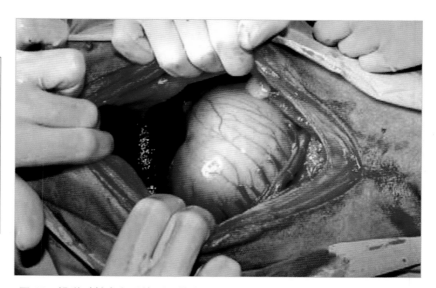

图 15　沿逆时针方向反旋后，检查胃是否处于正确的解剖学位置

缺血性损伤的处理

确保脾脏在正常的解剖学位置。如果发现严重的病变或扭转，应进行脾切除术（图16）。

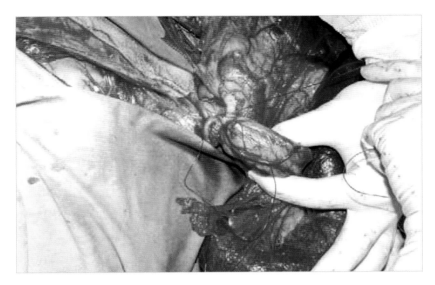

图16 在本例中，胃扭转同时伴有脾扭转，在不将脾脏进行反转的情况下进行脾切除术

常见从脾脏血管分支出来的胃短血管的损伤和破裂。这将导致胃大弯发生出血、血栓、梗死和坏死（图17）。

* 这种病例的恢复需要足够的耐心。胃部血管丰富，恢复能力强。

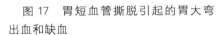

图17 胃短血管撕脱引起的胃大弯出血和缺血

如果对胃的某个部位的活力有疑问，可以将该区域内翻，将血管化良好的组织缝合在一起（图18至图21）。

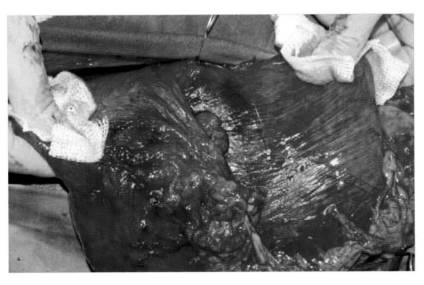

图18 胃体部的中部出现了缺血区，决定将其内翻。助手握着胃以便缝合

图 19　用单股合成可吸收材料连续缝合肌层和浆膜层

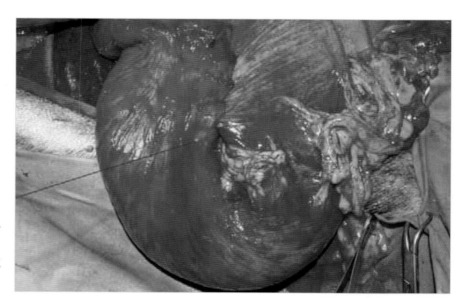

图 20　到达缝合的远端时，将连接胃大弯的其余血管进行结扎，确保网膜脂肪不会妨碍缝合区域的愈合

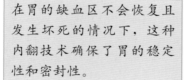

在胃的缺血区不会恢复且发生坏死的情况下，这种内翻技术确保了胃的稳定性和密封性。

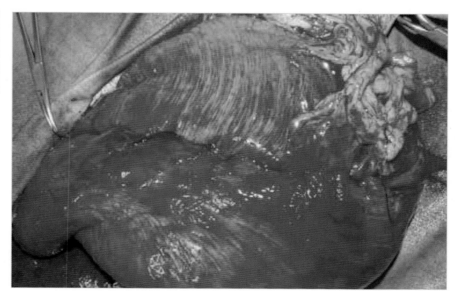

图 21　单纯缝合的最终外观。注意整个缺血区域的完美内翻

胃的固定

　　为了降低复发的风险，应该对幽门窦进行右侧腹壁的永久性胃固定术。

胃固定术可以防止胃的旋转，但不能防止胃的扩张。

　　切口胃固定术是最容易施行的技术，效果很好。制作两个切口，一个在幽门窦切开浆膜和肌层，另一个在右腹壁，穿过腹膜和腹肌筋膜（图22）。

　　接下来，采用单纯连续缝合，首先缝合切口背侧边缘（图22的蓝色箭头和图23）。然后缝合切口的腹侧边缘（图22的黄色箭头和图24）。

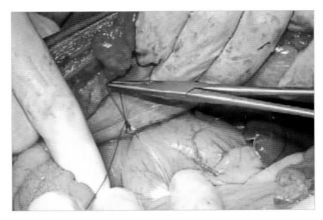

图23　第一次缝合连接两个切口的背侧边缘

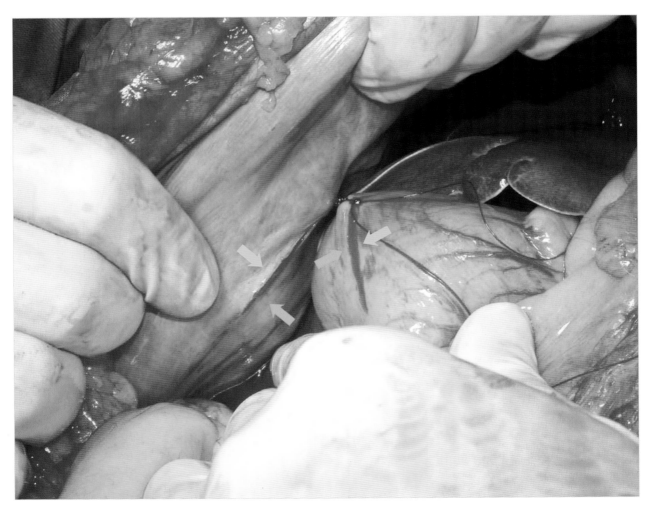

图22　为保证胃与腹壁的良好固定，用手术刀在幽门窦和腹侧肌分别做一个切口

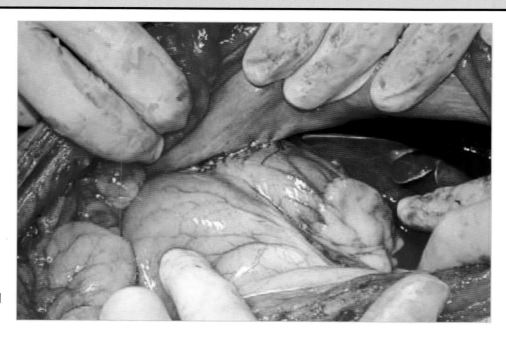

图 24　缝合切口的腹侧缘，完成胃固定术

> ✱ 胃固定术采用 2/0 合成可吸收或不可吸收缝合线均匀。

术后护理

a. 低钾血症

术后的护理和监护与急诊科对患病动物及时、准确的处置措施具有同样的重要性。

> 术后最初的几个小时内，可能会出现严重的并发症，如果控制不当，可能会危及生命。

应监测电解质。低钾血症很常见，液体治疗可能需要补充钾。不超过 0.5 mEq/（kg·h）。

b. 室性心律失常

术后经常发生心律失常。为了有效控制，患病动物应正确补充液体，维持钾水平在正常范围内。

如果心律失常明显，可以静脉推注利多卡因（2～8mg/kg）；如果心律失常偶尔发生，则通过连续输注的方式给予利多卡因［50～75μg/（kg·min）］。

> 利多卡因过量可能引起震颤、呕吐和痉挛。如果出现这些迹象，暂停治疗。

c. 胃溃疡

溃疡可因胃缺血而发生。使用 H2 受体拮抗剂（西咪替丁、雷尼替丁或法莫替丁）可能有效。

手术后 12～20h 内，可为动物提供软质、低脂肪的食物。其目的是评估患畜胃部对食物的可接受程度、是否呕吐以及胃蠕动的恢复情况。

d. 腹膜炎

未发现的胃坏死可能导致广泛性腹膜炎和败血症。如果发现及时，应立即再次手术，切除患处，留置导管进行腹腔灌洗。

预后

因为受到很多因素的影响，这些患病动物的预后应非常谨慎，包括：动物主人第一次发现问题的时间，采取行动的速度，是否有胃和脾扭转，是否并发胃部损伤，是否出现室性期外收缩和其他术后并发症。血浆乳酸水平对预后有重要价值。血浆乳酸正常提示无过度缺血，预后较好。

> 如果犬发生了胃坏死，术后恢复期间死亡风险要提高 10 倍。

如果进行了胃固定术，则复发的风险很小。但是主人必须改变犬的饲养习惯，参考本章前面提到的建议。

病例 1　胃扩张-扭转综合征：胃充血

患病率

布莱克是一只 5 岁的雄性德国牧羊犬，由于它焦躁不安，干呕，腹部肿胀，被送往急诊室。

由于它的症状与胃扩张的描述相一致，按上文所述方案进行治疗（图 1 至图 3）。

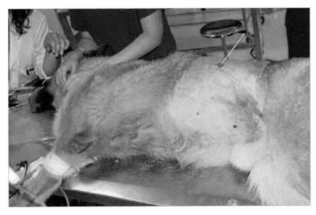

图 1　在开始急救输液和内科治疗，并尝试放置胃管失败后，经皮放置多孔导管实现胃减压

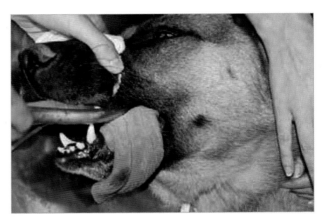

图 2　胃减压后，可以通过口腔将大口径的管子送入胃中

图 3　胃内容物可通过胃管去除。为了方便操作，灌入大量温水，然后通过重力作用排出液体

参见胃扩张-扭转综合征的概述内容。

　第 167 页

血检结果仅显示以下参数值异常：

表 1　布莱克血液检查结果

白细胞（×10⁹，个/L）	18.6（5.50～16.90）
中性粒细胞（％）	76
血小板（×10⁹，个/L）	107（175～600）
葡萄糖（mmol/L）	7.437（3.88～8.32）
乳酸盐（mmol/L）	2.96（0.50～2.50）

在病患稳定后进行手术，以评估内脏损伤程度，并将胃固定到腹壁上。过脐的长腹中线切口暴露腹腔，将胃进行反转（图4），检查胃减压导管是否引发其他损伤（图5）。

图4　按照前文阐述的方法，将胃重新置于解剖学位置

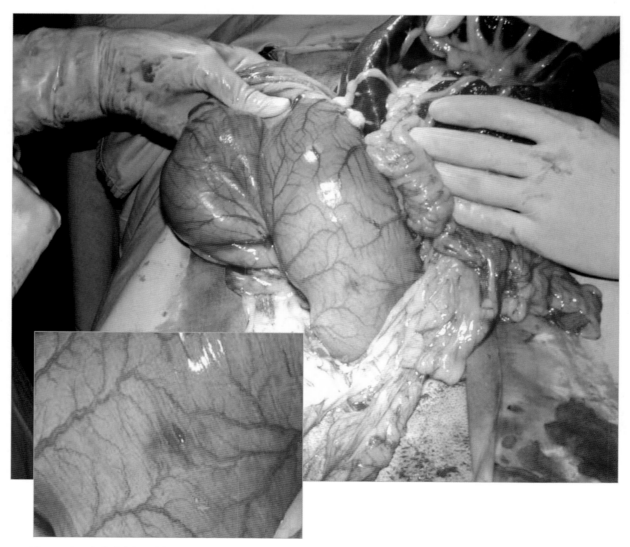

图5　对于这些病例，重点是检查胃减压导管没有影响任何重要结构。该图非本病例影像

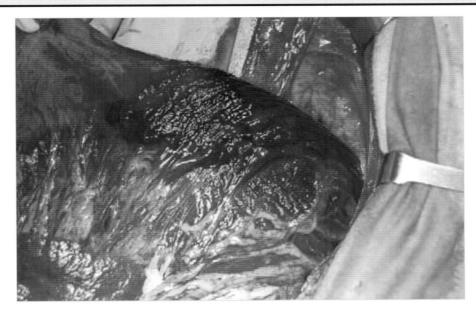

接下来，检查胃的整个表面，显示胃大弯处有一块受损区域（图6）。

为了检查该区域的血流量，在该区域做一个小切口以观察出血程度（图7）。

由于胃有大量血液供应，等待充血区域恢复时进行切口胃固定术（图8）。

图6　在胃大弯的左侧，可见一片血管损伤程度未知的充血区域

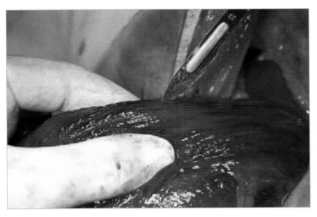

图7　由于怀疑该区域存在局部缺血，在肌层做一个小切口，通过观察切口出血情况来判断该区域的血供情况

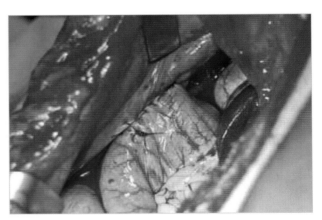

图8　在幽门窦和右腹壁之间的切口，胃固定术的最后外观。使用两条合成单股可吸收缝合线缝合切口

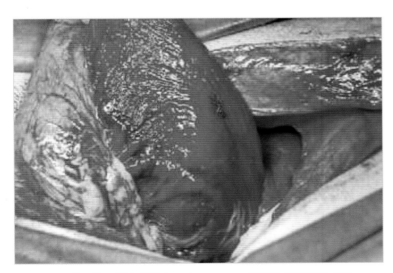

图9　受损伤区域血供恢复良好，小切口用两个单纯缝合闭合

该患病动物胃的血供恢复良好，不需要额外的外科手术，常规方式闭合腹腔（图9）。

患病动物恢复情况良好，未发生心脏问题。手术24h后，患病动物被送回家，并向其主人提供治疗和喂养方面的建议。

病例 2 胃扩张-扭转综合征：胃折叠术

患病率

Cajaer，9 岁雄性犬，因典型的胃扩张临床表现来就诊（图 1）。

参考胃扩张-扭转的急救方案进行处理，并进行腹部放射线检查（图 2）。

稳定患病动物后进行手术。

图 1 患病动物精神萎靡，呼吸困难，腹部逐渐膨大

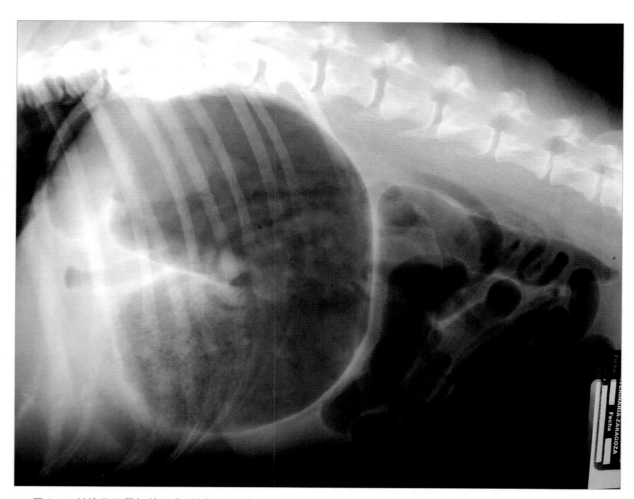

图 2 X 射线显示胃扭转呈典型倒 C 形。它还显示消化道其余部分存在麻痹性肠梗阻

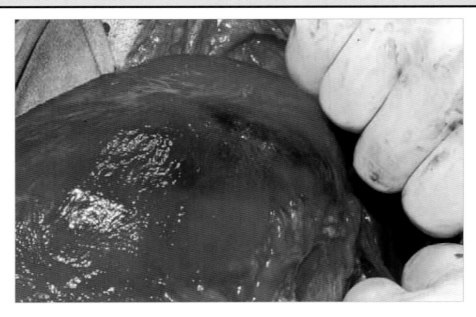

该病例的胃体部可见缺血区域（图3）。

在受影响的区域中间做一个小切口，检查出血程度（图4）。

图3 胃大弯处有一个暗色区域，这表明血液供应可能受损

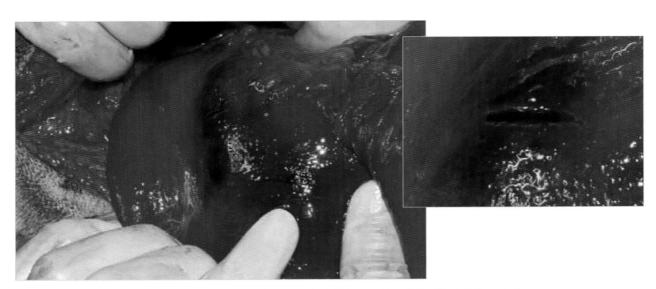

图4 在胃的肌层中做一个小切口，以检查血流量。本病例中，即使几分钟后仍未见切口出血

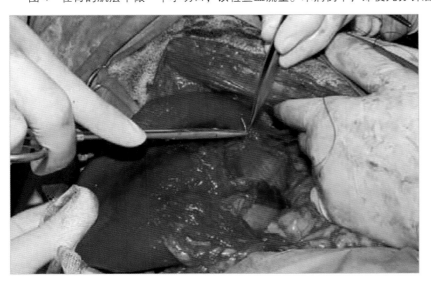

考虑到该区域不能完全恢复，为避免发生胃穿孔，决定将健康的胃组织缝合在一起，使该区域内翻（图5和图6）。

图5 疑似坏死区域已经被血供充盈的胃组织覆盖，采用连续水平褥式缝合健康胃组织

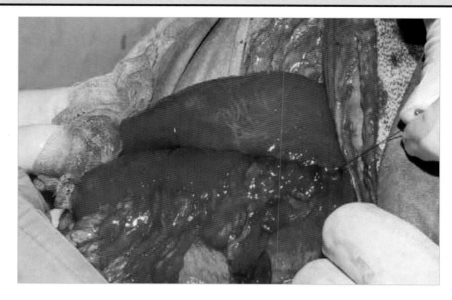

图6 胃折叠的最终外观，可通过内翻折叠防止胃穿孔的发生。如果损伤区域不能从缺血中恢复，可能会出现胃穿孔

本病例由于犬只大小、胃扩张和其他技术困难，标准的切口胃固定术复杂、不易操作，所以决定在开腹手术的切口进行胃固定（图7和图8）。

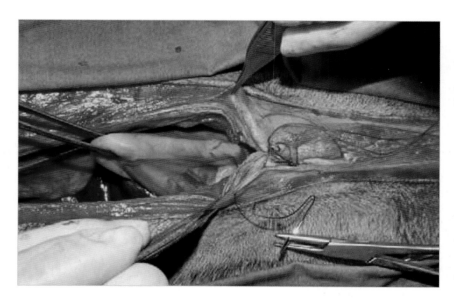

图7 抓取幽门窦和胃体之间的一个区域并将其拉向开腹手术创口。闭合腹部创口时，将胃壁的浆肌层一起缝合

开腹手术切口的胃固定术是一种简单易行的技术，如果患病动物需要实施其他手术项目时，可能会导致严重的问题。

*　如果实施了剖腹手术切口的胃固定术，请在医疗档案中注明，并告知患病动物主人，将来需要手术时加以注意。

图8 胃被牢固地固定在腹壁上

肿瘤

概述

患病率	■				

大部分胃肿瘤是恶性的，其中以癌和腺癌最常见（60%~70%）。

> 这些肿瘤可能表现为弥漫性或结节性的，位于幽门窦或胃小弯。

厌食是胃肿瘤患畜主要的临床症状，但也可能表现慢性呕吐（表1）、体重减轻和嗜睡。发生溃疡的情况下，病患将出现腹痛和呕血或黑便（图1和图2）。

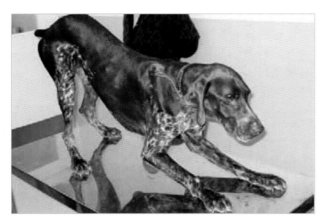

图1　胃痛病例可能做出"祈祷姿势"，将患病部位置于低温表面时，可以缓解疼痛

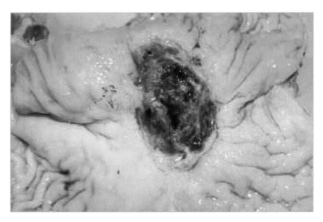

图2　结节性腺癌位于胃小弯处。患病动物有慢性消化道出血的表现

表1　成年病例慢性呕吐鉴别诊断

胃的原因	非 GIT 原因
异物	尿毒症
肿瘤	肾上腺皮质机能减退
腐皮病	高钙血症
溃疡	酮症酸中毒
幽门窦肥厚	肝功能不全
胃炎	腹膜炎
……	……

幽门黏膜的慢性肥大是良性过程，其临床症状与肿瘤表现非常相似。

普通放射线提供的信息非常少。

当使用造影剂时，可观察到造影剂处填充缺少的地方胃排空延迟，胃壁增厚以及胃扩张性降低（图3）。

> 应经常做胸部放射线检查，以排除转移。

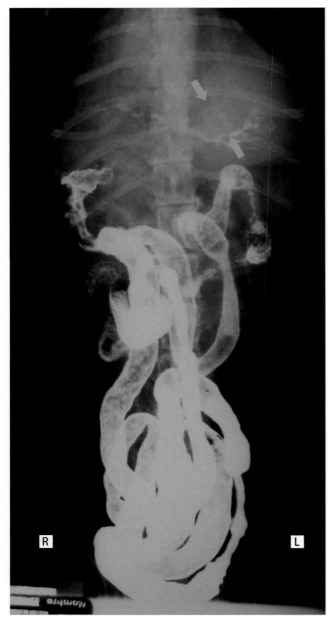

图3 造影片显示造影剂在胃内滞留，无扩张，胃壁增厚（蓝色箭头）

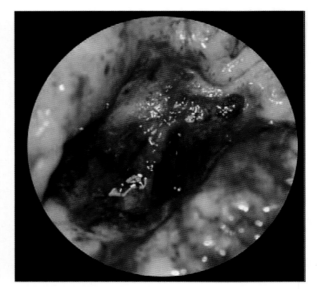

图4 胃癌，位于幽门窦

内窥镜检查能够直接观察肿瘤，并进行活检（图4）。

检测是否有肝脏或局部淋巴结的转移时，腹部超声检查较实用；还可以采用超声引导下细针抽吸活检，以便更好地制定外科手术方案。

血检结果表现非特异性。

术前准备

纠正慢性呕吐或消化道出血引起的体液异常或电解质失衡。

如果问题出现在黏膜下层并且不可能进行内窥镜活组织检查，则建议通过手术获得全层胃壁进行组织活检。

参见胃活检。　　　 第186页

如果是胃局部病变，则切除胃部患病区就可能治愈。如果受影响的区域位于胃的远端，则可能需要进行胃空肠吻合术或胆囊空肠吻合术。

参见部分胃切除术。	➡第 163 页
参见胆囊肠吻合。	➡第 231 页
参见胃空肠吻合术。	➡第 191 页

✻ 保证肿瘤周围至少 1cm 的健康组织后将其一起切除，任何残留的肿瘤组织均可能导致胃缝合线裂开。

消化道淋巴瘤禁止手术。

一些病例中，由于肿瘤的浸润和扩散，肿瘤周边健康组织数量已不足以支持完成肿瘤的完整切除（图 5）。

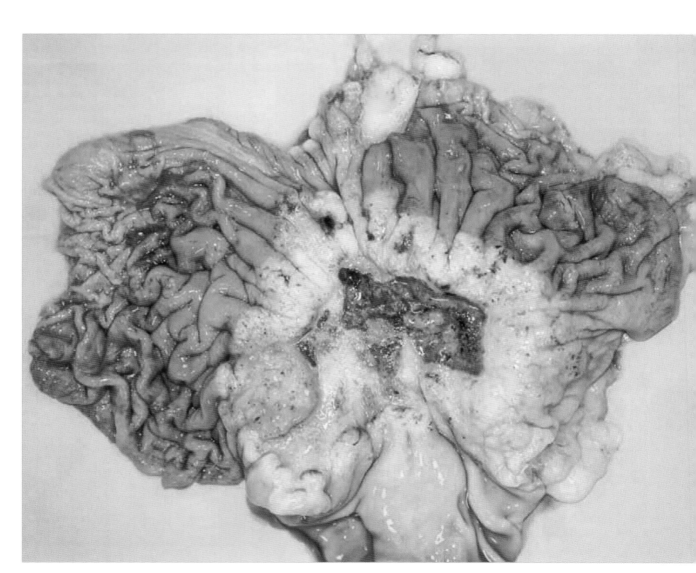

图 5 巨大的肿瘤病变，浸润胃小弯、幽门窦和幽门。它的切除需要施行完整的胃切除术

胃活组织检查

患病率					
技术难度					

如果是硬癌，或者如果它在黏膜下层或肌肉层中，不能在内窥镜下进行活检，或者因为没有可用的柔性内窥镜，则需要对胃进行外科手术活组织检查（简称"活检"）。

Pizca，8岁的雌性杂交犬，胃问题已持续数月。就诊前几天，呕吐消化的血液，即"咖啡样"呕吐（图1）。

胃造影显示有一个充盈缺损的区域（图2），这与之后的放射检查结果表现一致（图3）。

图1 Pizca，进行放射线检查

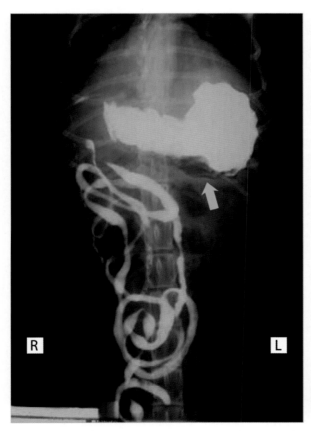

图2 第一次消化道造影显示在胃大弯的一个区域造影剂未完全填充胃部（箭头）

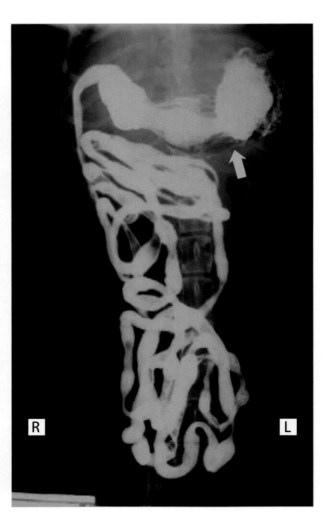

图3 之后的放射检查可见充盈缺损的部位（箭头）。胃体和胃底也可见不规则胃壁表现

该病例不能进行胃内窥镜检查，建议手术活检。

从剑突至脐下做腹中线切口暴露腹腔，为胃部手术操作提供良好的通路（图4）。

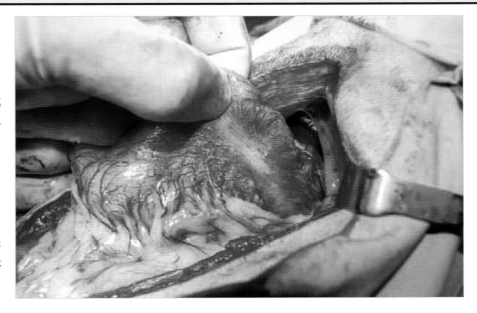

图4 经腹腔探查，检查并确定胃病变区。图像显示胃体部分硬癌，呈现高度血管化

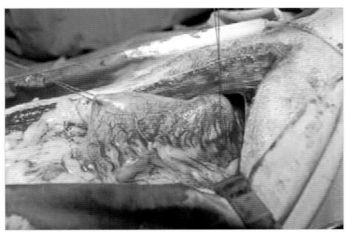

图5 留置牵引线不仅利于手术操作，而且可防止胃内容物溢出到腹腔

为了方便手术操作，防止胃内容物漏出，放置两根牵引线（图5）。

为了降低腹部污染的风险，用温热盐水浸泡的手术创巾将胃进行隔离（图6）。

在远离胃血管的区域以手术刀尖全层刺入胃腔（图6）。

接下来，用解剖剪进行全层胃组织活检，包括一些健康组织。

> ❋ 用手术刀切开时应果断，动作不要重复，防止黏膜脱离活检组织。

> 胃黏膜很厚，很容易与黏膜下层分离。

通过黏膜下层和肌层连续缝合闭合胃切口，然后对浆肌层进行内翻缝合，例如伦博特缝合或库兴氏缝合。

> ❋ 胃部缝合采用单股合成可吸收缝线。

参见胃部分切除术。 ➡ 第163页

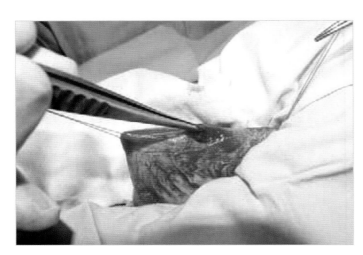

图6 用手术创巾将胃与腹腔隔离。胃的切口应包括所有层，以获得全层组织活检

闭合腹部时，另需要一套无菌手术器械。组织病理学报告确诊肿瘤是平滑肌瘤。预后良好，建议对病变区进行胃切除。

胃体及胃底肿瘤：胃部分切除手术

患病率	■			
技术难度	■	■		

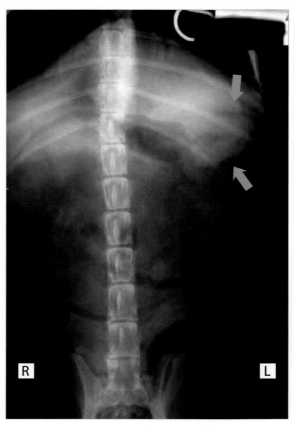

胃部分切除手术遵循前文阐述的原则。这些病例要做一个椭圆形切口，且切口范围包括病灶以及病灶周围至少1cm的健康组织。

Dingo，8岁雄性松狮犬，近几个月出现体重减轻、厌食、一周多次呕吐等症状。

X射线检查发现在胃体与胃底区有一肿块（图1）。

通过胃镜检查可以观察到病变并对病变区取样。胃镜检查显示胃体部有一肿瘤，并接近胃底部。从该区域取样本进行活组织检查。由于送检样本不具有代表性，组织病理学报告没有帮助，并且由于肺部（放射线）或腹部（超声检查）没有转移，因此决定进行部分胃切除术。

从剑突沿腹中线切口，暴露腹腔，检查胃和其他腹部结构（图2和图3）。

图1 无论是否有造影剂进行显影，腹部放射检查都显示胃内有一肿块，可能是胃肿瘤（箭头）

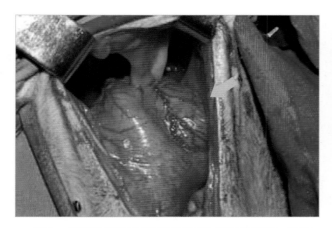

图2 使用腹部牵开器可以更好地暴露前腹部。该图显示影响胃体和胃底的肿瘤（箭头）

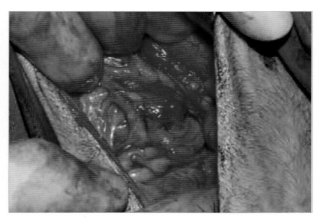

图3 检查肝脏、脾脏、肾脏和局部淋巴结，未发现肿瘤转移，证实无转移

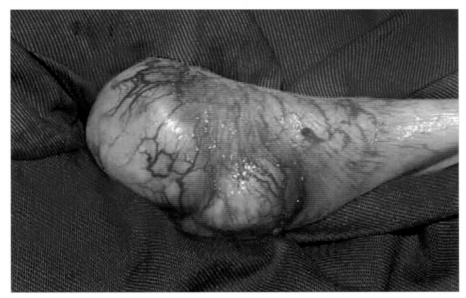

将胃从腹腔牵出，用温热盐水浸泡的无菌手术创巾将胃与腹腔隔离（图4）。

图4　为防止手术期间腹腔受到污染，将胃牵出腹腔外，并用无菌盐水浸湿手术的创巾与腹腔进行隔离

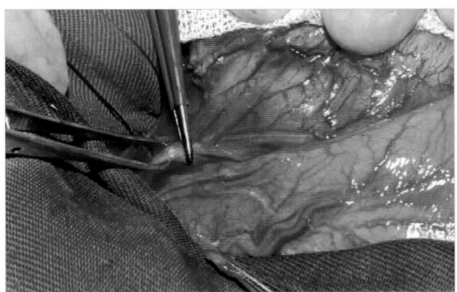

接下来，使用双极电凝镊对供应该区域的胃短血管的动静脉分支进行电凝止血（图5）。

图5　剥离和电凝供血肿瘤区域的血管，同时尽量保留左胃网膜血管

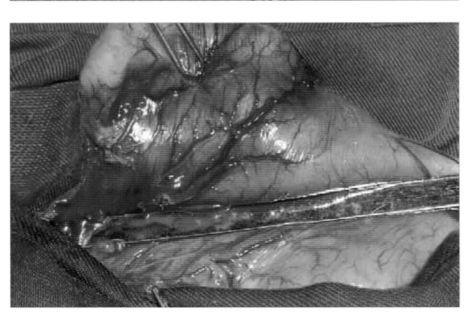

下一步，用无创伤钳夹住胃，以防止切除过程中胃内容物的渗漏（图6）。

必须改变钳子的位置，以确保在健康组织的安全范围内对肿瘤完全切除。

图6　暂时夹住胃体，减少胃内容物污染腹腔的风险

然后切除肿瘤和肿瘤附近 2cm 的健康组织，分两层闭合胃壁切口（图 7 和图 8）。最后，用大网膜覆盖在该区域，以促进伤口愈合。

在本例中（图 9），肿瘤为平滑肌肉瘤（肌层恶性肿瘤），因此预后十分谨慎。

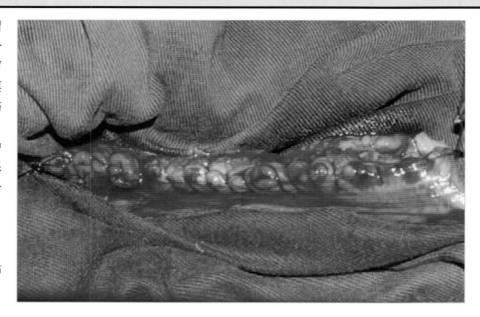

图 7　第一层缝合包括除黏膜外的胃壁所有层

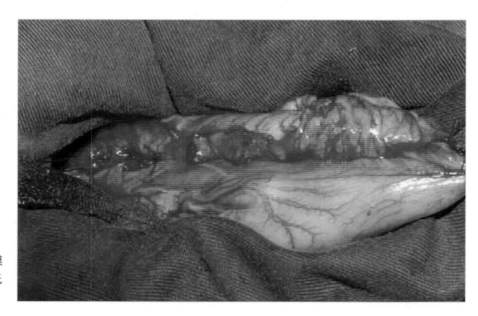

图 8　第二层对肌层和浆膜层采用连续内翻缝合（库兴氏缝合）

病患术后恢复情况良好，10d 后结束治疗。

5 个月后，病患返回，主要原因是呕吐和固体食物不耐受。动物主人拒绝接受进一步检查，只接受姑息性治疗和饮食疗法。

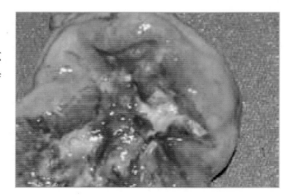

图 9　切除的平滑肌肉瘤宏观表现

幽门窦胃肿瘤：Billroth II 胃切除术（胃空肠吻合术）

幽门窦胃肿瘤和病变会干扰正常胃排空，并可能需要切除和胃肠吻合。

如果病变位于幽门窦，临床症状与胃排空障碍有关。呕吐是最常见的症状，可能表现间歇性或进食数小时后呕吐。

本病例涉及一只8岁、体重15kg的雄性杂交犬。过去2年里，该犬每周都要呕吐几次，每次都是在吃完东西几个小时之后。该犬对液体食物的耐受性很好。临床检查未见明显异常。

> 内窥镜检查前不要将硫酸钡作为放射线造影剂使用。

鉴于表现出了疑似胃流出阻塞的症状，做内窥镜检查，结果显示肿块几乎占据整个幽门窦。对该区域进行了几次活检，确认为腺癌。

> 腺癌是最常见的胃肿瘤，主要发生在幽门窦和胃小弯。

肺部未见转移。即使局部淋巴结肿大，仍建议实施幽门窦和十二指肠近端的部分胃切除术。

术前准备

术前2d给予奥美拉唑治疗（每12h 1mg/kg，口服），术后仍持续治疗1个月。

纠正脱水与电解质失衡，给予头孢唑啉（20mg/kg，静脉注射）作为预防性抗生素疗法。

手术方法

还需切除肿瘤周边2cm的健康组织，因此对其进行了部分胃切除术和Billroth II 胃空肠吻合术（图1）。

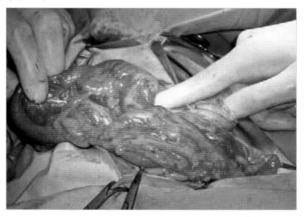

图1　手指间的区域为消化道需要切除的部分（位于幽门窦和几厘米长十二指肠之间）

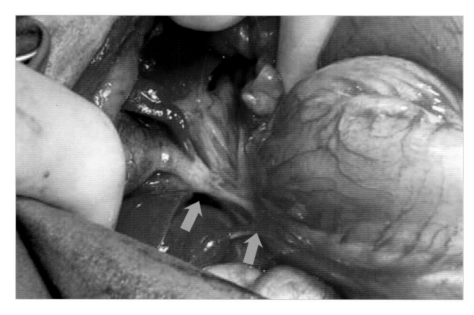

> ✳ 避免损伤胆管或胰管。

开始剥离该区域之前，必须确定胆管和胰管的位置，以避免损伤它们（图2）。

图2　该图显示了从肝脏到十二指肠的胆总管走向（蓝色箭头）

从十二指肠近端开始剥离，将胰腺与十二指肠分离（图3），并电凝胰十二指肠血管向十二指肠分支（图4）。

> 胰腺的剥离必须非常小心和精确地进行，以防止医源性胰腺炎或损伤胰腺血供。

＊ 操作从最复杂且精细的步骤开始，例如十二指肠近端的剥离与分离。

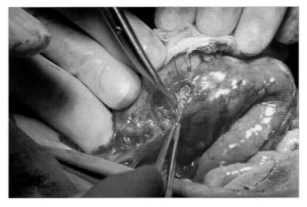

图3　切开十二指肠近端的腹膜脏层，将胰腺与十二指肠分离开。剥离时应特别小心，以免损伤胰腺组织和血供

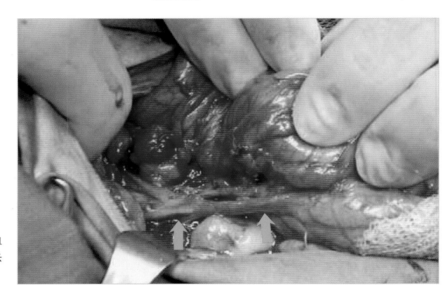

图4　对要切除的部分十二指肠血管进行剥离与分离。蓝色箭头指示胆管

对提供需切除这部分胃血供的胃血管和胃网膜血管进行剥离结扎，电凝止血（图5）。

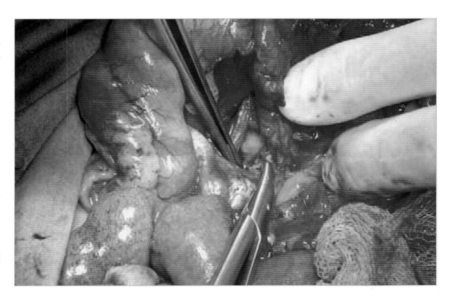

图5　切除病变部位之前，将右侧胃十二指肠和胃网膜血管结扎

为了防止消化道内容物溢出到腹腔，在将要切除的十二指肠远端放置两个肠钳（图6）。

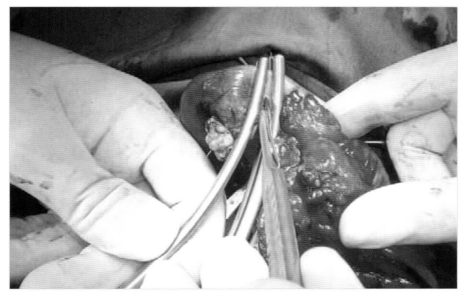

图6 如图所示，将两个肠钳并排放置于要切除的十二指肠远端，手术刀切开肠钳之间的组织

十二指肠残端采用 Parker-kerr 式分层吻合术，围绕肠钳作连续缝合（图7）。当去除肠管上的肠钳时，拉紧缝合线（图8）。

＊ 交替打开和关闭的方式便于肠钳的移除，肠道残端用纱布夹住。

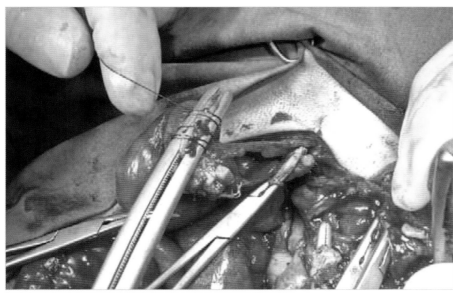

图7 十二指肠残端通过围绕着钳夹它的肠钳连续缝合闭合

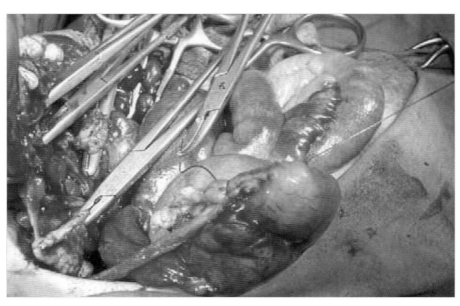

图8 取下肠钳时，牵引缝合线的两端将其拉紧

为了完成 Parker-kerr 缝合，在第一层缝合之上进行另一层连续内翻缝合（图9）。

> ✳ 消化道的缝合，建议使用圆形无创伤针的2/0 或 3/0 单股可吸收缝线。

使用相同的技术闭合胃体（图10）。

图9 在之前连续缝合基础上做库兴氏缝合，此为分层吻合术的最终外观（Parker-kerr 缝合外观）

> ✳ 手术刀切断组织之前，先把纱布放在下面。这可以防止消化液污染腹膜。

下一步，在胃和空肠袢之间进行外侧吻合术。

选择胃体的血管丰富区域，并用连续缝合将其固定到肠系膜对侧面的近端空肠袢（图11）。

然后，在平行于连续缝线附近纵向切开（图11）。这两个切口都穿透胃壁和空肠壁的所有层。采用单纯连续缝合将黏膜层和黏膜下层缝合在一起（图12）。

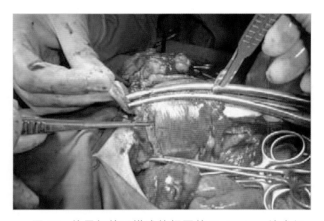

图10 使用与前面描述的相同的 Parker-kerr 缝合闭合胃残率。图片显示无创伤肠钳的放置位置，并将它们之间的胃组织切断

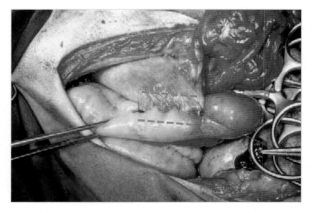

图11 选择血管最少的区域，连续缝合近端空肠与胃体。虚线表示胃和空肠随后的切口长度

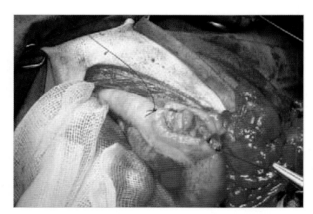

图12 连接胃和空肠切口下边缘的连续缝合的最终外观

✳ 胃和空肠的切口长度不应超过前期预置缝合线长度。

随后，以单纯连续缝合闭合吻合端口的近侧面（图13）。

通过另一个连续的水平褥式缝合完成吻合，连接近边缘的浆膜和肌肉层（图14和图15）。

关闭剖腹手术前，用温盐水抽吸充分冲洗腹腔，以降低术后腹膜炎的风险。组织学检查显示为腺癌（图16）。

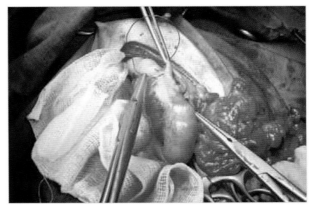

图13 通过对吻合口近侧连续缝合完成胃空肠吻合术

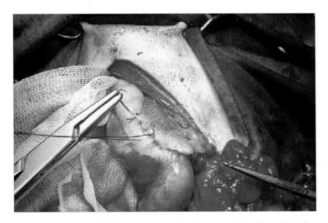

图14 加强吻合口近侧的缝合。采用水平褥式缝合法将两部位的浆肌层进行缝合

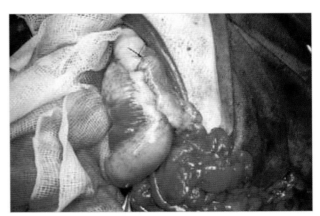

图15 进行Billroth Ⅱ手术后胃空肠吻合的最终外观

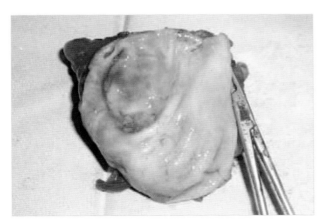

图16 侵袭幽门窦的肿瘤宏观表现。此为腺癌

术后

如前所述，病患继续接受奥美拉唑以及抗生素治疗7d。

西咪替丁作为促动力药物和胃保护剂给予。病患术后恢复良好，术后10d拆除皮肤缝线。

3个月后，病患出现厌食症和虚弱。动物主人不愿继续检查，选择实施安乐死。

犬肝脏脏面

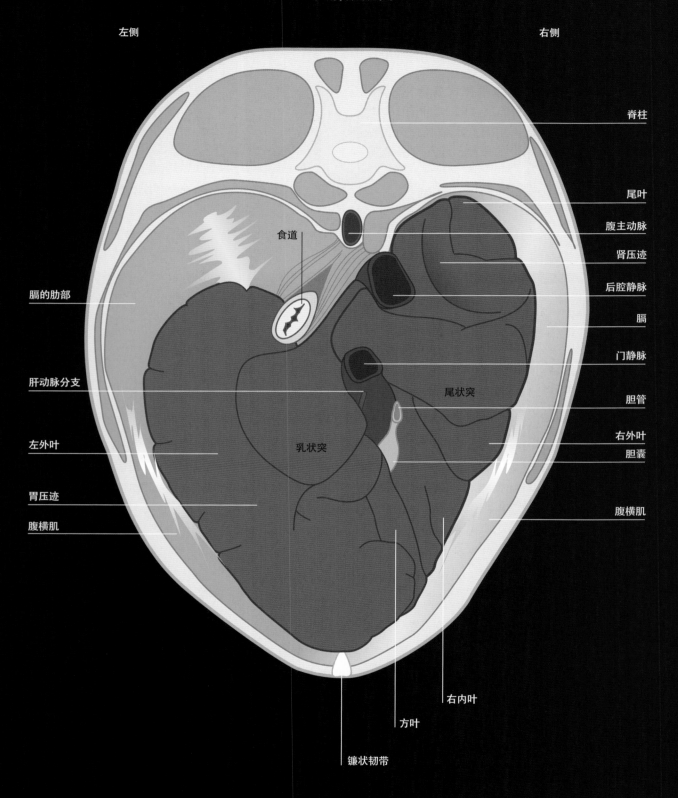

左侧

右侧

脊柱

尾叶

腹主动脉

肾压迹

后腔静脉

膈

门静脉

胆管

右外叶

胆囊

腹横肌

食道

膈的肋部

肝动脉分支

左外叶

胃压迹

腹横肌

尾状突

乳状突

右内叶

方叶

镰状韧带

肝　　脏

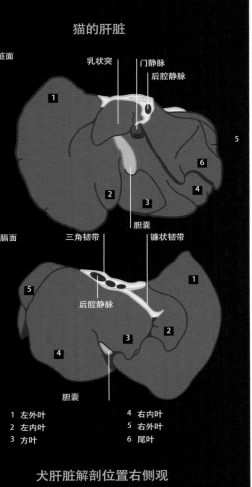

猫的肝脏

乳状突　门静脉
　　　　后腔静脉

1

5

6

4

2

3

胆囊

膈面

三角韧带　　镰状韧带

后腔静脉

5

1

2

4

3

胆囊

1 左外叶　　　4 右内叶
2 左内叶　　　5 右外叶
3 方叶　　　　6 尾叶

犬肝脏解剖位置右侧观

直肠十二指　　肾　　　　肺
　　胰腺　　　　　　　膈
肠降部

膀胱　　　空肠　　肝
　　　　　　胃

概述 ─────────────────

肝组织活检 ──────────────

肝脏肿瘤 ───────────────

胆道系统疾病 ─────────────

概述

肝脏是体内最大的器官，参与吞噬、解毒、免疫反应、全身性代谢、大部分血浆蛋白的合成，以及其他功能。肝脏位于前腹部，受到肋骨保护，从而可免受可能的外部创伤。然而，这个位置也使得外科手术通路难度更高，特别是在大型深胸犬种。

肝脏疾病种类繁多，受非特异性临床症状（表1）以及肝脏组织损伤数量（图1）不同的影响，诊断疾病对临床医生来说是一项挑战。

临床症状无特异性，应谨慎判读实验室检查结果，因为异常结果可能是肝损伤所致，也可能是肝外疾病所致。

图 1　黄疸是肝脏疫病中少见的临床症状，大约占患畜总量的 12%

表 1　肝病病患临床症状

临床症状	该症状病例概率（%）
精神不振、虚脱	60
厌食	59
呕吐	58
体重减轻	50
多尿-多饮	45
腹泻	27
运动不耐受	27
腹水	25
神经症状	12
黄疸	12
无胆汁粪	7
出血	1
排尿困难，尿频	0.5

> ✱ 这些病患常见发生低蛋白血症，还有呕吐导致的脱水。注意不要因输液疗法恶化低蛋白血症。考虑使用胶体或血浆。

实验室检查

即使未发生肝病，也有很多情况导致肝酶升高，例如：

■ 某些药物（皮质类固醇、酮康唑、抗惊厥药等）

■ 肾上腺皮质机能亢进

■ 甲状腺机能减退

■ 胰腺炎

■ 败血症

■ 心力衰竭引起的肝脏被动充血

■ 体温过高

■ 血栓栓塞

■ 糖尿病

■ ……

在这些病患中，氨测定是一种有用的测试，因为肝脏负责将氨转化为尿素。也可以进行肝功能和餐前餐后胆汁酸试验。

> 氨测试应快速进行，因 1h 后它的浓度开始降低。

> 胆汁酸测定具有高度特异性，且是高度可靠的指标。

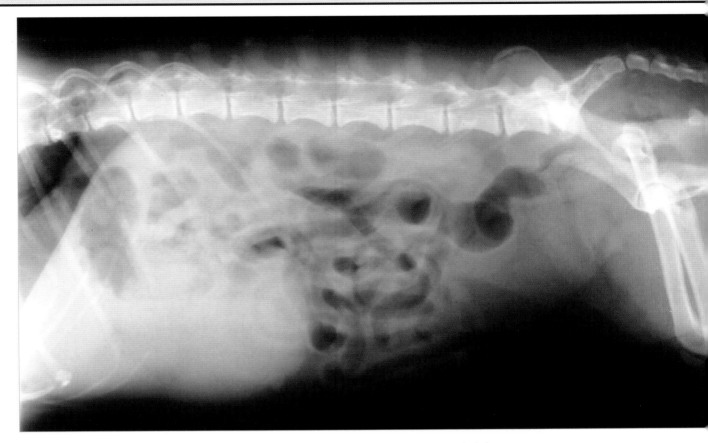

图 2　病患前腹部有一肿块，导致小肠后移。影像与肝脏肿瘤相符。本例为肝细胞腺瘤

放射线检查

放射线仅显示肝脏轮廓的变化，如大小的变化，例如继发于肿瘤的肝脏肿大（图 2）或微型肝，可见于门脉短路导致的小肝症。

参见肝脏放射线检查章节。　→ 第 273 页

超声学检查

超声诊断在肝病中非常有用，因为它不仅能提供肝脏大小、结构信息，也能识别肝脏肿块的存在和肿块信息。

参见肝脏超声检查章节。　→ 第 289 页

活检

肝脏组织活检是可选用的诊断技术。推荐进行手术活检，因为细针抽吸采样活检不能得到足够信息。没有手术活检结果，任何诊断结果都将是大概值。（图 3 和图 4）。

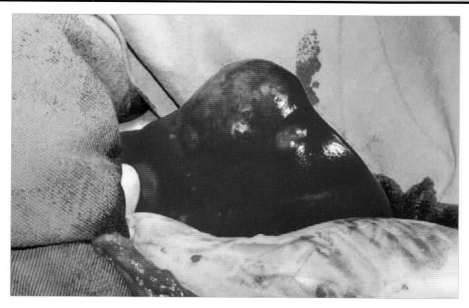

图 3　未知来源的多区域肝脏病灶。必须采样进行组织病理学检查

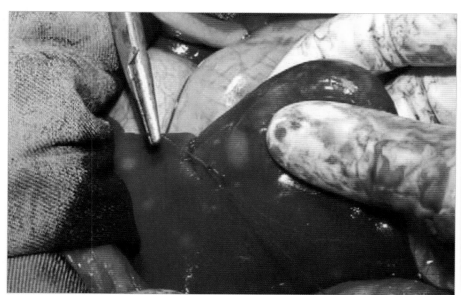

图 4　完成楔形活检后，缝合剩余肝实质，防止发生出血

活检可能是确诊的唯一方式。

活检适应证：
■ 无症状病例，血液生化表明肝脏损伤，又未见其他病因。
■ 局灶性肝肿大
■ 小肝症

■ 黄疸
■ 肿瘤/结节
■ 肝炎/肝硬化

参见肝脏活检。　　第 201 页

所有肝脏手术都要预防性使用广谱抗生素（高度有效对抗厌氧菌），例如甲硝唑［10mg/（kg・8h）］，氨苄西林［22mg/（kg・8h）］或克林霉素［11mg/（kg・12h）］。

肝组织活检

肝组织活检

　　组织活检可以是封闭式也可是开放式。封闭式采样，可使用超声进行引导，也可以使用腹腔镜可视化直接操作；开放式采样可通过剖腹探查术或腹部手术期间同时进行。

　　进行活检前，尤其是在封闭式采样的情况下，应进行血凝试验；如果血凝试验无法进行，建议至少检查口腔黏膜出血时间。

> 肝功能衰竭损害凝血因子的合成。

经皮肝脏活检

技术难度	■				

　　经皮活检需要对动物进行镇静；通常不需要全身麻醉。

　　相对外科手术活检而言，经皮活检的创伤性较少，但是禁忌用于以下疾病：

- 脓肿
- 囊肿
- 血管瘤
- 广泛腹腔粘连
- 败血性腹膜炎
- 阻塞性黄疸
- 肥胖
- 严重的凝血障碍

　　细针抽吸检查能够获得病灶的细胞类型，但不能提供肝脏结构的相关信息。由于该方法简单明了，对于弥漫性病灶，例如淋巴肉瘤或脂肪肝综合征很有用。

　　为了获得代表性肝脏样本，建议使用 Tru-Cut 活检针（图 1）或自动活检设备。

技术

- 在超声引导下，定位采样的肝脏区域。
- 针被引入肝实质（图 1a）。
- 将内针推入以获取活检组织（图 1b）。
- 外鞘向前推进，切下肝实质，针留在原位（图 1c）。
- 外鞘和针一起退出，将活检组织置于福尔马林中（图 1d）。

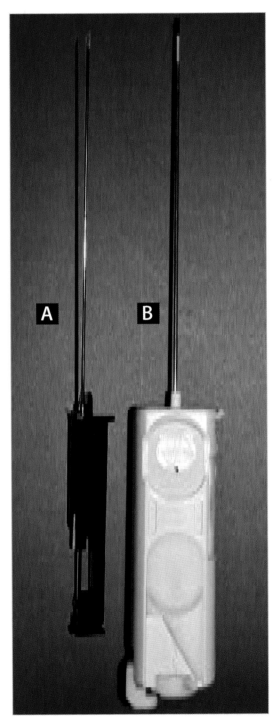

图 1　肝脏活检使用的 Tru-Cut 针。该系统可能是手动的（A）或自动的（B）

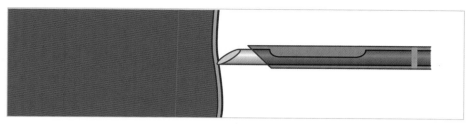

图 1a 活检针刺入肝实质

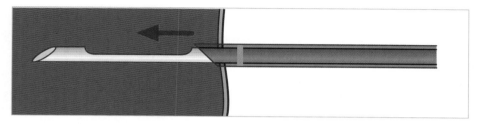

图 1b 将针推入活检区域

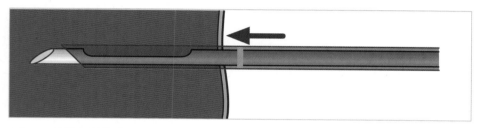

图 1c 外鞘向前推进，切下活检周围的组织

图 1d 取出装置，获得活检组织

手术进行肝脏活检

技术难度

手术活检获得最有用的样本，可以全面观察到肝脏外貌，病变位置及其他情况。该技术可对最具代表性的区域进行活检，且可很好地观察到所有可能发生的出血，也可能有机会摘除整个病灶。

全身麻醉应注意事项

■ 由于凝血因子的合成减少，可能发生凝血障碍。

■ 低白蛋白水平（< 20 g/L）可能延迟创口愈合。

■ 代谢药物的能力可能降低。

■ 乙酰丙嗪可能引起惊厥。不应该用于肝性脑病的病例。

■ 地西泮几乎不影响心血管系统，导致抽搐阈值升高。低蛋白病例慎用。

■ 产生作用的情况下，以最低剂量使用丙泊酚。

■ 严重肝功能损伤病例避免使用氯胺酮，轻度病例适度用药。

■ 异氟烷或七氟烷维持麻醉。

腹腔镜活检

　　腹腔镜活检可直接观察肝脏，以便对弥漫性或局灶性病灶进行活检，也可以监测肝实质活检部位的出血情况，及时控制出血（图2）。

参见腹腔镜。　　➡　　第 319 页

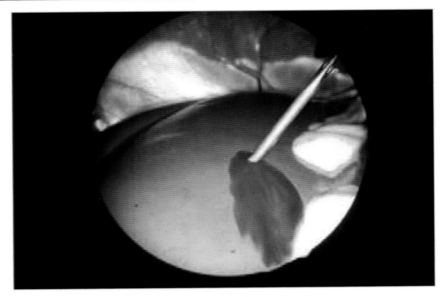

图 2　用 Tru-Cut 针在腹腔镜下进行肝脏活检

开腹手术活检

　　肝活检的组织病理学分析使确切的诊断、适当的治疗和准确的预后判断成为可能。

　　开腹探查期间，如果怀疑肝病变，即使观察到肝实质的微小变化，也一定要对肝脏进行活组织采样。

　　开放式活检可以检查和触诊整个肝脏，组织活检样本可以取自最具代表性的区域（图3）。

　　进行开腹手术活检的情况下，能够及时发现与控制采样后发生的出血。

　　如果病变广泛，应该在最方便部位进行活检，通常是外周区（图 4 至图 6）。

✳　应该用手指固定肝叶，这是所有器械中创伤最小的。

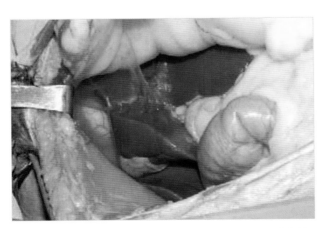

图 3　严重黄疸病患的开腹手术。可以检查肝脏的外观并获得相关的活检样本

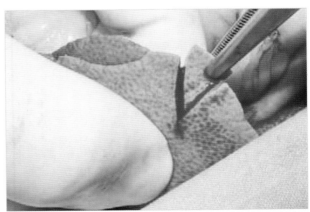

图 4　弥漫性肝损伤。看起来像脂肪肝综合征。从其中一个边缘取下楔形活检样本。如图片所示固定肝叶，用手术刀做出楔形切口

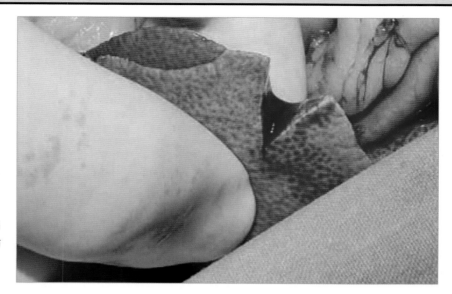

图5　切开肝脏实质通常会造成出血。避免使用单极电凝止血，以防造成广泛的组织损伤

> ✳ 肝组织非常脆弱，容易撕裂，因此缝合时应非常小心。

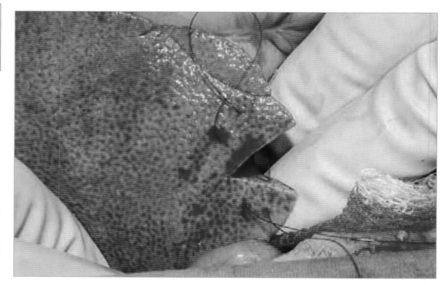

图6　为了阻止出血，切口边缘用单丝可吸收线进行褥式缝合。缝合时应非常小心、准确，以免撕裂脆弱的肝实质

缝线应选择单丝线，避免缝线对肝实质的"锯条"效应。最好使用可吸收材料，以避免因细菌留置于缝线上引起的局部感染。

> ✳ 应使用无创圆针穿过肝实质，避免割破肝实质。

如果发现局部病灶，应该全面触诊肝脏其他部分，确定其他结节或空腔。

组织采样应包含一些正常实质（图7至图10）。

图7　该病例做腹腔手术时，在肝脏方叶发现一个结节，病患未见肝病的临床症状

图 8　检查完所有肝叶后，从肝脏上取一个楔形活检样本；样本不仅包括被发现的结节，也附带周围一些正常的肝实质

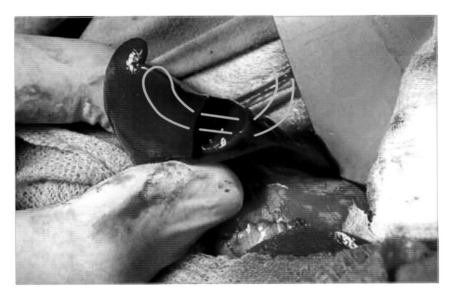

图 9　切割肝脏造成出血，出血量的多少取决于切割的深度。对切口进行水平褥式缝合，可以获得该区域的有效止血

如果样本是破碎的或包含很少量的肝组织，肝脏活检就没那么有用了。

关闭腹腔前，确保活检区域不再出血。在术后的前几天应监测病患是否出现腹内出血。

图 10　在这个病例中，使用单丝合成可吸收缝线进行三个水平褥缝合。图中显示活检完成后没有出血

肝脏肿瘤

患病率					

在小动物临床上，罕见原发性肝肿瘤；但来源于其他器官肿瘤的转移瘤很常见。

最常见的肝脏肿瘤是癌。肝细胞癌，侵袭肝细胞，约占病例的 60%；侵袭胆道系统的胆管细胞癌约占 30%。大多数原发性肝肿瘤是恶性的，并且主要转移到肺、附近淋巴结和腹膜（表1）。

表 1 肝肿瘤转移情况

肿瘤类型	转移概率	转移位置
肝细胞癌	61%	淋巴结和肺
胆管细胞癌	90%	淋巴结，肺和大网膜

这些肿瘤可能侵害单独一个肝叶（图1）或扩散到整个肝脏（图2）。

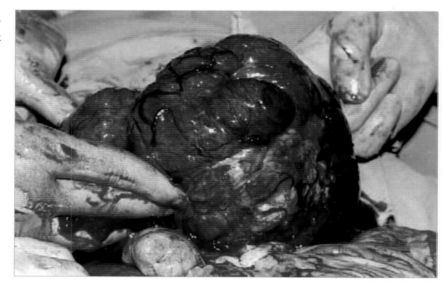

图 1 侵袭左侧肝叶的肝细胞癌。在这个病例中，进行肝切除术切除患病肝叶

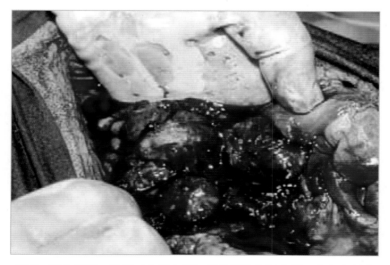

图 2 这个病患，肿瘤（血管肉瘤）侵袭了整个肝实质。病患表现为严重的腹腔积血，因此进行了开腹探查术。由于无法治疗，该病患被实施安乐死

肝脏是其他腹部器官肿瘤转移的典型部位。

最常见的继发性肝脏肿瘤是淋巴肉瘤。

良性肿瘤可能比恶性肿瘤更常见，但因为良性肿瘤不出现临床症状，所以它们通常是在开腹手术中被意外发现的（图3）。

良性肝肿瘤通常是单一的，界限清晰，偶见非常大的病灶。如果肝被膜破裂，切除受侵害的肝叶可避免将来并发症的发生。

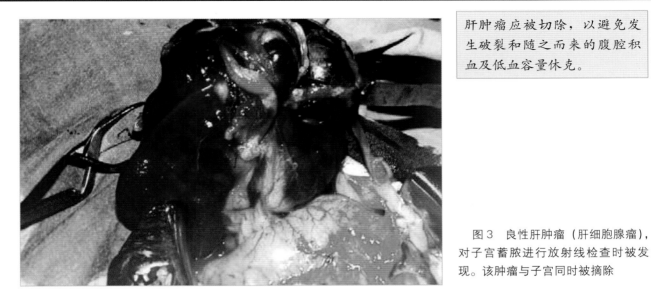

肝肿瘤应被切除，以避免发生破裂和随之而来的腹腔积血及低血容量休克。

图 3　良性肝肿瘤（肝细胞腺瘤），对子宫蓄脓进行放射线检查时被发现。该肿瘤与子宫同时被摘除

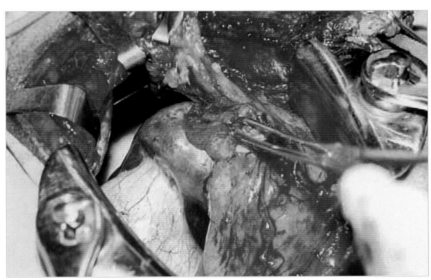

肿瘤应与再生结节性增生、脓肿、囊肿或血肿等其他疾病相鉴别（图 4）。

图 4　该图片展示的是一个切除前的肝囊肿。这个病例存在严重的腹膜反应，其中网膜粘连到囊肿的腹侧

临床症状

如果肿瘤没有破裂，良性肿瘤是无症状的，并且通常是开腹手术时偶然发现的。

恶性肿瘤的病患表现出非特异性体征，例如虚弱、厌食体重减轻、呕吐或多饮多尿。

也可能出现腹水和黄疸。尽管肝肿大并不总是明显的，但如果肿瘤很大，可以从外部观察到。

诊断方法

X 射线检查有助于定位肿块，并排除或确认肺部转移。超声检查对腹水病患非常有用，不仅可以确定病灶的范围，还可以显示向局部淋巴结的转移情况。血液检测结果表现非特异性。良性和恶性肿瘤的检测值和病变范围之间不表现相关性。

经皮活检可为术前诊断提供信息。

血液恶病质的动物，或者如果是空洞或高度血管化的病灶，不应经皮活检。

手术治疗

这些病患的治疗方案是在肿瘤破裂或转移之前实施肝切除术。肝叶切除可以是部分切除也可以是全部切除。

> 肝切除术仅适用于病变影响单个肝叶，而不是广泛性且未发生转移。

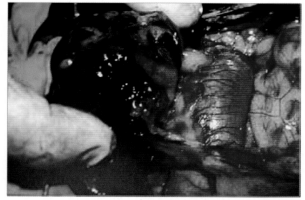

图5 这一病患，肿瘤已侵袭肝脏方叶。在确定这个肿物和检查剩余肝实质后，准备切除肿瘤。这个病例是肝细胞腺瘤

部分肝叶切除术

技术难度			

部分肝叶切除术适用于肿瘤只侵袭一个肝叶的情况下（图5）。术中主要目标是有效控制可能发生的出血。

> 部分肝叶切除术中的出血控制是难点。

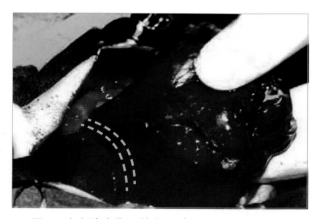

图6 这个肿瘤位于单个肝叶。在健康的肝组织范围内实施肝切除术。为了确保良好的止血效果，需要做几个贯穿交错的水平褥式缝合

在检查肝脏并确定侵袭区域后，确定肝脏的切割线，然后使用可吸收单丝缝合线沿着这条线穿过整个肝实质进行水平褥式缝合。缝合的目的是确保闭合该区域的血管和胆管，这就是缝线应该重叠的原因（图6和图7）。

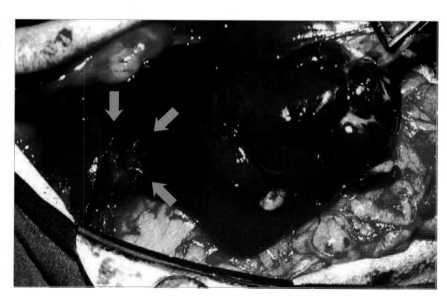

图7 图片显示切除肝叶之前，为了闭合血管和胆管，在肝实质上做几个水平褥式缝合

接下来，在缝合线下方切开肝实质，并检查切口表面有无出血（图8）。

> 肝实质切面不应过于接近止血缝线。保留足够的肝组织，以确保缝合线不会脱落。

在关闭腹腔之前，再次检查切割的断面是否有出血。

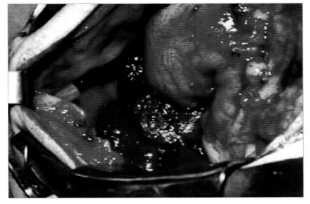

图8　肝叶切除后，确保断面完全没有出血。如果发现出血点，应使用双极电凝进行烧烙

图9　分离左侧肝叶的肝门部。动脉（黄色箭头）和肝胆管（灰色箭头）已经被结扎。在图片上，流向左内叶的门静脉分支正在被剥离（蓝色箭头）

图10　该图片显示切开后，用来连接左叶和肝脏其余部分的实质部分

全肝叶切除术

技术难度

当肿瘤发生在一个或多个肝叶时，需要进行全肝叶切除术。

左叶是最容易切除的，因为它们与肝脏的其他部分离得比较远。尾状叶和右叶的肝切除术需要仔细地剥离腔静脉尾端。

在这些情况下，应在肝门中识别、剥离、结扎和切除血管及胆道（图9）。

分离出相应的肝叶后，将其与肝脏其余部分连接的实质部分用手指断开；可能出血的小血管用双极电凝结扎或烧烙（图10）。

术后

由于肝功能不全，从麻醉到复苏可能需要一段时间。

如果白蛋白水平低于20 g/L或观察到瘀点及出血，应准备输血。

抗生素治疗应至少维持5～6d。

手术后的前几天，应给予病患特殊的高营养饮食。

出血，是术后最重要且最严重的并发症。这可能是由于贯穿线扎结发生滑脱造成的，也是肝实质切开位置不应该过于靠近缝线的原因。

病例 1　左叶肝细胞癌

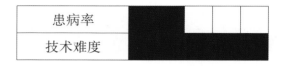

患病率				
技术难度				

Lupo 是一只 8 岁的雄性猎犬，出现由于腹部器官肿大而导致的明显腹围增大。该犬经兽医转介进行鉴别诊断，并开始适当治疗（图 1）。

过去 2 个月，该犬出现呕吐和腹泻，但饮食正常。临床检查仅发现左前腹部有一个大肿块，触诊疼痛。

图 1　Lupo 在医院就诊当天

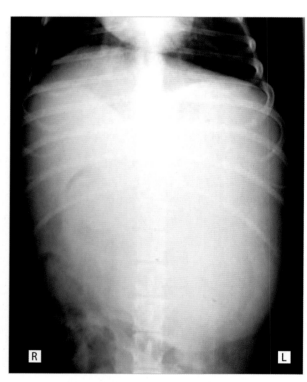

图 2　腹部的腹背位 X 射线片显示左前腹部的器官肿大。肠管向腹腔的右后部发生移动

门静脉阻塞可引起不同程度的腹痛，有时也表现出血性腹泻，严重时可导致致命性休克。

全血检查的异常参数如下：

表 1　Lupo 的血液检查结果

红细胞压积（%）	33（35～55）
红细胞（×10^12，个/L）	3.95（5.50～8.50）
血红蛋白（g/L）	120（120～180）
碱性磷酸酶（μkat/L）	6.763（0.17～1.53）
丙氨酸转氨酶（μkat/L）	20.32（0.33～1.67）
尿素氮（mmol/L）	9.282（3.57～8.92）
葡萄糖（mmol/L）	7.381（3.88～5.55）

腹部放射线检查显示左前腹部密度增加（图 2）。

肺部放射线检查未显示转移灶。

腹部超声显示肝脏囊性肿块且质地不均，也可见正常肝组织，但未见其他腹部病变和淋巴结转移（图 3）。

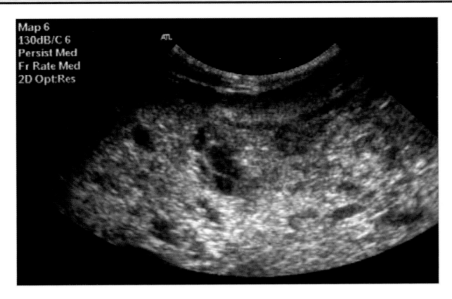

对肝脏进行细针抽吸，但采样检查结果尚不能确诊。由于病患状态良好，没有转移，血凝结果正常，建议进行开腹探查，取有代表性的肿瘤样本，情况允许的情况下取出肿瘤。

图3 腹部超声检查显示肿块源于肝脏且质地不均，带有囊性结构

外科手术

中线长切口开腹后，可见一个巨大的肿块占据了整个左腹。组织非常脆弱且容易出血（图4）。

> ✳ 前腹手术切口应该比较长，可延长至剑突，以便充分暴露肝脏和肿瘤处理。

为了移动肿瘤，必须剥离与切断其周围所有的粘连组织，特别是与膈膜的粘连（图5和图6）。

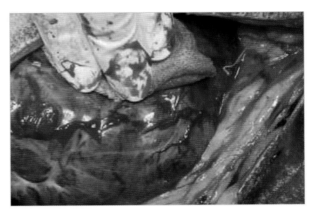

图4 肿瘤很大。必须小心处理，因为它非常脆弱且容易破裂

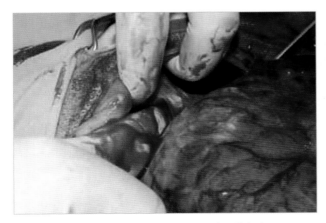

图5 该图显示肿瘤附着在膈膜顶的纤维组织

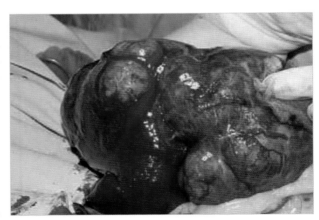

图6 切断肿瘤和横膈膜之间的粘连组织后，可以移动肝脏，使其暴露出腹外

✱ 为了尽量减少病患失血，应该做好止血措施。应使用结扎或双极电凝进行预防性止血。

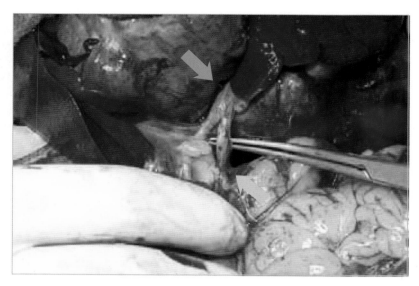

在肝门确定病肝叶的肝动脉和肝胆导管，用可吸收合成缝线结扎并切断（图 7 和图 8）。

图7　沿左叶方向对肝门进行剥离。此图显示了剥离好的肝动脉（黄色箭头），以及位于前方的肝胆管（蓝色箭头）

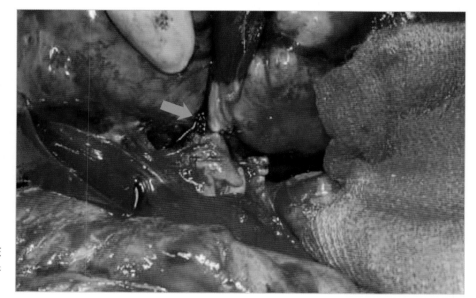

图8　在结扎并切断供应该区域的肝动脉分支后，剥离并结扎肝胆管（蓝色箭头）

切断上述两个结构后，确认并剥离供应此部分的门静脉分支（图 9）。

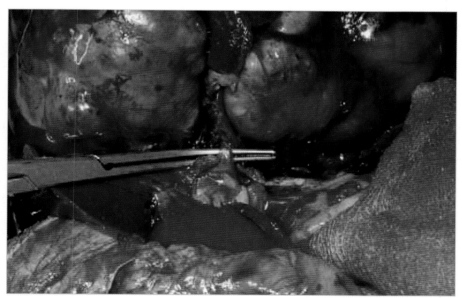

图9　切断此肝叶的肝动脉支和肝胆管后，剥离并结扎此肝叶的门静脉分支

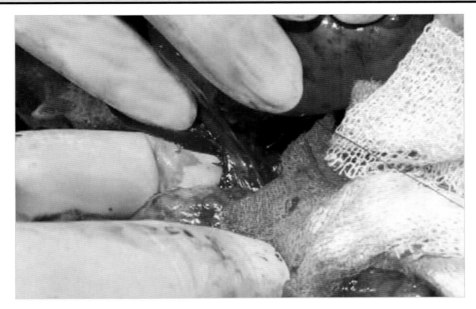

这个肿瘤侵袭左外侧肝叶。切除术是在左侧内叶（未患病）和方叶之间进行的，结扎并切断连接它们的实质组织（图10）。

图 10　切开连接左侧内叶和方形叶的组织之前，用"整体"结扎法将其结扎

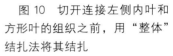

接下来，如同其他血管一样，确认并分离流入后腔静脉的肝静脉（图11）。

图 11　将连接肝叶（黄色箭头）的实质进行止血与切除之后，可以确认与剥离左侧肝静脉

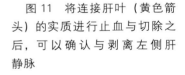

摘除肿瘤前的最后一步，夹住并切断左肝静脉（图 12 和图 13）。

图 12　切断患病肝叶的肝静脉

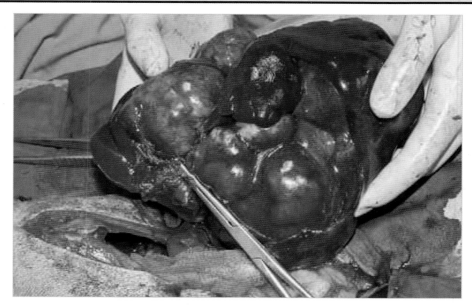

图 13 完全摘除肝左侧叶（内侧和外侧）

关腹前，检查肝门和其他结构是否出血（图 14）。

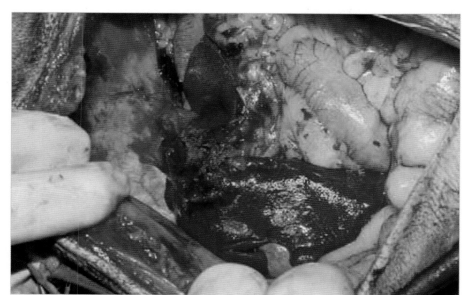

图 14 肿瘤切除后的术部最终视图。不应该见到任何小的出血

图 15 肿瘤的宏观表现。注意肿瘤破坏肝实质导致的大量内出血

肿瘤重 1.5kg，占病患体重的 1/7（图 15）。

患犬的康复情况很好，术后 36h 出院。8 个月后，Lupo 生活完全正常。没有复发或远端转移的迹象。

组织病理学显示为肝细胞癌。

病例 2　肝癌：使用胸腹外科吻合器切除

患病率	███			
技术难度	███████			

作为肝实质人工缝合的替代方法，可使用手术钉合器（AutoSuture® TA90）。该设备夹持组织并放置两排交替的 U 形钉，获得夹持组织的良好闭合（图 1）。

Suri，7 岁萨摩耶母犬（图 2）。该犬表现多尿-多饮，食欲降低，并且已昏厥过一两次。

表 1　多尿-多饮综合征的鉴别诊断

糖尿病
高钙血症
肾衰竭
肝功能不全/肝衰竭
肾上腺皮质机能亢进
肾上腺皮质机能减退
子宫蓄脓

图 1　胸腹手术吻合器，留置两排 U 形钉，确保组织完全密合，将出血风险降至最低。吻合器的长度与厚度各不相同

图 2　Suri 在麻醉前准备室，等待术前用药起效

临床检查未见明显异常，腹部触诊引起中度疼痛反应，左前腹部发现有大肿块。血液学结果正常，血液生化参数异常的仅以下几项：

表 2　Suri 的血液检查结果

钙（mmol/L）	3.025（2.0～2.95）
碱性磷酸酶（μkat/L）	3.073（0.17～1.53）
丙氨酸转氨酶（μkat/L）	9.451（0.33～1.67）

X 射线片显示左前腹密度增加，还进行了肺转移排查的放射线检查（图 3）。

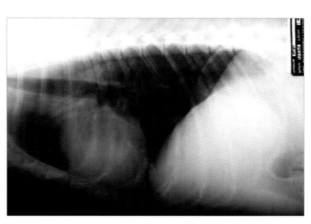

图 3　肺部 X 射线检查结果未见转移灶

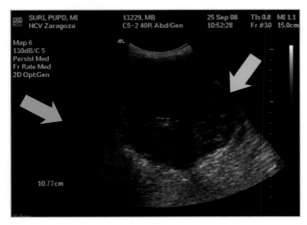

腹部超声表明一个大的肝脏肿瘤位于肝脏左侧。未见腹腔淋巴结肿大（图 4）。进行细针抽吸细胞学检查，结果与肝细胞癌一致。

由于病患体况良好，无转移和凝血紊乱，建议将患病肝组织切除。

图4　肝脏超声影像显示正常的肝实质（蓝色箭头）和一个大肿块（黄色箭头）

手术技术

　　脐上腹中线切口并延伸到剑突旁，以暴露出患病肝区（图5）。

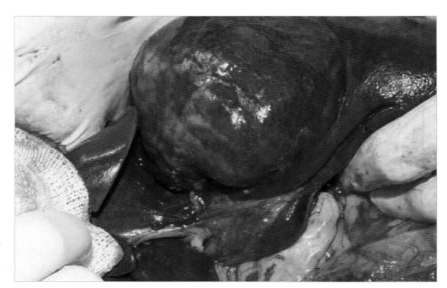

图5　在脐上切口暴露腹腔后，可以将肝脏从周围组织中剥离出来，以便很好地暴露肝门

　　首要剥离、结扎与切断的肝门结构是患病肝叶的肝胆管（图6）。

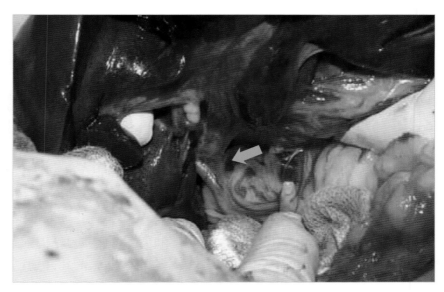

图6　识别要切除肝叶的肝胆管（蓝色箭头）

继续剥离，直至识别、分离并结扎供应患病肝叶的肝动脉分支（图 7）。

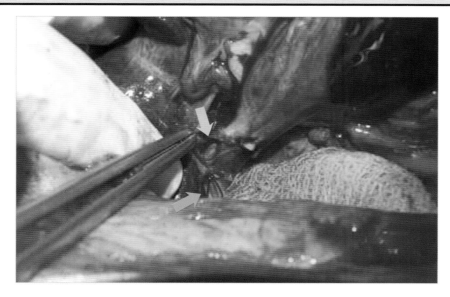

※ 采用单丝合成可吸收材料进行缝合。应特别注意线结，确保其稳定性并防止发生滑脱。

图 7　切除肝胆管后（蓝色箭头），可剥离并结扎患病肝叶的动脉分支（黄色箭头）

向头侧探查，识别出供应左叶的门静脉分支（图 8）。向内侧翻转肝叶，可见流向后腔静脉的肝静脉，对其进行分离和结扎。

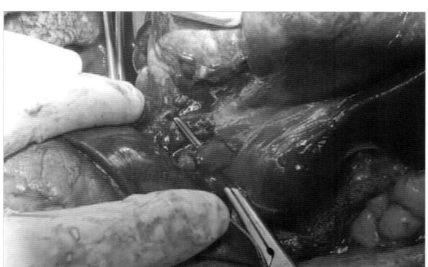

图 8　切断病变肝叶的动脉和肝胆管后，可将其门静脉分支进行剥离和结扎

患病肝叶与其余肝叶间实质组织过厚导致手术操作空间很小。因此，决定用 TA90 吻合器置于肝叶基部进行肝叶切除（图 9）。

图 9　本病例中，通过将吻合器放置在患病肝叶基部，实现肝实质切断后良好的止血。该设备放置两排缝合钉，形成稳定密合

然后，在吻合器下方使用手术刀切断肝实质（图 10 和图 11）。通常来说，在肝脏手术中，特别是当部分肝脏切除时，应确保完全止血（图 12）。

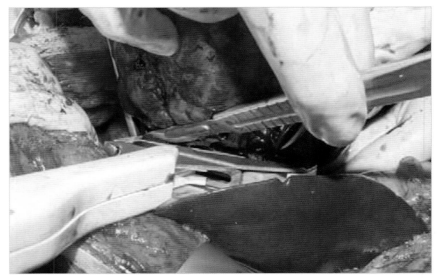

图 10 吻合器缝合后，在吻合器旁边用手术刀切除肝叶

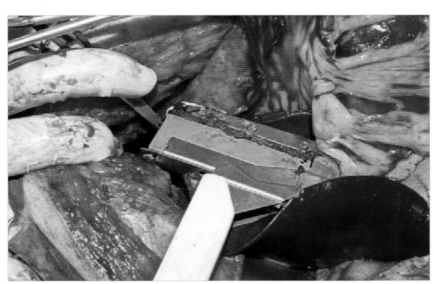

图 11 肿瘤叶切除后的照片。如图所示使用吻合器缝合的肝实质长切口

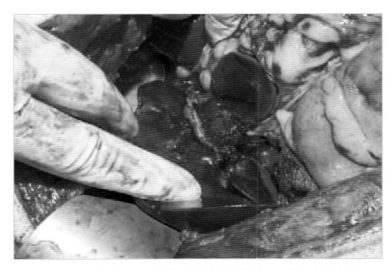

图 12 取下吻合器后，检查缝合处的出血情况。用双极电凝对每个出血点进行烧烙止血

关闭腹腔之前，对腹腔进行冲洗和抽吸，以清除组织碎片和血凝块，这些碎片和血凝块可作为细菌增殖的培养基。

手术开始时，病患红细胞压积为 42%，手术结束时由于失血导致红细胞压积仅为 25%。因此，术后立即输血，抗生素用阿莫西林-克拉维酸和甲硝唑，连续使用 5d。Suri 恢复情况满意，术后 48h 出院。术后 9d，病患的饮水量和尿量恢复正常，各项生理功能均在正常范围内。

最后一次复查时间是术后 8 个月，病患一切正常，超声检查未见任何局部异常。

病例 3　右叶肝细胞腺瘤

患病率	■				
技术难度	■	■			

该病患由一位兽医转诊到医院，已诊断其肝脏有一个大肿块（图1）。

病患为一只 9.5 岁的杂交犬，表现运动不耐受，在其前腹部容易触诊到一个硬块。

除了腹部放射线检查，还进行了胸部放射线检查，以确定是否有转移，结果未发现转移。超声检查确诊肿瘤为肝脏肿瘤。局部淋巴结未见异常。

因为动物主人愿为他的犬竭尽所能，所以拒绝经皮活检。因为肺或腹部未见转移，决定实施开腹手术。

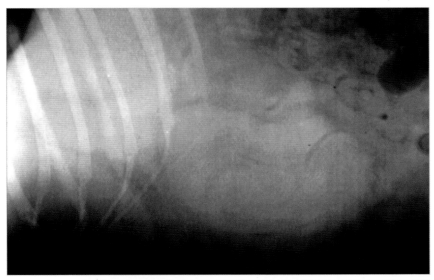

图 1　腹部放射线检查表明，前腹部一个大团块。这可能与肝脏肿瘤有关

前腹部开腹后，扩大切口至剑突（图 2），确诊该肿块为肝肿瘤。下一步，检查其他肝叶，但未见任何病变。

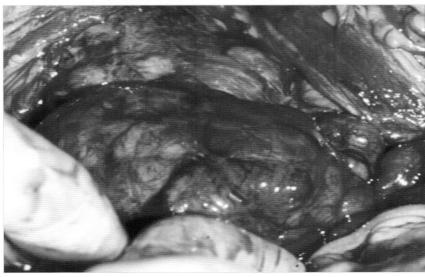

图 2　打开腹腔时的肝脏肿瘤外观

在这个病例中，肿瘤侵袭了尾叶、右外叶和右内叶（图3）。

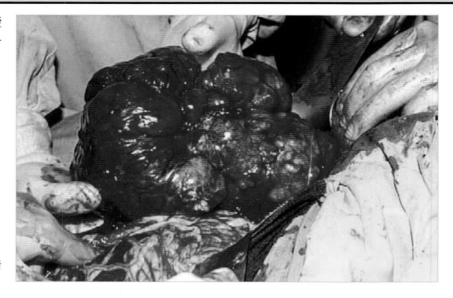

图3　向后方移动肿瘤，以便看清要切除的区域

由于这个区域必须结扎以移除包含胆囊的肿瘤，决定进行胆囊切除术

参见胆囊切除术。　➡ 第 236 页

＊ 在进行胆囊切除术时，应特别注意胆囊管和血管的剥离、结扎和切断。不要损伤源于其他肝叶的肝胆管。

确定了需要切除的位置后，按前文所述的方法，贯穿、交错缝合并切断肝实质（图4）。确诊肝实质断面不再出血，按常规方式关闭腹腔。组织病理学显示为肝细胞腺瘤。

腺瘤是少见的良性肿瘤。该病例的肿瘤非常大。

病患恢复良好，术后一年进行最后一次复查时，未见局部或全身异常。

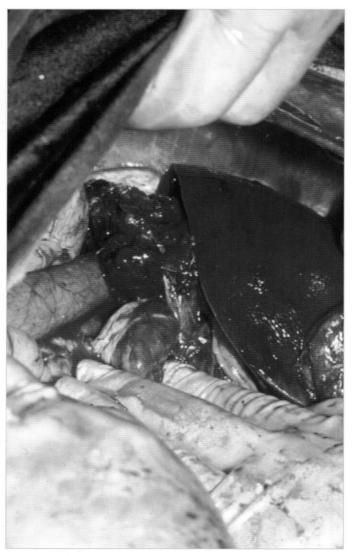

图4　肿瘤切除后的肝脏图像。应特别注意确保断端结扎后余留组织足够多，以防止缝线滑脱导致继发出血

病例 4　表皮样囊肿

患病率	■				
技术难度	■	■			

　　"真正"肝囊肿是先天性的，不是肿瘤性的。

　　它们通常不产生临床症状，因为它们与其余肝实质或胆道没有联系。该病患因为胸骨部位出现了瘘而转诊。尝试手术闭合 3 次，瘘再次复发（图 1）。病患未出现任何其他外部症状，临床检查正常。

　　使用水溶性碘造影剂进行瘘管造影，发现瘘管延伸至腹腔（图 2）。超声检查发现前腹部有肿块，界限清楚，无回声，不含包膜，壁结构不清，后壁增厚。由此得出结论，该问题的根源是一个瘘性肝囊肿，并建议进行开腹手术，通过部分肝切除切除囊肿。

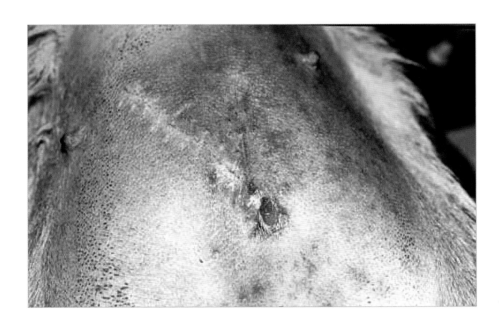

图 1　胸骨剑突区出现开放性瘘和前期手术伤疤

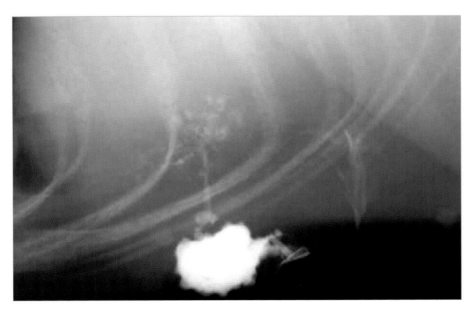

图 2　经瘘开口注入碘造影剂后，清晰可见瘘起源于肝区

在脐上腹中线开腹后，确定患病肝区。囊肿与镰状韧带和网膜发生严重粘连（图3）。

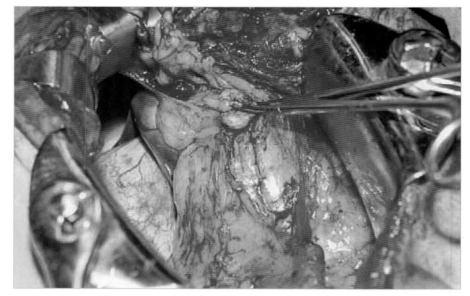

图3　肝脏方叶与镰状韧带、网膜形成很多粘连

必须仔细分离肝脏组织，使其脱离粘连组织，结扎或凝固粘连组织间的血管。这样，患病肝叶可以从粘连处游离出来，然后检查其余的肝实质（图4）。

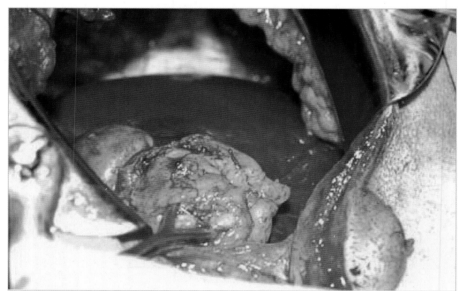

图4　将方叶从腹部粘连处分离出来后，对其余的肝脏进行观察和检查，未见其他病变

未发现更多的肝病变，分离并切除方叶的远端区域（图5至图7）。

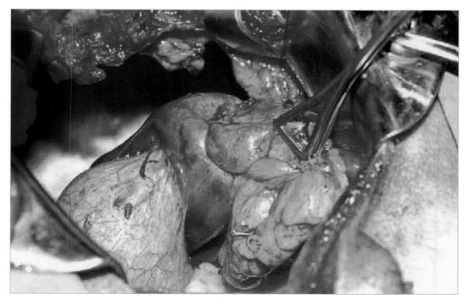

图5　通过牵拉肝上残余的粘连组织，将患病肝叶（方叶）拉入术野

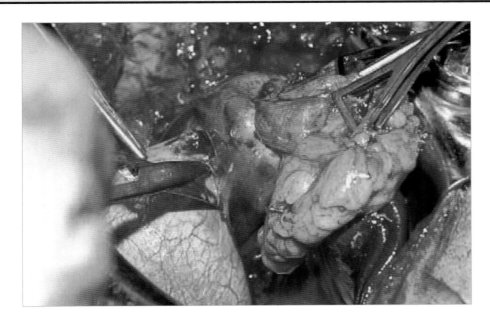

图 6　由于胆囊和方叶之间有粘连组织，所以在肝切除术前必须将胆囊从肝组织剥离

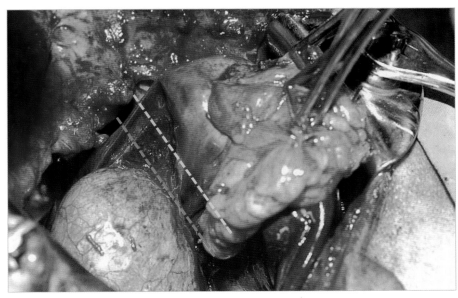

图 7　图片显示从肝脏上对胆囊进行无创分离的最终外观。在该位置进行肝切除术。蓝线：褥式缝合线位置，黄线：肝实质切割位置

按前文阐述实施肝切除术，采用两条缝合线进行重叠贯穿缝合，以确保最佳止血效果。

残留的组织足够宽，以确保缝线的稳定性。

| 参见肝脏肿瘤。 | ➡ 第 206 页 |

核查肝切除术的止血效果，常规关闭腹腔。

术后

病患从麻醉和手术恢复良好。肝脏和囊肿部位未再发生异常。

胆道系统疾病

概述

患病率	■		

胆道系统疾病原因包括管腔内胆道阻塞（胆石症）或管腔外来源阻塞（肿瘤、感染或创伤）（图1）。

> 胆管梗阻主要是由于胰腺肿瘤、胰腺炎或其继发的纤维化所致。

胆汁性腹膜炎是由胆道发生胆汁泄漏引起的（图2）。这可能是由结石、胰腺炎或坏死性胆囊炎导致胆道阻塞或外伤导致胆囊破裂引起的。后者预后最好（图3）。

> 胆汁性腹膜炎病患死亡率高，可达到75%，特别是发生感染的情况下。

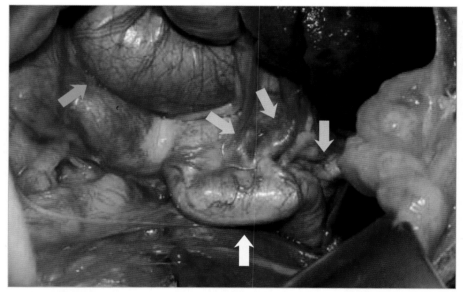

图1　表现黄疸症状的病患发生严重胆汁瘀积。注意胆囊（蓝色箭头）、肝胆管（黄色箭头）和胆管（白色箭头）的极度扩张。这是由于慢性胰腺炎继发的十二指肠大乳头纤维化所致

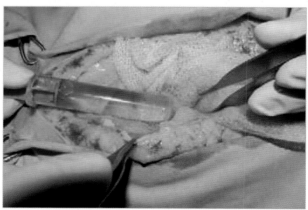

图2　胆结石和胆泥导致胆管梗阻的病患，因胆汁渗漏而出现严重的腹腔积液

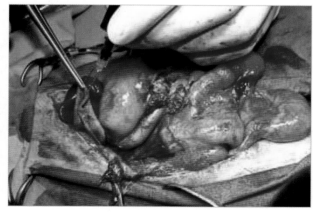

图3　发生外伤（多处咬伤）之后进行开腹探查，发现胆管撕裂导致胆汁漏入腹腔

胆道破裂最常见的原因是坏死性胆囊炎和外伤所致的破裂。

监测这些病患的血压，以防止低血压造成肾功能衰竭。

由于非甾体抗炎药毒性导致的十二指肠穿孔也被认为是胆汁性腹膜炎的原因。

术前注意事项

与人类发生的情况相反，凝血问题少见发生。然而，由于慢性胆道梗阻可能导致维生素 K 缺乏，建议按 1～2 mg/kg 皮下注射维生素 K_1，使其在给药后 3～12h 内达到正常水平。

在发生感染的病例中，建议使用氟喹诺酮类药物，因为这些药物会在胆汁中排出。在幼年动物中，这些药物可能对关节软骨有害，因此建议特别小心。

术中注意事项

所有胆道疾病的病例中，必须检查胆管通畅性，以确保胆汁能够无阻碍到达消化道。

为此，可以选用以下技术：

■ 人工压迫胆囊，检查它是否流入肠道。

■ 通过胆囊切开术，用猫或犬导尿管进行插管，冲洗胆管。

■ 通过十二指肠切开术，经十二指肠大乳头进行胆管的插管和逆行冲洗（图 4）。

外科手术方法

胆囊切开术

这是取出胆结石的手术方法。只有当胆囊壁健康时才可进行。

胆结石移除后，必须检查胆囊和胆总管是否通畅。

胆囊切除术

胆囊切除术的适应证为胆囊损伤或破裂，或可能复发的上述情况。一些外科医生推荐用这种方法治疗猫的胆石症（图 5）。

胆囊十二指肠吻合术

该技术用于防止胆汁沿胆管通过，用于无法解决的胆管阻塞或创伤。然而，只有当胆囊与疾病过程没有直接关系的情况下，才采取这种手术方式。

参见胆囊切开术。　　➜　第 227 页

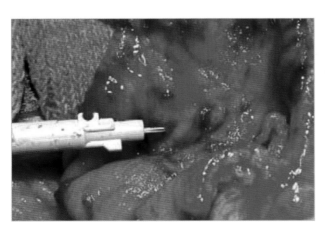

图 4　将导管插入十二指肠胆管开口，逆行冲洗胆管，检查胆囊膨胀情况

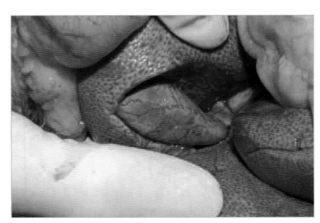

图 5　猫胆石症引起的胆囊炎，继发肝脏脂肪沉积症

胆石症

患病率	■			

胆石症在小动物中比较少见。可能引发该疾病的因素包括：

- 胆汁瘀积。
- 胆汁成分改变。
- 饮食因素。
- 胆囊炎。
- 猫的胆管肝炎。

最常见的临床症状包括呕吐、脱水、食欲减退、黄疸和腹痛。

> 在诊断胆石症时，怀疑胆道感染时可能并存潜在的胆管肝炎。

> 大多数胆石不会引起临床症状。

血液学分析并不一定出现显著变化。血液生化结果也很少出现显著变化。然而，应检查葡萄糖、尿素氮、总胆红素、碱性磷酸酶、丙氨酸转氨酶、谷草转氨酶、胆固醇等参数。

尿分析可能是有意义的，因为胆红素尿可在高胆红素血症之前检测到。

胆结石可由胆固醇、胆红素或胆红素钙组成，后者在放射线检查中清晰可见（图1）。

> 大部分结石表现放射线可透性，不能在放射线检查中确定，但是超声可以发现。

手术治疗

如后文所述，可以进行胆囊切开术或胆囊切除术。

术中使用单丝可吸收缝合线，以降低胆结石复发风险。

术后

持续进行输液疗法，直到病患能够耐受口服补液，并且能维持机体适当的水合状态。

如果术前或术中发生胆汁漏入腹腔，抗生素应持续使用10～12d。

熊去氧胆酸［10 mg/（kg·24h）口服］和维生素E，对胆管炎或胆管肝炎可能有益。

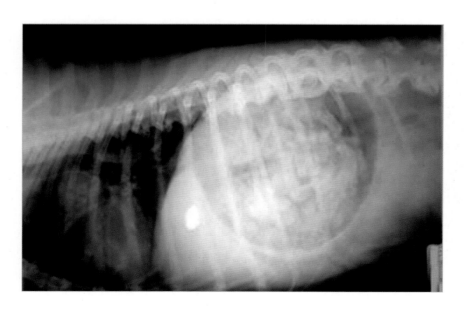

图1　该病患因出现胃过度充盈和扩张引起的临床症状，在急诊检查治疗时，被发现患有胆石症。该病患从未出现过胆道系统相关的问题或症状，所以此病属于偶然被发现的

胆囊切开术

技术难度					

图 1　病患手术当天

　　胆囊切开术适应证：胆石症、胆囊活组织检查和导管插入术进行胆管疏通或检查其通畅时。

> 只有在胆囊壁健康的情况下，才可以进行胆囊切开术，取出胆结石。

　　Syndi，10 岁的小型雪纳瑞母犬，因腹痛、呕吐和精神不振就诊（图 1）。

　　腹部放射线检查未见明显异常，但超声检查显示胆囊结石（图 2）。血液生化检查只发现碱性磷酸酶升高和高胆红素血症。

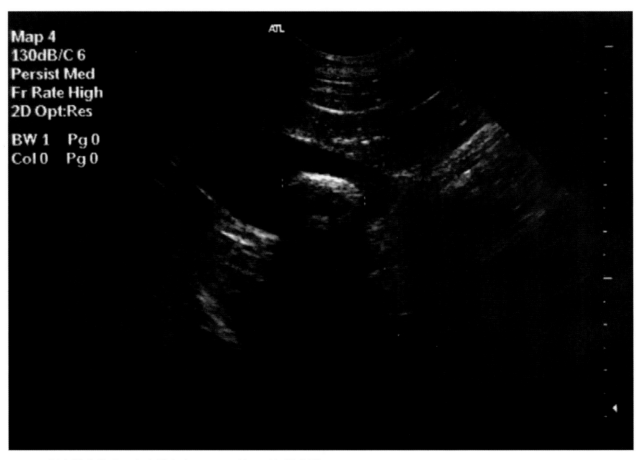

图 2　超声检查发现一个由胆囊内 1.75cm 结石引起的声影

胆囊切开术

进行脐上腹中线开腹手术，用浸有盐水的纱布隔离胆囊与周围区域。然后，放置两条缝合线，帮助处理胆囊而不损伤胆囊壁，然后取胆汁样本进行微生物分析（图3）。

> ✱ 为了便于操作处理胆囊和减少胆汁漏入腹腔的风险，应该在胆囊上用细单丝可吸收缝线放置两条牵引线。

图3　胆囊周围放置无菌隔离单以防止可能的腹腔污染；放置两条缝合线以便于处理；吸取胆囊内容物以进行胆汁微生物分析，并减少腹膜污染

在胆囊底部做一个切口，将其内容物吸出，以防止胆汁污染腹膜的可能（图4）。

图4　胆囊内容物通过切口吸出，以降低胆汁性腹膜炎的风险。胆囊下部可见结石（蓝色箭头）。

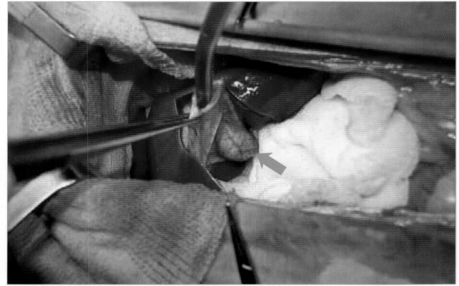

然后轻轻地将结石取出，送检实验室进行成分和微生物分析（图5和图6）。

图5　移除胆结石时应小心，以免损伤胆囊。使用牵引缝线方便手术操作，并降低胆汁意外溢出的风险

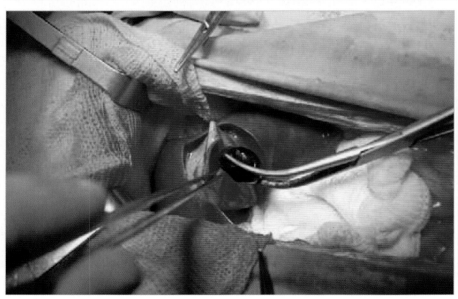

胆结石清除后，应用温热的无菌盐水冲洗和抽吸胆囊。之后，在胆囊管中插入一根 3～5Fr 规格的软导管，以冲洗并清除胆囊或胆总管中的任何结石残留物（图7）。

> 胆石清除后，必须检查胆道通畅性。建议用细导管以生理盐水冲洗胆囊管和胆总管。

图6　本病例是由胆固醇和胆红素组成的混合胆结石

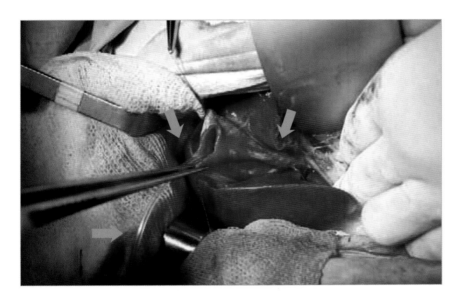

> ❋ 胆囊管以直角与胆总管连接，所以导致胆管插管困难。导管插入和冲洗也可能导致胆道损伤，这可能难以解决。

图7　这张图片显示导管插管术以及随后的胆囊和胆总管冲洗

为了闭合切口，使用 3/0 至 5/0 单丝可吸收缝线进行连续内翻缝合（图8和图9）。

图8　从一个单纯连续缝合开始。使用 4/0 无创伤圆针缝合

如中空腹腔器官的缝合一样，检查缝合的密封性。为此，将胆囊近端夹紧，在适当压力下注入生理盐水，检查缝合处是否有渗漏（图10）。

常规闭合腹腔。

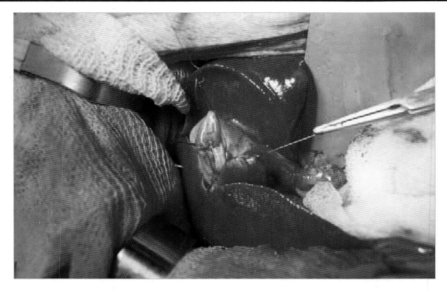

图9 缝合的最终外观。缝合应包括足够的组织以防止开裂

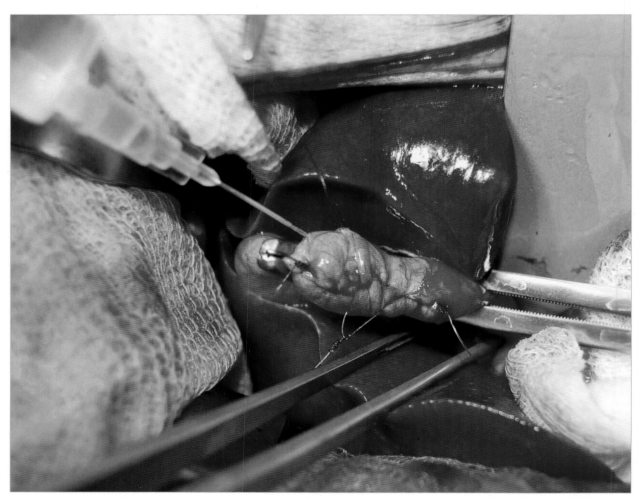

图10 最后，通过向腔内注射生理盐水，检查缝合密封性

胆囊肠吻合术

技术难度

如果发生了严重的胆总管阻塞，或胆管损伤且无法修复的情况，可以将胆汁引入消化道进行胆囊肠道吻合术。

> 如果疾病损坏或改变了胆囊壁，则无法进行胆囊消化道吻合术。

可以在胆囊和十二指肠或空肠之间进行吻合。基于空肠表现更多的游离性，所以胆囊空肠吻合术更容易操作，但可能出现更多的并发症，如脂质消化不良或因抑制胃液分泌机制消失而导致的十二指肠溃疡。

> 如果需要该手术，建议进行胆囊十二指肠吻合术。如果进行胆囊空肠吻合术，病患应在术后接受 H2 受体阻断剂治疗，以防止十二指肠病变。

胆囊肠吻合术

这项手术是对胆管损伤不可修复的病患进行。

因此，在进行胆囊十二指肠吻合术将胆汁转移到肠内之前，应将其近端结扎。

> ***** 处理胆囊之前，用注射针吸除所有的胆汁。这样不仅可以使手术剥离胆囊更容易，又避免了胆汁污染腹腔。

为了分离和移动胆囊，利用精细解剖剪刀沿着胆囊与肝脏的连接处切开脏层腹膜（图 1 和图 2）。

> 小心剥离胆囊，避免损伤肝壁或肝实质。

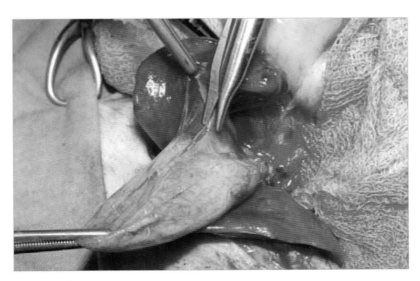

图 1　在胆囊和肝实质的连接处切开腹膜，随后剥离这两个结构

✳ 胆囊近端应尽可能仔细地分离，以防损伤胆囊管或动脉。

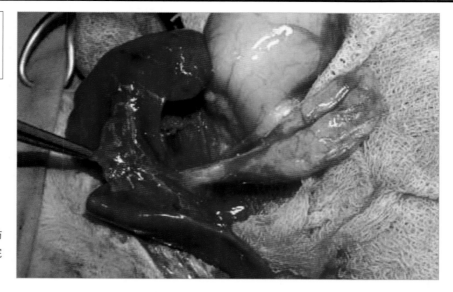

图 2　胆囊近端应仔细分离，以防止损伤血供或胆管。图片显示被完整分离的胆囊

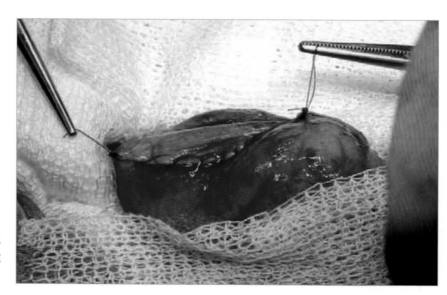

图 3　将胆囊与对肠系膜处的十二指肠边缘相对，然后将浆膜用单丝可吸收线进行连续缝合

向后方移动胆囊，并将胆囊与对肠系膜侧的十二指肠降段边缘相对，这样当两者连接时就不会产生张力。

该区域使用无菌纱布进行隔离保护，同时将十二指肠和最大可能长度的胆囊（3～4cm）之间进行连续缝合，缝合位置略向外偏于肠道的对肠系膜侧中线。

✳ 这种类型的缝合应使用无创型圆针。

✳ 缝合线末端留长一些，以便用于术部的牵引和处置。

接着做胆囊纵向切口（约 3
cm），与缝合线平行（图 4 和图 5）。

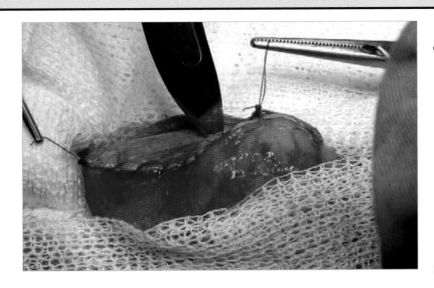

图 4　用手术刀在胆囊上做一平行缝合
线的切口

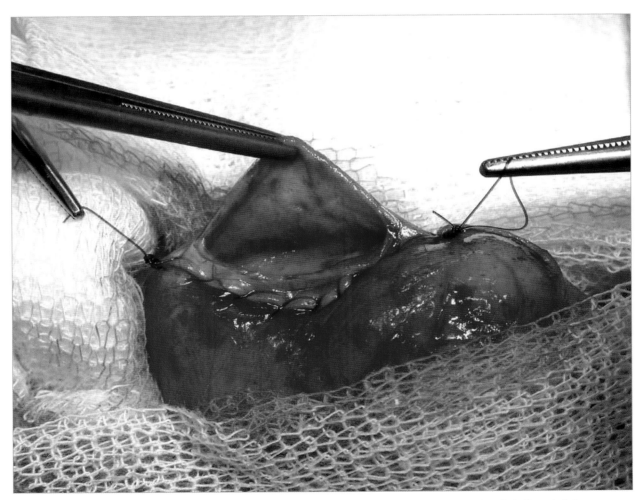

图 5　切口应与缝合线平行且足够长，因为小的胆囊十二指肠吻合切口导致慢性上行性胆囊炎的风险升高

✴ 胆囊和十二指肠之间的造口应足够大，以降低胆道阻塞或胆囊内肠内容物滞留的风险。

下一步，由助手或使用肠钳夹持来阻断肠道内容物流动，并在十二指肠对肠系膜缘做切口，切口长度与胆囊切口长度相同（图6）。

胆囊和十二指肠吻合口的后缘用与前面相同的缝合材料缝合在一起（图6）。

这些缝合应包括胆囊壁的全层以及十二指肠黏膜和黏膜下层。接着是进行吻合口前边缘的连续缝合（图7）。

✴ 在这种类型的后外侧吻合中，应特别注意缝合线末端缝线的正确放置，以防渗漏。

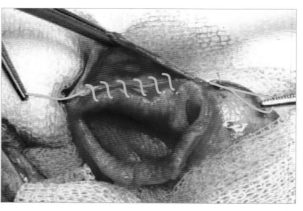

图6 图片显示胆囊和十二指肠对肠系膜侧吻合口（黄色线代表两个吻合口后缘之间的连续缝合）

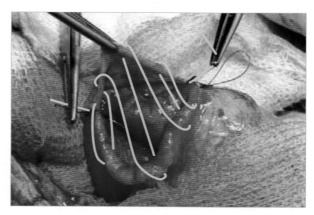

图7 缝合完吻合口的后缘，继续缝合前缘（黄色线代表已连续缝合闭合吻合口）

为了完成吻合，对吻合口的前缘进行缝合，且与后缘的缝合相似，将胆囊壁与十二指肠浆膜层缝合在一起，以确保和改善吻合口的密封性（图8）。

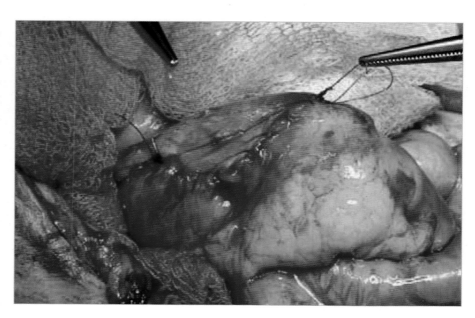

图8 前缘的浆膜缝合完毕及胆囊十二指肠吻合术完成的最终外观。与之前病例一样，使用2/0至4/0单丝合成可吸收线用无创圆针缝合。

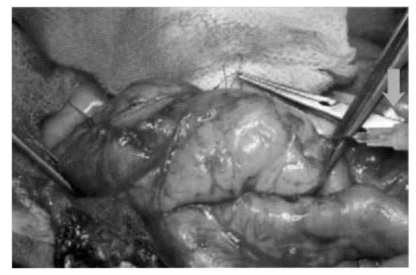

胆囊与十二指肠的后侧吻合需要缝合肉层。

最后，在十二指肠中注入适量盐水，以中等压力检查胆囊十二指肠吻合口的密封情况，并检查是否有泄漏（图9）。

图9 通过在十二指肠内注射生理盐水（箭头所示）来检查缝合的密封性。应特别注意切口两端是否泄漏生理盐水

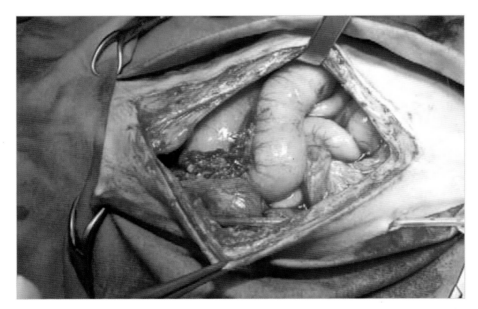

关闭腹腔之前，建议用温热的无菌盐水充分冲洗和抽吸腹腔。

如果已知或怀疑有胆汁性腹膜炎，应在术后期间放置腹膜引流管进行腹膜灌洗，减轻胆汁泄漏的后果（图10）。

参见《小动物后腹部手术》腹腔灌洗和透析术。

图10 在这些病患中，放置一个封闭的腹腔灌洗引流装置可能有助于控制腹膜炎的发展和帮助恢复。此病例胆管受到不可修复的损伤，通过胆囊十二指肠吻合术解决了这个问题

胆囊切除术

技术难度				

胆囊切除术适用于梗阻性胆结石、胆囊黏液囊肿、胆囊炎和不可修复性胆囊破裂。

在这些情况下，建议先从预防性使用抗生素开始治疗，然后根据微生物培养和药敏实验进行。用药调整：阿莫西林（每 8～12h，20mg/kg），头孢唑啉（每 6～8h，20mg/kg），恩诺沙星（每 12h，5～10mg/kg）。

这项技术是用一位病患的图像资料来说明的，该病患进行了方叶部分肝切除术。因为胆囊与这个叶紧密相连，所以决定将其切除。

该手术可以通过进行过部分方叶切除术病患的图像资料进行说明。

✱ 在进行胆囊切除术前，应确保胆管内无阻塞，胆汁可顺利流入肠道。

手术方法

当通过人工挤压胆囊或者胆囊切口后，用猫导管插管后注入生理盐水，或者十二指肠切口插管检验胆管通畅性时，周围的组织器官必须用湿润纱布隔离保护起来（图 1）。

胆囊切除术并不复杂，但需要精确操作，以防止相关组织的损伤和出血。

参见胆道疾病。	➡ 第 224 页
参见胆囊切开术。	➡ 第 227 页

图 1　胆囊与肝脏连接处的腹膜切口是该区域进行非创伤性剥离的手术通路

胆囊和肝脏之间的腹膜皱褶应该先用剪刀剪开，以便于后期操作（图 1）。然后，从胆囊与肝叶的连接处仔细、无创分离胆囊（图 2）。电凝所有出血的小血管是非常重要的（图 3）。

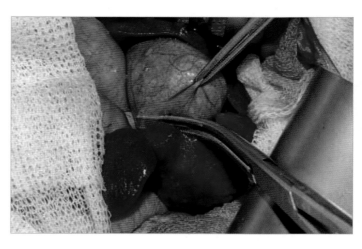

图 2　使用剥离器，将胆囊从肝壁上分离。轻柔地移动胆囊，以防止损坏该区域运行的内小血管

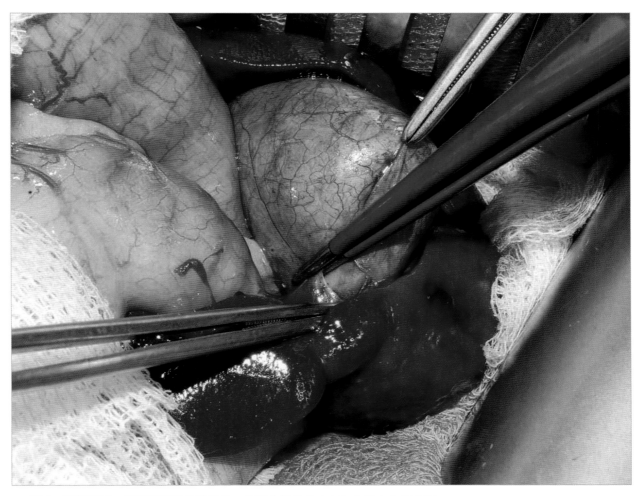

图 3 腹膜表面、肝脏和胆囊的连接处，这两个部位的止血应非常小心地进行

这样，胆囊就从肝脏的解剖位置上逐渐安全地被游离出来，且可保证出血量最少（图 4）。

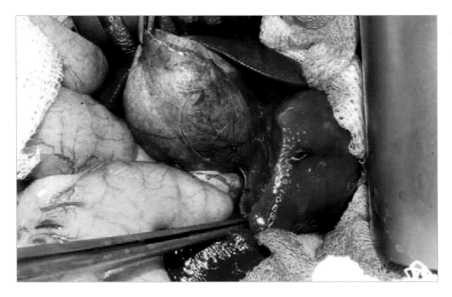

图 4 利用这种分离和止血技术，胆囊可以在创伤小、无出血的情况下与肝脏分离

使用单丝合成可吸收线，将位于背侧的胆囊管及其血管结扎（图5）并切断（图6）。

✳ 在这个过程中，应保护胆总管，防止结扎胆囊管时损伤胆总管。

图5　用单丝可吸收缝线结扎胆囊管和供应胆囊的主要血管

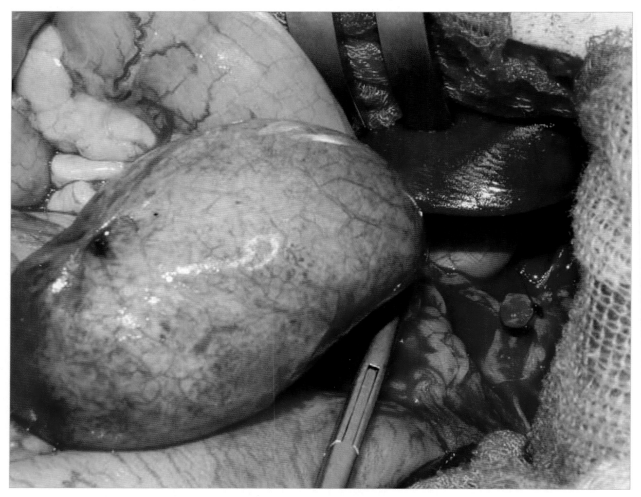

图6　用器械夹持住胆囊管远端，并在距离结扎线一定距离处切断胆囊管，这样可以防止结扎线滑脱造成胆汁性腹膜炎

✱ 应小心剥离胆囊管，以防损坏旁边的血管。

✱ 如果怀疑有感染或肿瘤，应将胆汁和胆囊壁样本送检进行分析。

　　在关闭腹腔之前，检查手术部位是否出血，以及胆囊管上结扎线的位置是否正确（图7）。

　　常规关闭腹腔。

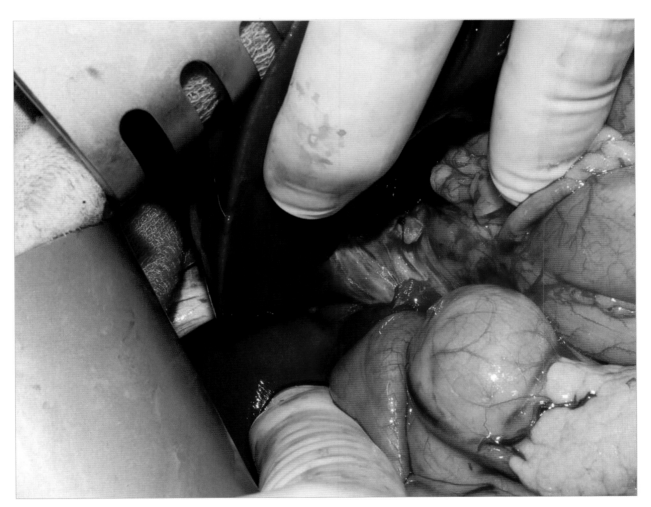

图 7　关闭腹腔前检查该区域，确保没有出血，胆囊管上的结扎线没有滑脱

肝脏与邻近器官的血供

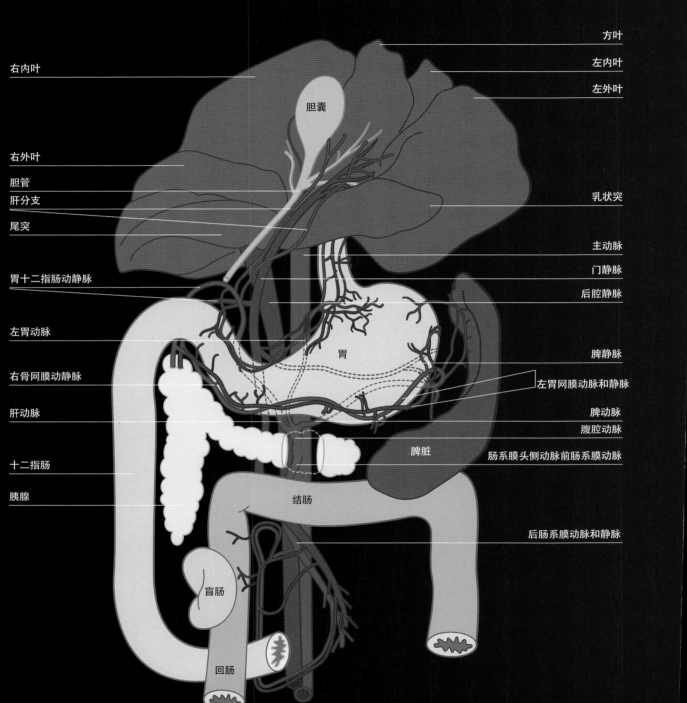

右内叶

右外叶
胆管
肝分支
尾突

胃十二指肠动静脉

左胃动脉

右骨网膜动静脉

肝动脉

十二指肠

胰腺

胆囊

胃

脾脏

结肠

盲肠

回肠

方叶
左内叶
左外叶

乳状突

主动脉
门静脉
后腔静脉

脾静脉
左胃网膜动脉和静脉

脾动脉
腹腔动脉
肠系膜头侧动脉前肠系膜动脉

后肠系膜动脉和静脉

门脉短路

概述 ━━━━━━━━━━━━━━━━

肠系膜门静脉造影术 ━━━━━━━━

外科治疗 ━━━━━━━━━━━━━━━

病例 1　肝外短路：胶膜条覆盖术（右侧通路）
病例 2　肝外短路：Ameroid 缩窄环（左侧通路）
病例 3　肝内短路：Ameroid 缩窄环

门体静脉循环类型

肝内分流

肝内分流

肝外分流

肝外分流

1　左外叶
2　左内叶
3　乳头状突起
4　尾状突起
5　右外叶
6　右内叶
7　方叶
8　门淋巴结
9　肝动脉
10　尾侧腔静脉
11　门静脉
12　胆囊
13　肝镰状圆韧带

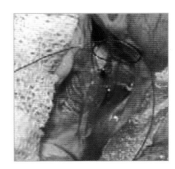
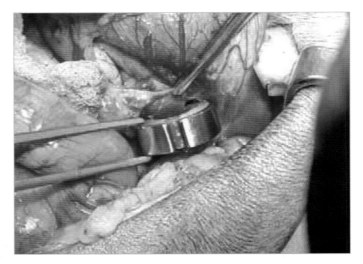
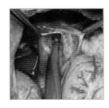

概述

患病率			

门脉短路指连接门静脉与其他体静脉的血管异常，将血液从内脏区域（肠、脾、胃和胰腺）直接转移流向心脏的血流中，绕过肝实质。

> 这种门体静脉的异常连接可以是肝外性（最为常见），也可以是肝内性的。

如果肝门区的血液不流经肝脏，那么正常经肝脏代谢的毒素就不能被分解而进入体循环，肝营养物质也不能到达肝脏，导致器官不能正常发育。

> 体静脉分流的病患表现为肝脏发育异常和肝功能不全，这可能导致肝性脑病。

由于氨基酸、短链脂肪酸、支链和芳香族氨基酸等分解不足，肝功能不全病患随后可能继发肝性脑病。

门脉短路可以是肝内或肝外的，也可以是先天或后天性的。大多数的肝外短路是先天的且是单一血管，约占病例75％。其中约60％归因于门静脉和后腔静脉的连接（图1），其余则归因于胃十二指肠静脉和后腔静脉的连接（图2）。

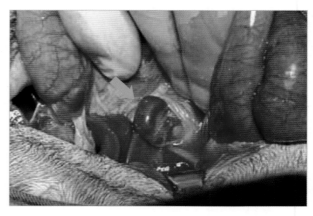

图1 门静脉和后腔静脉之间异常连接的大血管。该血管绕过肝脏并直接运送来自肠道和脾脏的血液流入后腔静脉（箭头所示）

肝内短路通常是先天的并且单一血管，约占病例的15％（图3）。

肝外畸形主要见于小型犬种，尤其是约克夏犬、马尔吉斯犬、京巴犬和拉萨犬。中大型犬种可见肝内畸形，例如德国牧羊犬、拉布拉多犬和西班牙水犬。

血管异常以前方居多，此异常血管收集十二指肠和胃的血液直接进入腔静脉。腔静脉与血管短路之间用丝线结扎。

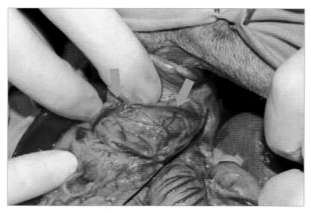

图2 胃十二指肠-腔静脉短路的病例

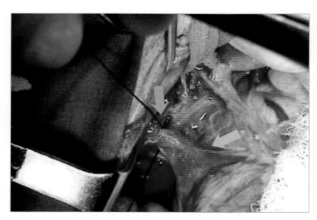

图3 肝内短路是由于出生后静脉导管关闭失败造成的。黄色箭头：腔静脉；蓝色箭头：异常血管

临床症状

临床症状可能非常多变。宠物主人最容易注意到的是他们的犬生长迟缓和体重下降。

病患也可能表现厌食、呕吐、精神萎靡、多尿/多尿、行为异常或失明。

> 最常见的症状是呕吐、精神萎靡和腹水。

肝性脑病的症状包括共济失调、低头、转圈运动和间歇性抽搐，且在摄入高蛋白食物后发生频率升高。

> 不是所有门脉短路病患都发生肝性脑病。

这些病患通常表现尿酸盐结石引起的泌尿系统疾病症状，例如血尿、排尿困难、尿淋漓、尿路阻塞等。

> ✳ 尿酸盐结石表现射线可透过性；需要造影剂使其可见。

> 尿酸盐结石通常为圆形或椭圆形、灰绿色、质地柔软的板状结构。

实验室检查

病患可见以下异常结果（表1）：

表1 实验室检查异常结果

血液学	轻度非再生性贫血
	小红细胞症
血清白蛋白	降低（少数案例表现正常）
尿素氮	降低
谷丙转氨酶，谷草转氨酶，碱性磷酸酶	中度升高
胆红素	正常
尿检	尿酸盐结晶

> 肝脏转化从肠道中吸收氨的能力下降，导致血中尿素氮浓度下降，而尿中尿酸与氨的升高会导致尿酸盐结晶的形成。

肝功能检测将确认这个类型的肝功能不全。最常用方法是胆汁酸检测。

血清胆汁酸检测方案
禁食 12h 采血检测血清胆汁酸
饲喂食物 2h 后，再次采血检测血清胆汁酸

影像学诊断

腹部平片上只能观察到小肝脏（图4）。

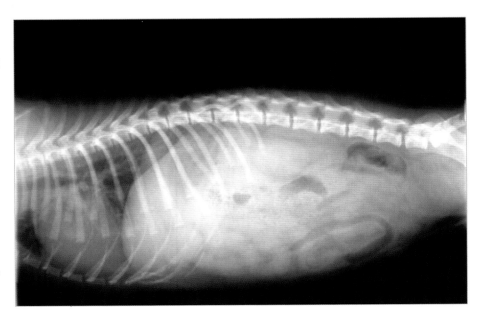

图4 门脉短路犬的平片，仅显示小肝脏

超声检查可见先天异常从而确诊（图5），或者通过脾门静脉造影（图6）、空肠静脉造影来确诊（图7）。

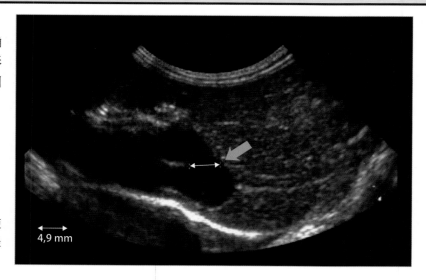

图5 肝门静脉和后腔静脉之间的短路。该病例存在肝内短路，短路血管直径达4.9mm（箭头）

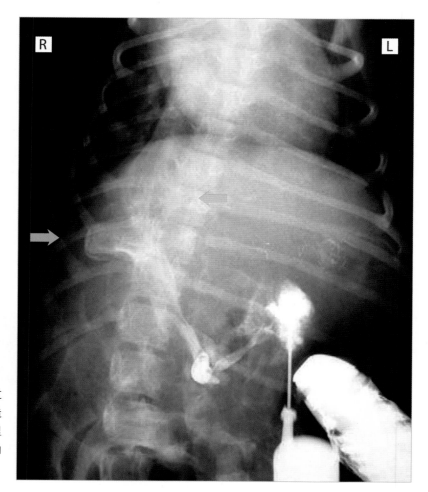

图6 该病患做了脾门静脉造影。通过超声引导，将造影剂注入脾实质。注意造影剂如何从脾静脉经过门静脉，并从这里流至异常血管（蓝色箭头），通过肝脏的扩散很少（黄色箭头）

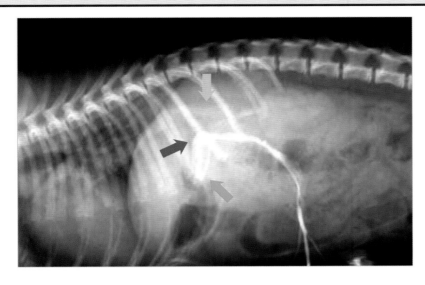

图 7　肝外门腔静脉短路病患的肠系膜门静脉造影。造影剂应通过空肠静脉进入门静脉，但出现中断（灰色箭头）注入异常血管（蓝色箭头）进入了腔静脉（黄色箭头）

参见肠系膜门静脉造影术。　➡ 第 246 页

腹部超声检查应包括肾脏和膀胱，以检查尿酸盐结石，其在放射线检查中很难被发现。

内科与饮食疗法

术前应该治疗内容如下：

■ 低蛋白易消化饮食。

■ 针对抑制负责氨合成的肠道细菌，给予抗生素（甲硝唑 10mg/8h，口服）。

■ 乳果糖［每 8h 约 0.5mL/kg］，加速肠蠕动，减少从肠道被吸收。

■ 低糖血症病例，使用葡萄糖。

仅靠内科疗法不足以实现长期存活。

　所有病例需要手术治疗。

肠系膜门静脉造影术

技术难度		

空肠门静脉造影可在术前进行，以确认诊断且根据结果确认单一血管还是多个血管发生短路，是否为肝内短路，由此制订更好的手术方案。也可术中进行造影，准确定位异常血管。

术前门静脉造影

■ 进行小切口开腹，将空肠袢暴露于腹外（图1）。

■ 选取主静脉，两端留置缝合线环（图2）。

■ 将20～22G静脉导管插入静脉，将预置线进行结扎固定（图3）。

■ 插入管芯，防止导管内形成血栓（图3）。

■ 将肠袢还纳腹腔，闭合部分腹腔（图4）。

■ 将病患转移至放射线室，向导管推入碘化物造影剂（图5）。

■ 推注最后1mL造影剂过程中进行放射线检查，可见造影剂的经过图像（图6）。

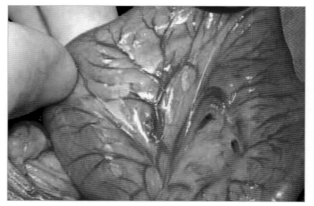

图1 确认空肠袢。将静脉与动脉游离，以避免将动脉一并结扎

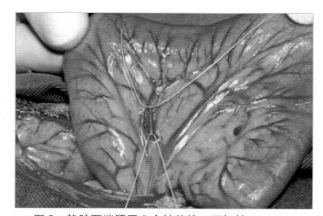

图2 静脉两端留置2个结扎线，不打结

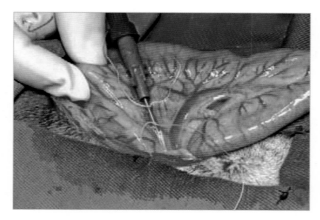

图3 插入静脉导管，将预置结扎线打结，固定导管，插入管芯，以防止形成血凝块阻塞导管

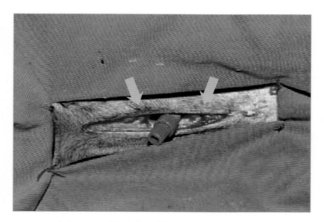

图4 进行2～3针缝合（箭头），部分关闭腹腔创口，将导管外连接孔留在体外

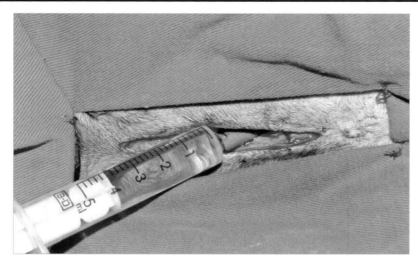

■ 造影结束后，再次将肠袢取出腹外，移除导管，另做结扎以防止静脉出血。

■ 常规方式关闭腹腔。

本病例由图像可见，造影剂进入门静脉后并没有直接进入肝脏，而是经由异常血管进入腔静脉。

图5 在放射线室，拔出管芯，将造影剂注射器连接至导管

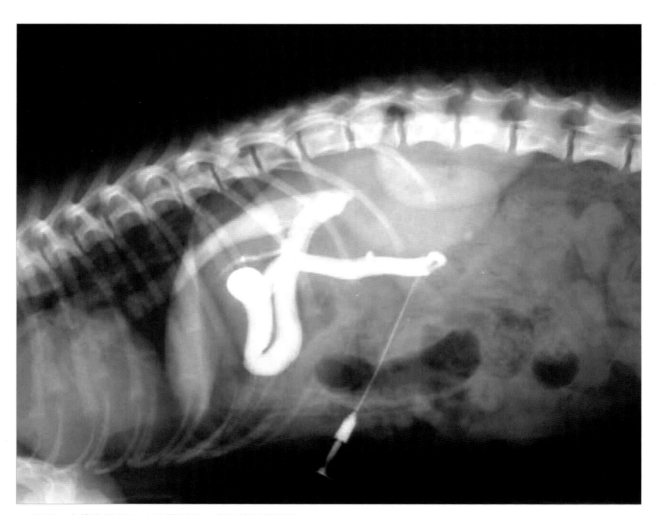

图6 在推注最后 1mL 造影剂时，获取放射线图像

术中门静脉造影术

该方法的原理和目的与术前门脉造影相同，但此方法在手术室内进行，使得此操作简单化。确认异常血管后，可直接采取手术治疗（图7）。

■ 开腹后将肠袢暴露体外，剥离空肠静脉（图8）。

■ 如前文所述留置结扎线，并将导管插入静脉（图9）。

■ 将结扎线打结，并将导管固定在空肠袢内（图10）。

■ 注射造影剂时，监视器显示出造影剂如何在血管中流动（图11）。

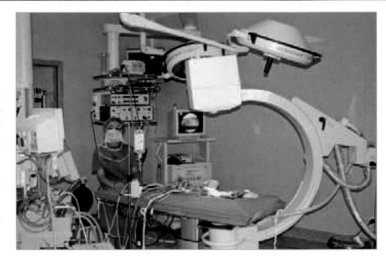

图7 术中门静脉造影术，应在具备门静脉造影条件的手术室内进行。图片显示，病患在（放射可透过的）手术台进入麻醉状态，X射线的C形臂位于该犬的正上方，麻醉师进行充分防辐射保护

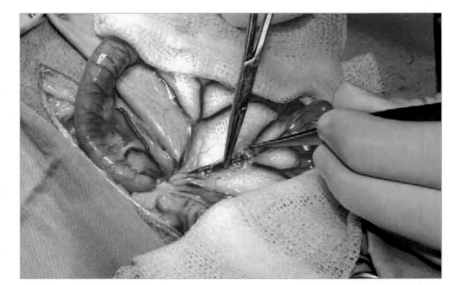

图8 开腹后，将肠袢置于体外并剥离其中的一根静脉。使用浸泡过温生理盐水的纱布或棉花隔离保护肠道

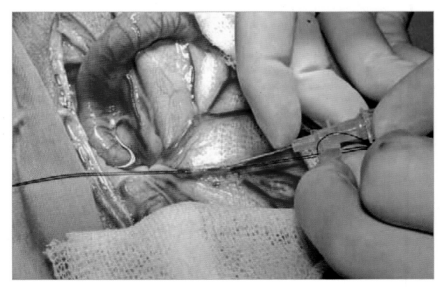

图9 在静脉穿刺部位的近端和远端分别放置结扎线，并将静脉导管插入静脉

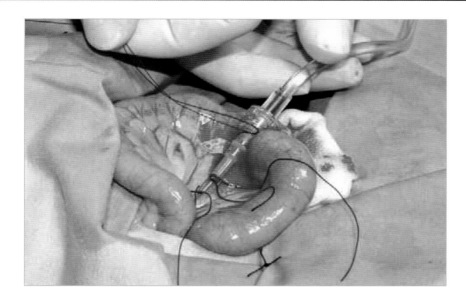

图 10　系紧结扎线以固定静脉中的导管。该病例同时将导管固定在肠上以防止后期处理期间导致扭折

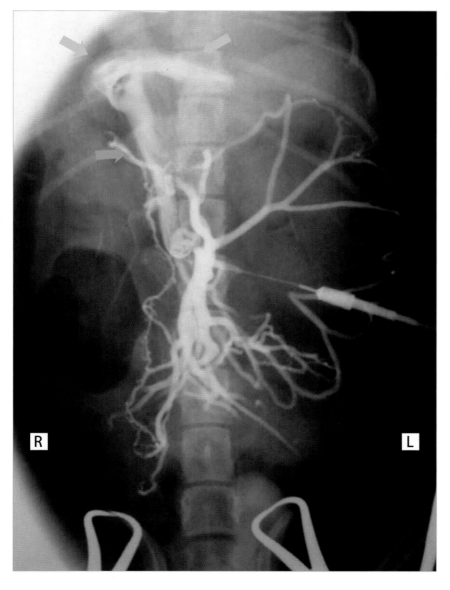

　　图像上可见门静脉（蓝色箭头）以及使血液转向进入体循环的异常血管（黄色箭头）。

> 如果需要，该技术也可测量门静脉压。

图 11　可通过 X 射线机监测注入造影剂，也可保存图像做进一步研究

外科治疗

技术难度

外科治疗的目的是逐渐关闭门脉短路血管，使门静脉区域的血液重新流向肝脏。

为此，可应用缩窄环（图 1）和胶膜条（图 2）或用丝线进行部分结扎（图 3）。

门脉短路的闭合应逐步进行，以防止发生致命性的门脉高压。

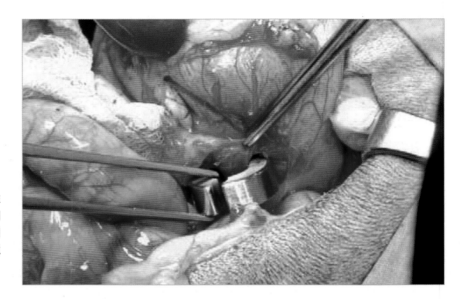

图 1　由于缩窄环内部的吸湿性材料吸湿膨胀，逐渐闭合血管。图片中，将缩窄环环绕于短路血管周围。环上的开口可用一个小棒或"钥匙"进行关闭

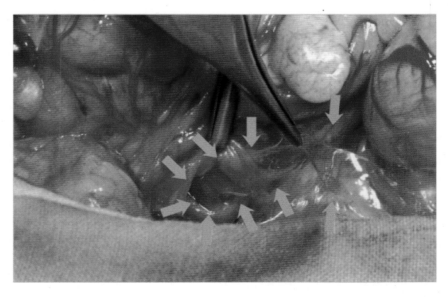

图 2　短路血管周围放置胶膜条，产生异物反应，将逐步闭合血管。图片显示门－腔短路周围放置了胶膜条（蓝色箭头）

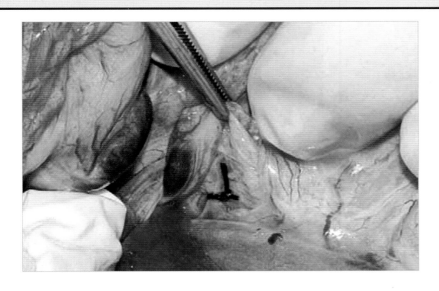

图 3　围绕血管做不完全丝线结扎。除了部分闭合血管，还会导致血管壁纤维化，导致完全闭合。对于这些病患，一定测量内脏静脉压，以防止发生门脉高压

进行此类手术之前，必须对血管解剖学有深入的了解，包括门静脉和后腔静脉，以及它们与肝脏的关系。

> 患有肝性脑病的病患，应在术前进行治疗。

> ＊　避免使用肝脏代谢或血清蛋白结合类药物进行病患的麻醉，例如吩噻嗪类和地西泮。

缩窄环

根据血管直径不同，缩窄环会有多种选择，最常用的缩窄环直径为 5.0mm。

腹中线开腹后，将结肠移向动物体右侧，暴露后腔静脉、左肾静脉和左膈腹静脉。

如果在左膈腹静脉的前方出现另一个静脉血管，可能就是门腔静脉的短路血管。（图 4）。

> ＊　血管及其周围组织的过度剥离，可能导致缩窄环沿血管移动，并可能引起突发狭窄、门脉高压与死亡。

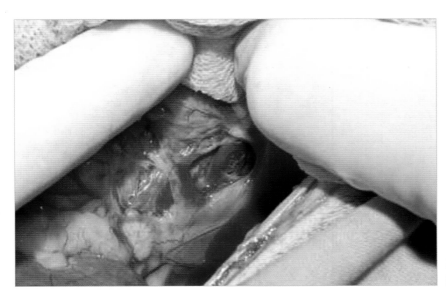

图 4　左肾和左膈腹静脉前方静脉血管的位置与剥离，这可能是门静脉短路的位置

在器械辅助下，将缩窄环放在静脉血管周围（图5）。由于血管较粗，为方便操作可应用结扎线暂时阻断血流。将血管置于缩窄环内，拆除结扎线，利用持针器夹持小"钥匙"将环闭合（图6）。缩窄环不能选择过大型号，过重会造成血管扭转，提前造成血管阻塞，导致门脉高压。

> 避免应用过大或过重的缩窄环，因为这样的缩窄环会导致血管的移动和扭转，造成门脉高压。

关腹前应检查肠袢是否充血。术中高血压在这类病例中比较少见。

> 术后2周，超声检查确认缩窄环完全闭合情况。

胶膜条

短路血管周围放置胶膜条，发生肉芽肿反应，从而在3～4周内逐渐闭合血管。

这种材料廉价易得。胶膜条（宽10～16mm）被分成15cm长的条状，放在袋子中灭菌备用。

> 胶膜条可以单层使用，也可以在使用之前折叠几次以增加其厚度。

与所有病例一样，首先要对短路血管进行定位与剥离（图7）。使用剥离器将胶膜条绕在血管上。用1或2个血管吻合钉将其固定（图8）。

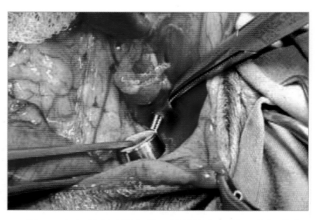

图5 小心剥离异常血管，并将缩窄环放置在短路血管周围。有时很难将缩窄环套在血管上，这需要耐心。另外，也可通过暂时结扎血管，中断血流来放置缩窄环

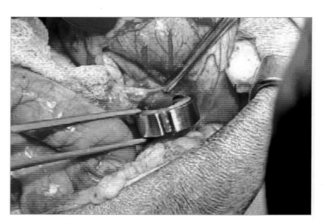

图6 插入"钥匙"关闭缩窄环，从而使其固定在血管周围。小棒可能是金属或者是可变形的，如图片所示的 Ameroid 环

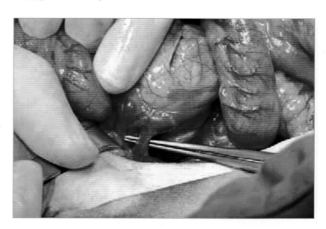

图7 门-腔静脉短路血管的剥离。该病例使用右侧手术通路，在躯体右侧进行手术

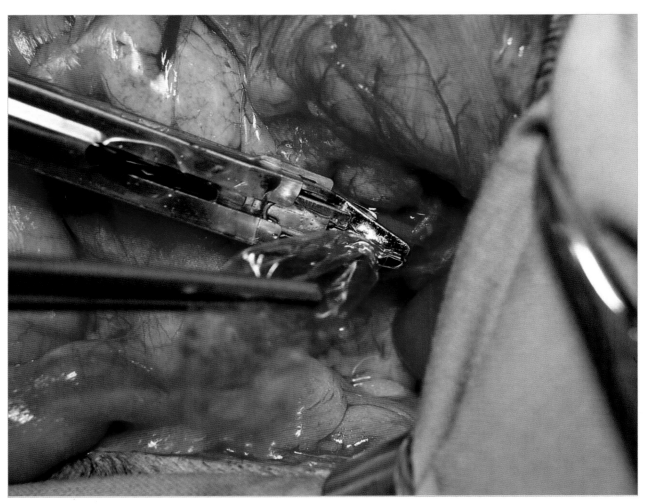

图 8 将胶膜条绕在短路血管上，并用 1 或 2 个金属钉将其固定，暂时不要阻断血管

此方法有效适用于直径上限在 3～4mm 的血管，如对于较大的血管，可能出现不完全闭合，需要二次手术。

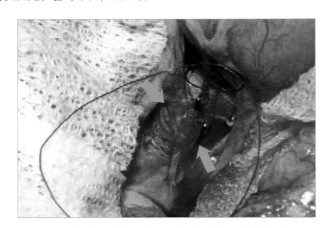

在某些病例中，胶膜条能引起纤维反应，导致血管没有完全闭合。这就是血管周围放置未打结结扎线的原因。如果 5～6 周后血液继续通过短路血管，病患需要再次手术，将预置结扎线打结（图 9）。

图 9 在此病例中，放置两个胶膜条（蓝色箭头）和一根未打结的结扎线，必要时可用结扎线将短路血管完全结扎

结扎短路位置

可使用不可吸收线（如丝线）对短路血管进行部分结扎，然而需要密切监测病患可能出现门脉高压。对短路血管进行定位和剥离后，在该血管周围放置一根 2/0 的丝线（图 10）。

> ✳ 放置结扎线之前，应在空肠静脉中插入静脉导管测量基础门静脉压。

暂时结扎后，测量门静脉血压，几乎都会出现血压立即升高。在未确诊的案例中，也可通过空肠静脉导管进行肠系膜门静脉造影。

参见肠系膜门静脉造影术。 ➜ 第 246 页

确认将结扎线置于短路血管周围后，进行缓慢结扎的同时测量门脉压力。血压不应超过 20～25cm H$_2$O，如果超过此数值，只能部分闭合短路血管，以防止进一步发生门脉高压（图 11 和图 12）。

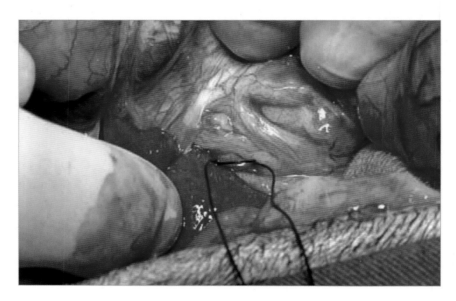

图 10　短路血管周围放置 2/0 丝线

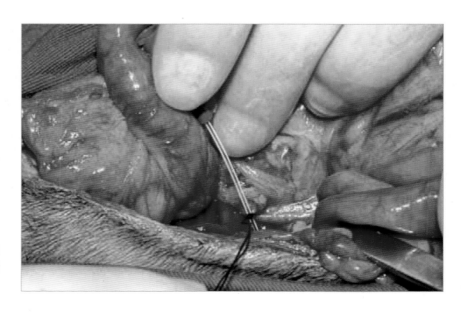

图 11　为了避免结扎过程发生完全的血管闭合，可将静脉导管插入结内，确保不会太紧

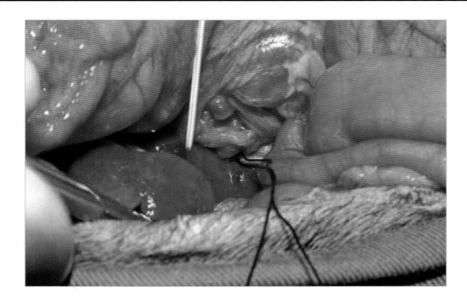

图 12　把血管和导管结扎到一起后，将导管移除。这种不完全结扎可预防发生门脉高压。

结扎后检查肠袢是否发生静脉充血（图 13）。

* 此方法不能完全阻断短路血管，这就是需要二次手术来完全阻断血管的原因。

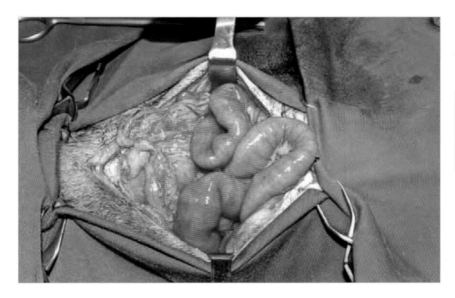

图 13　肠袢颜色正常说明未发生门脉高压

完全结扎异常血管，通常会导致致命性门脉高压。

其他闭合方法

其他闭合先天异常血管的方法有线圈或液压阻塞器。

线圈由血栓性材料制成，通过介入放射将其置于短路血管内。这种微创技术也会有相应并发症，例如线圈移位或突发性血管阻塞。

液压阻塞器是套在短路血管周围的环状装置。该设备的贮存器置于皮下，通过向贮存器内注入生理盐水，实现逐渐阻塞。

门静脉高压
术后并发症

结扎或缩窄环的移动会引起门脉短路血管的突然闭合，可能导致病患在几个小时内出现门脉高压和死亡。

原因是肝门区域发育不全，不能够承受短路阻断后所有回流的血液，从而导致内脏区的静脉血压升高。

门脉高压可导致肠袢、胰腺和脾脏发生瘀血。血瘀可导致静脉血栓形成，继而发生腹水、器官衰竭和死亡。

病例 1 肝外短路：胶膜条覆盖术（右侧通路）

图 1 手术当天的 Pincho

Pincho 是一只约克夏幼犬，与同窝幼犬相比体型较小，偶尔呕吐。主人最担心的是 Pincho 进食后出现的奇怪行为，如转圈行运动和头部倚靠在墙上（图 1）。

血液化验结果与门脉血管异常表现一致（表 1）。腹部超声检查后确诊（图 2）。

为了稳定病患状态，进行以下治疗：
- 肝脏病例使用处方粮。
- 奥美拉唑，1 mg/kg，每天 1 次。
- 甲硝唑，7.5 mg/kg，每日 2 次。
- 乳果糖，0.5 mL/kg，口服，每天 2 次。

10d 后，消化系统问题得到改善，未见肝性脑病引发的其他危症，因此计划进行手术。

表 1 Pincho 的血液检查结果

血液学		
项目	结果	参考范围
白细胞（×10^9，个/L）	10.84	5.50～19.50
淋巴细胞（×10^9，个/L）	1.34	0.40～6.80
单核细胞（×10^9，个/L）	1.48	0.15～1.70
中性粒细胞（×10^9，个/L）	7.65	2.50～12.50
嗜酸性粒细胞（×10^9，个/L）	0.31	0.10～0.79
嗜碱性粒细胞（×10^9，个/L）	0.06	0.00～0.10
红细胞压积（%）	0.346	0.30～0.45
红细胞（×10^{12}，个/L）	5.60	5.00～10.00
血红蛋白（g/L）	1.08	90～151
血小板（×10^9，个/L）	230	175～600
血液生化		
项目	结果	参考范围
总蛋白（g/L）	45	54～82
白蛋白（g/L）	22	22～44
球蛋白（g/L）	15	15～57
碱性磷酸酶（μkat/L）	3.807	0.17～1.53
谷丙转氨酶（μkat/L）	2.150	0.33～1.67
总胆红素（μmol/L）	<1.71	1.71～10.26
血糖（mmol/L）	5.5	3.88～10.71
尿素氮（mmol/L）	1.428	3.57～10.71
肌酐（μmol/L）	17.68	26.52～185.64
血氨（餐前）（μmol/L）	66.331	0.58～113
血氨（餐后）（μmol/L）	250.062	0.58～113

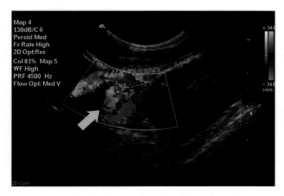

图 2 腹部超声可见短路血管（黄色箭头）。彩色多普勒显示通过短路血管的额外血供，导致腔静脉出现湍流

手术

技术难度		

全身麻醉后齐上腹中线开口，将十二指肠和肠袢移至腹腔左侧，暴露腔静脉。

切开肠系膜后，定位异常血管并进行剥离。异常血管通常位于右侧肾静脉的前方（图3）。

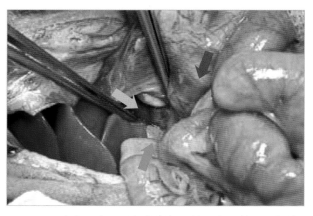

图3 这张图片显示与疾病相关的3条血管：门静脉（灰色箭头）、腔静脉（蓝色箭头）和门脉短路的血管（黄色箭头）

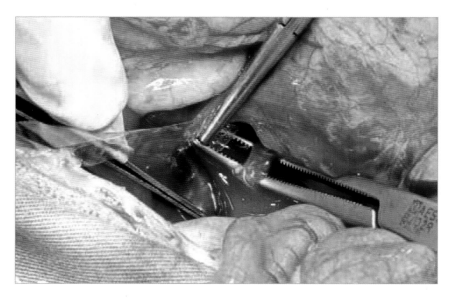

将门腔静脉短路的血管游离出来（图4），并用胶膜条将血管包裹起来（图5）。

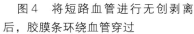

图4 将短路血管进行无创剥离后，胶膜条环绕血管穿过

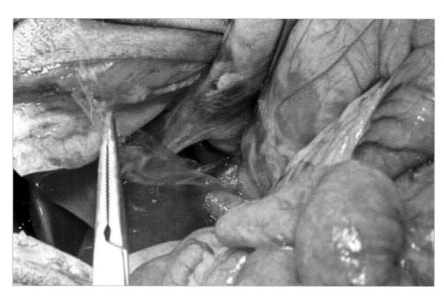

图5 图片显示胶膜条缠绕门腔静脉短路血管

根据短路血管直径选择1或2个血管吻合钉固定胶膜条（图6和图7）。

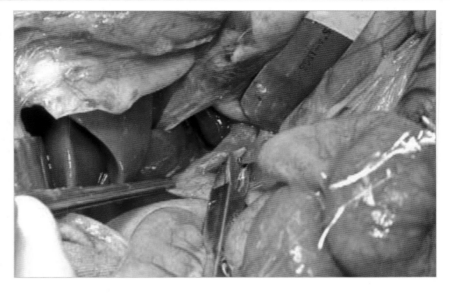

图6 将钛制血管吻合钉固定在短路血管背侧的胶膜条上

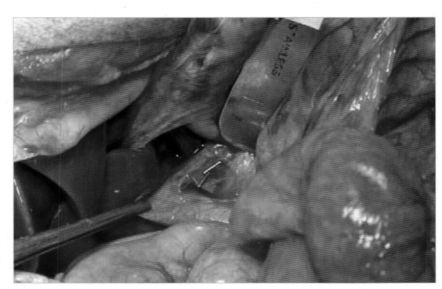

图7 图片显示胶膜条位于短路血管外周；应用两颗血管吻合钉固定胶膜条且将其末端进行修剪

术后随访

病患术后恢复良好（图8）。内科治疗3周，处方粮维持1.5个月。2个月后，因为该犬表现偶尔呕吐，宠物主人带其复诊。超声检查显示肝门静脉血流得到改善，但是异常血管未发生完全闭合，建议再次手术将其完全关闭，但宠物主人不同意，患宠目前正在接受药物治疗。

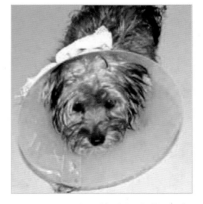

图8 Pincho 的神经症状得到快速改善，未再出现肝性脑病相关的临床症状

病例 2　肝外短路：Ameroid 缩窄环（左侧通路）

Niko 是一只 8 岁雄性西班牙水犬。因为它身体瘦弱，出现呕吐和大量饮水，前来就诊。鉴别诊断包括门脉短路。

血液检查结果仅显示中度白细胞增多，$18.06×10^9$ 个/L（$5.50～19.50$）；碱性磷酸酶升高，$5.611μkat/L$（$0.17～1.53$）；尿素氮显著降低，$1.071mmol/L$（$2.57～10.71$）。

腹部超声检查发现内脏区和腔静脉之间存在短路血管。

建议转诊进行手术治疗。

手术

技术难度		

沿腹中线打开腹腔，通过拉动十二指肠将胃肠道移向躯体右侧（图1）。

门腔静脉短路位置通常位于膈腹静脉的头侧。外科医生应该集中在这个区域进行剥离（图2-图4）。

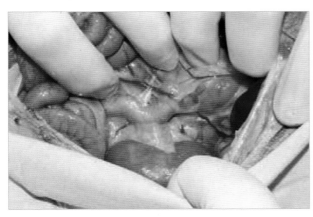

图 1　将胃肠道移到躯体右侧区域，暴露左肾以及肾脏和肝脏之间的区域

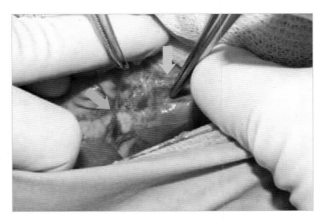

图 2　左肾前区找到膈腹静脉（蓝色箭头），异常血管位于其头侧位置（黄色箭头）

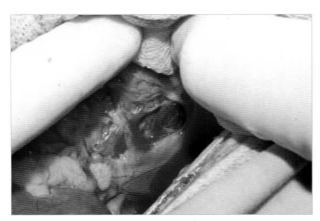

图 3　通过十二指肠系膜切口可见其与后腔静脉交界处的异常

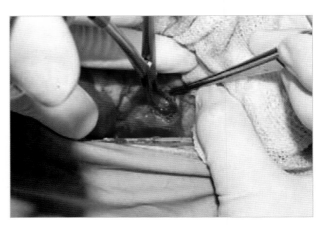

图 4　纵向沿着血管小心进行剥离，以防损伤血管

开腹探查时发现，异常血管起源于胃十二指肠静脉（图5和图6）。

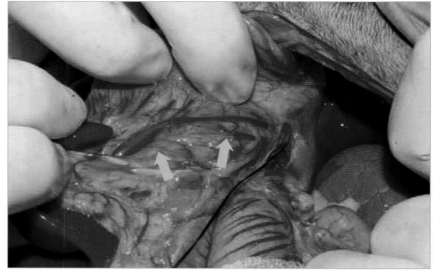

图5 随着这根异常静脉的走向，可注意到此血管延伸至胃大弯（黄色箭头）

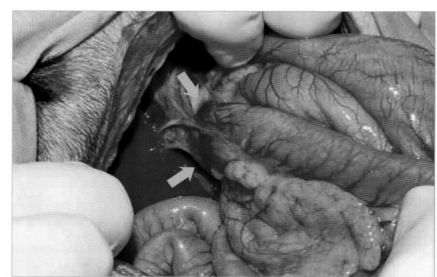

图6 可见来源位置在十二指肠近端（黄色箭头），为胃十二指肠-腔静脉短路

返回到病患腹腔左侧，在邻近腔静脉的短路血管周围放置5mm缩窄环（图7和图8）。

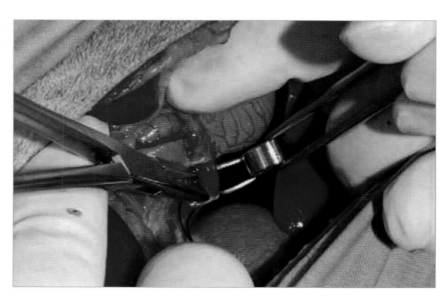

图7 用镊子辅助缩窄环绕在血管上

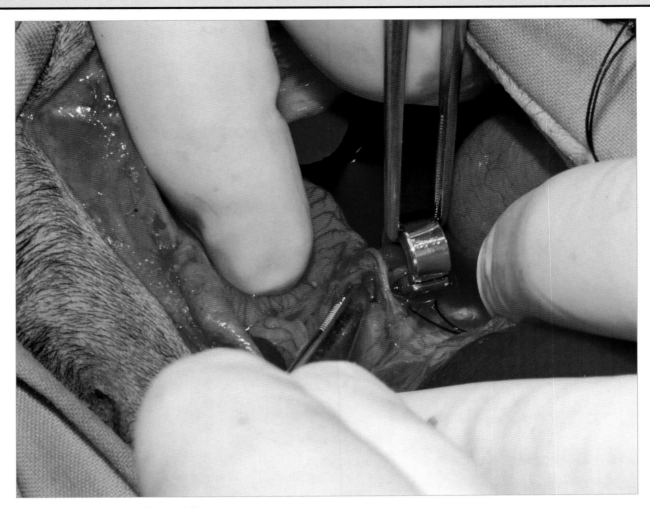

图 8 用"钥匙"将缩窄环锁住

* 缩窄环应置于活动受限的区域。如果血管过度分离或该区域相对移动空间较大，缩窄环可能会移动，从而导致血管扭转且继发门脉高压。

术后随访

Niko 从麻醉中复苏良好，次日出院。

后期进行的超声检查显示缩窄环逐渐闭合，术后 2 周短路血管最终闭合。

内科和饮食治疗同前文所述，直到门肝循环完全恢复。

病例 3 肝内短路：Ameroid 缩窄环

Luck 是一只雪纳瑞幼犬，被诊断为肝静脉与后腔静脉之间发生肝内短路（图 1）。

建议病患进行转诊手术。进行超声引导的脾脏造影术（图 2），确认肝脏右侧的异常血管。

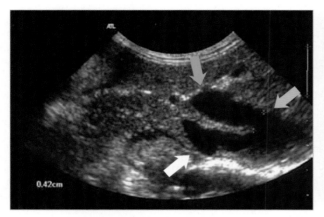

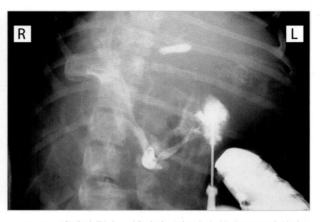

图 1 腹部超声显示肝静脉（蓝色箭头）和腔静脉（白色箭头）之间存在连接处（黄色箭头）

图 2 脾脏造影术，辅助确认短路血管位于肝脏的右侧。短路血管可能位于尾叶

手术

技术难度	

应该告知客户这种类型血管畸形定位的难度，可能无法治疗。

由于难以对异常血管进行定位，所以肝内门腔静脉短路的外科疗法可能非常复杂。

脐上腹中线开口后，用温盐水浸泡的纱布将胃肠道进行隔离，并向尾侧牵引，暴露肝门的手术通路（图 3）。

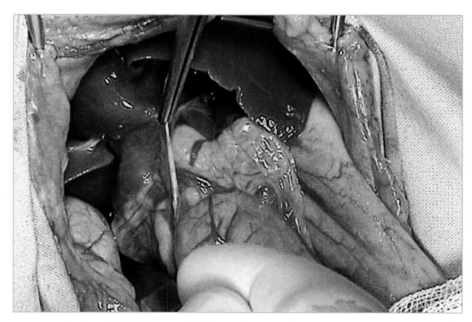

图 3 小心且精准地进行肝门的剥离，防止损伤该区域的血管和胆道结构

为了更精确地定位肝内短路的位置，术中进行了超声检查（图4）。

短路血管位于肝尾叶。

用解剖剪和剥离器将朝向肝静脉的异常血管游离开（图5和图6）。随后将缩窄环套在异常血管上（图7至图11）。

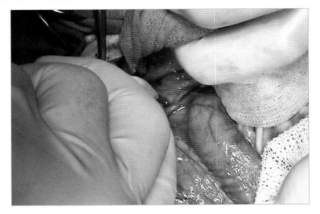

图4　用无菌手套将超声探头包裹后，对肝实质进行超声检查，定位短路血管

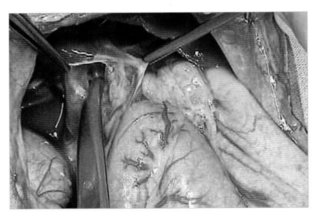

图5　沿着肝尾叶方向进行肝门区域的无创剥离

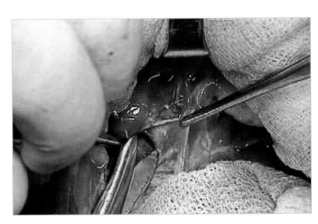

图6　剥离流向肝静脉的异常血管

术中超声检查并不总是有效。

＊在这些病例中，肝门剥离需要特别小心，防止损伤胆道或胆总管。

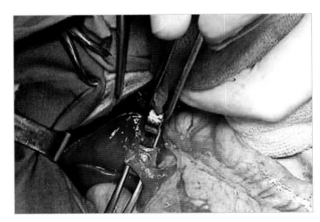

图7　用镊子夹住接近缩窄环开口的位置，辅助将缩窄环套在短路血管上

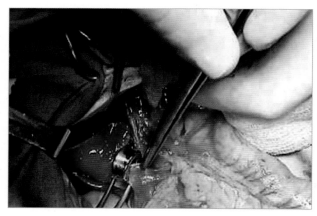

图8 在适当的位置放置缩窄环，使其完全围绕短路血管

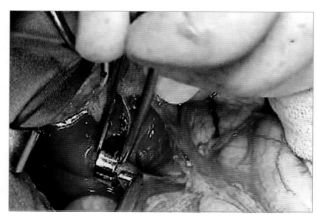

图9 将"钥匙"插到环上的开口位置，闭合缩窄环。该病例中"钥匙"材质为不锈钢

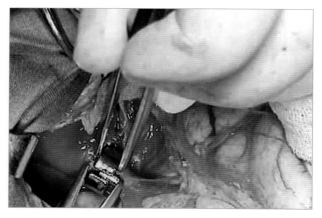

图10 用持针器将"钥匙"滑入开口，闭合缩窄环

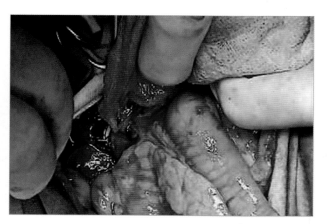

图11 这张图片显示缩窄环套在短路血管的最终位置

术后随访

术后1h内，病患应住院并被密切观察是否有门脉高压的症状出现，例如腹痛、出血性腹泻和内毒素性休克，因为这些症状对病患可能是致命的。

> 腹痛和腹水在这类病例中相对常见，但也会是致命性门脉高压的症状。这些症状使临床判读更准。

> ＊ 如果表现了门脉高压的症状，应该再次手术，减轻对短路血管的收缩程度。

术后应继续进行内科和饮食疗法，直至血液生化指标正常化，尤其是餐后胆汁酸的浓度。

可能出现的并发症

该类型手术的术后并发症：

- 出血
- 动脉低压
- 肝充血
- 抽搐
- 失明

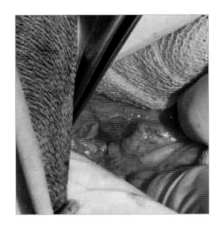

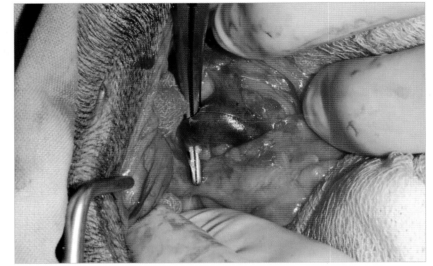

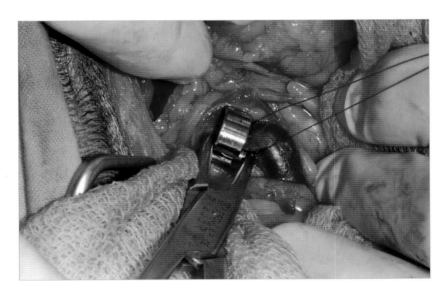

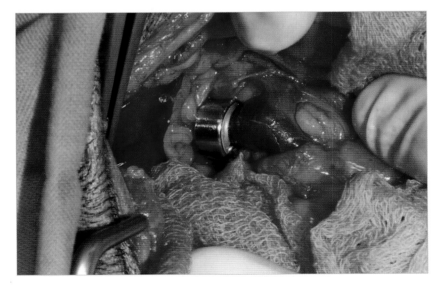

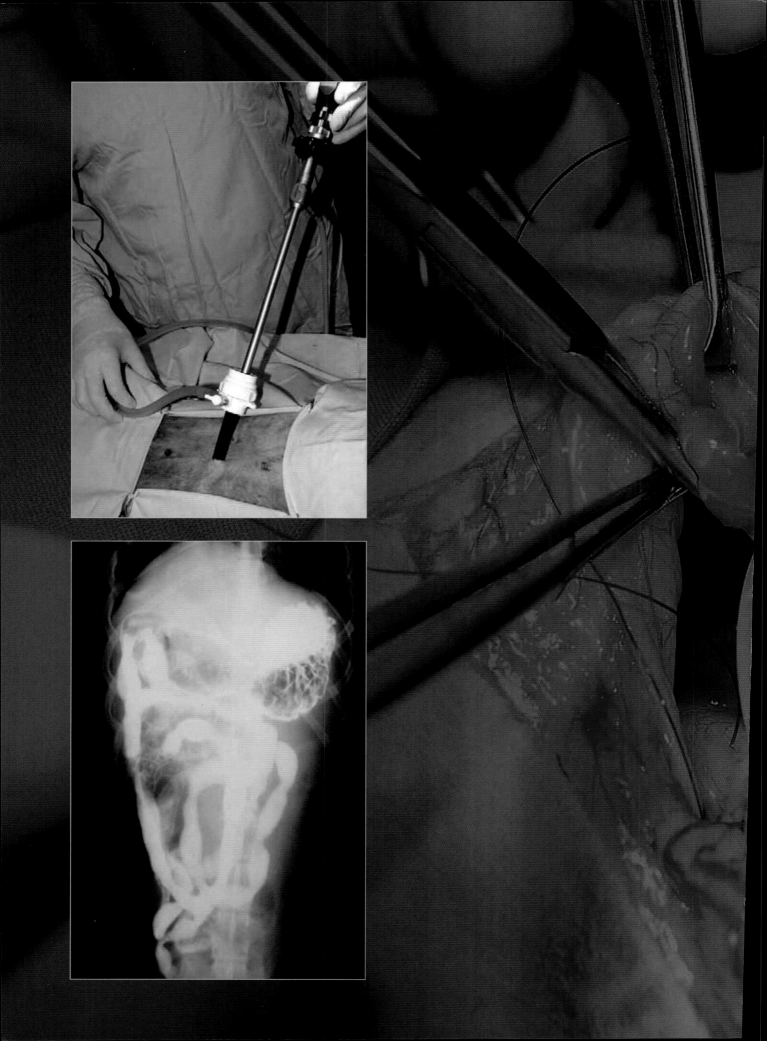

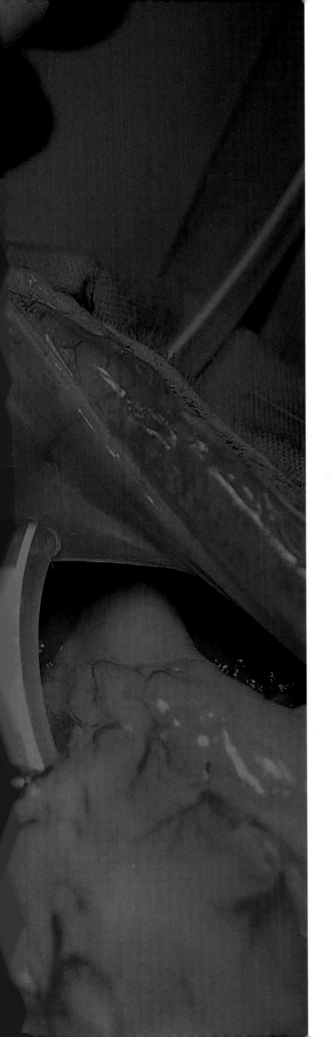

常用技术

放射线检查

本书所述放射线检查部分可为某些疾病的诊断提供重要信息。

本章目的是描述犬猫腹部器官的放射学意义。其中包括这些器官的正常影像学表现以及提示病理改变的征象。

本章最后修订了可用于研究这些器官的放射线造影技术。

通常情况下，为了获得良好腹部放射线影像，最常用参数设定为高 mAS 和低 kV，这会得到最高腹部对比度。

腹部检查的标准投射体位为侧位和腹背位。因为放射线照相术是对三维物体形成二维图像，所以对于所拍摄的部位获得两个相互垂直的投影非常重要，这将获得最多的诊断信息。

胃部

由于胃部的位置和形状，在平面放射线影像上很容易将其辨认。胃位于前腹部，在膈膜和肝脏的后方，其大小和显影性取决于拍摄时胃内容物的数量和性质。

从放射线影像上将胃部分成贲门、胃底、胃体、幽门四个部分。在侧位投影上，胃底部位于背侧，幽门位于腹侧，胃体在二者之间。有时，幽门与胃体重合或者向胃体前侧轻微移动。在侧位放射线影像上，如果做出胃轴（穿过胃底、胃体以及幽门的一条直线），它的走向平行于肋骨，垂直于脊柱，或者是位于二者之间。（图 1A）

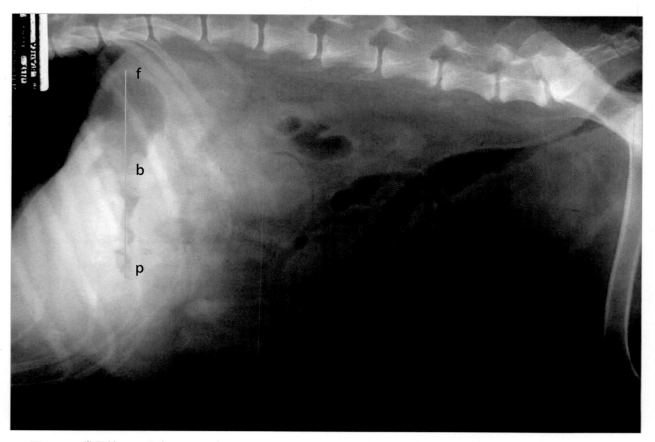

图 1A　正常胃轴。f：胃底；b：胃体；p：幽门。健康犬的腹部侧位投影。黄线代表胃轴，垂直于脊柱

胃轴为一条穿过胃底、胃体以及幽门的假想直线。在侧位投影上，胃轴应平行于肋骨，垂直于脊柱或者位于二者之间的走向。

在犬腹背位投影上，贲门、胃底以及胃体位于腹中线左侧，幽门位于腹中线右侧。在此投影上，胃部在腹部可能呈现横向，胃轴仍垂直于 T10 到 T12 椎骨线（图 1B），或者通常呈现 U 形。猫胃部呈现更弯的曲线形，幽门正好投影在腹中线上。

犬在腹背位投影上，贲门、胃底、胃体位于中线的左侧，幽门位于右侧；而猫在此投影上，幽门恰好位于中线上。

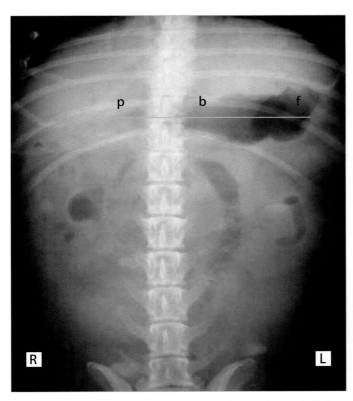

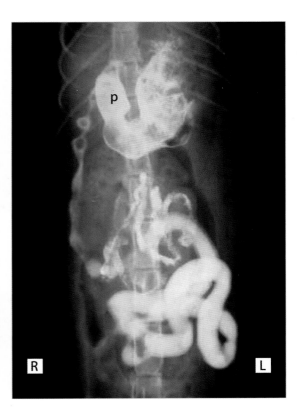

图 1B　犬正常胃轴。f：胃底 b：胃体 p：幽门。腹背位。胃底、胃体位于中线左侧，幽门位于中线右侧。胃轴垂直于脊柱

图 1C　猫正常胃轴。p：幽门。腹背位。注意胃部形成紧凑的曲线，以致于幽门接近于中线

受物种、品种、气体扩张程度、胃内容物的类型以及做 X 射线检查时动物体位的影响，正常的胃部放射线影像是多变的。最后一个因素即动物的摆位影响胃内液体和气体的分布，所以其对最终的诊断结果具有决定性作用。由于重力作用，胃内液体内容物将集中分布在最低的部位，而气体会在胃内最高的部位。因此，如果动物侧卧在右侧，液体会向幽门移动，气体会向贲门移动。在腹背位投影时，液体移向贲门，气体移向幽门。

放射线检查期间病患的体位决定胃内容物的分布，这对最终的发射线图像结果起到至关重要的作用。

胃部放射线检查应先拍两张垂直的平面放射片，最好是右侧位和腹背位投影。这些放射线图像可能用于本书涉及的一些胃部疾病诊断，例如不透射线异物（图 2）、胃扩张和扭转（图 3）以及肿瘤（图 4）。

如果平片没有结论，可能实施阳性胃造影检查。

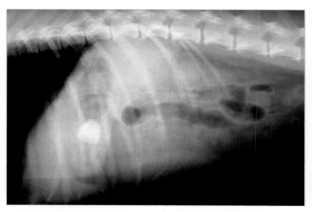

图 2A　胃内异物：一个石头位于幽门处

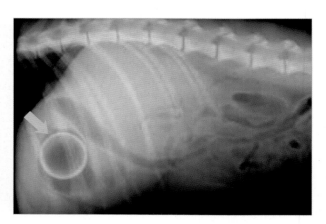

图 2B　胃内异物：一个球位于幽门处

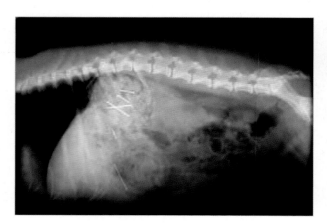

图 2C　多个钉子弥散分布在胃内

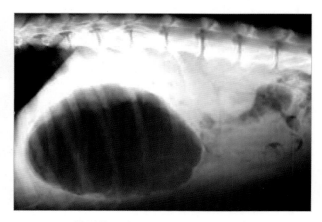

图 3A　放射线图像显示胃扭转。左侧位投影。胃底和胃体显示明显的气体扩张，液体集中在幽门，由于气体遮挡，很难在影像上呈现

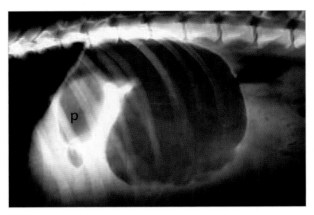

图 3B　与图 3A 为同一只动物的右侧位投影。幽门（p）向前腹侧翻转

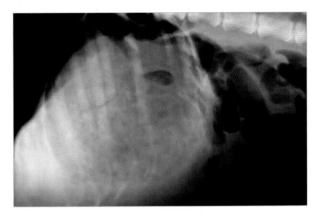

图 3C　腹部侧位投影显示胃部扩张并出现分区，十二指肠在背部成像，构成胃扭转的全部影像

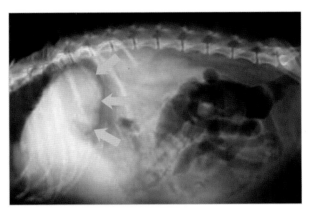

图 4A　犬腹部侧位平片显示胃壁的局灶性增厚（箭头）

阳性胃部造影术

放射线阳性造影术就是将阳性造影剂灌入胃内后在放射线下成像。一般常用硫酸钡作为造影剂。此造影剂的优点是价格低廉，放射线不透射性强。然而，如果怀疑胃肠道存在穿孔，硫酸钡是禁忌的，因为硫酸钡对腹腔内的组织有很强的刺激性。在穿孔情况下可以选用碘制剂作为阳性造影剂，其对腹腔组织没有任何刺激。

钡餐是消化道检查的最佳造影剂，除非怀疑穿孔。

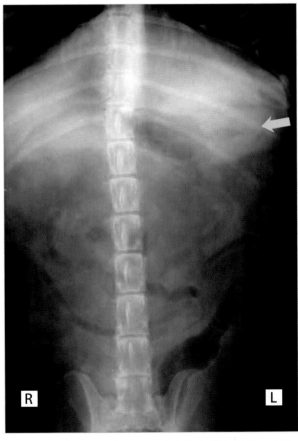

图 4B　与图 4A 为同一只动物的腹背位投影。内窥镜和组织病理学确诊为胃癌

然而，碘制剂阳性造影剂也有一定的缺点，其不透射线性不如硫酸钡强，这就削减了其诊断价值。较便宜的碘制剂（泛影葡胺）呈离子状态，具有较高的渗透压，当使用其做胃肠道造影时，会使大量的体液进入胃肠道，在低血容量的动物上使用时要格外注意，因为会加重机体脱水。

> 如果机体脱水严重，应选择性使用非离子性碘制剂作为造影剂。

非离子碘制造影剂（碘海醇或碘帕醇）不会出现这些缺点，但是价格昂贵。

消化道检查的造影剂经口服使用。根据选用造影剂类型与动物的性情，选择使用注射器或胃管进行给药。顺从度好的动物，可以使用注射器给予硫酸钡混悬液。但是，应避免意外性吸入，因为硫酸钡不能经呼吸道再吸收。另外，给予钡餐前应保护好动物皮毛，以避免放射线检查造成伪像（图5）。

> 在用注射器灌服阳性造影剂前，应注意保护好动物的皮毛，以避免造成伪像。

配合不好的病患，更容易发生意外吸入问题，因为碘制剂易被再吸收，可作为首选使用。另一种可选择的方法是使用镇静剂，利用胃管给药，但是要记住，多数镇静剂可影响胃肠道蠕动。

犬猫造影剂推荐使用剂量见表1。

表1　造影剂剂量率（mL/kg）

造影剂	犬	猫
硫酸钡	8～10	12～16
有机碘	2～3	2

灌服造影剂后进行右侧位和腹背位的放射线投影。

在健康动物中，钡餐灌服15min后开始由胃进入小肠，犬的胃排空时间为2.5～3h，猫为2h。阳性胃部造影常见能够确诊的是幽门堵塞或胃食道内陷。

图5　动物在被灌服硫酸钡前用围嘴做好保护

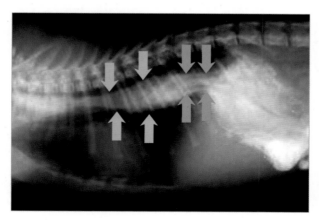

图6A　胃食道内陷，食道造影。黄色箭头处代表胃扩张处，蓝色箭头代表胃在食管腔内折叠

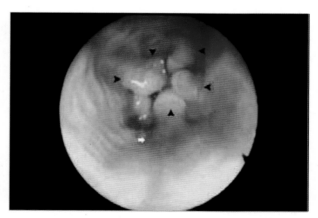

图6B　胃食管内陷，食管镜检查。箭头所指为胃折叠进入后部食道口，注意到反流性食管炎（白色箭头）。

肝脏

在放射线平片上能清楚地看到肝脏的投影区域，侧位和腹背位是肝脏放射线检查时最常采用的两个体位。

在侧位投影下，肝脏位于前腹侧部，在膈膜和腹侧腹壁之间呈现均匀的软组织射线不透性三角形，在这个投影上，延伸至肋弓肝脏后缘腹侧角清晰可见（图7A）。

在腹背位投影上，肝脏的前面几乎以整个膈为界限。在此体位下很难观察到肝脏左叶，因此肝脏的检查常被限制在被右肾、十二指肠以及幽门包围的右侧肝叶上。放射线平片可提供肝脏的大小、位置、形状以及不透射性信息。通过研究，肝脏下方腹侧角的位置或者根据胃轴（穿过胃底、胃体和幽门的直线）的位置来判断肝脏的大小，在侧位投影下，胃轴应平行于肋骨，垂直于脊柱或者位于二者中间。犬的腹背位投影下，胃轴通常在T10～T12椎骨上方垂直于脊柱（图1）。

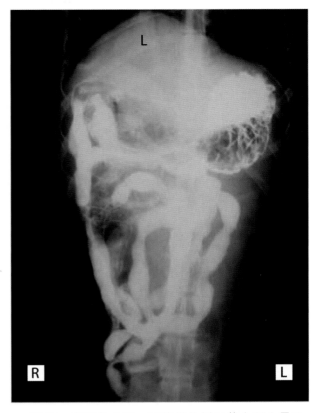

图7B 腹背位投影。肝脏的头侧以整个膈为界限（L），肝脏右叶尾侧以十二指肠、幽门以及右肾为界（右肾在放射线影像上很难被观察到）

肝脏整体增大，可见于肝静脉瘀血、肿瘤、肾上腺皮质功能亢进、糖尿病或急性肝炎，侧位投影显示肝脏肿大导致的胃轴和尾腹侧肝角发生尾侧移位。腹背位投影表现为胃轴向左后方发生移位（图8）。

然而，在对肝脏的大小进行放射线检查评价过程中，一些可能改变肝脏形态的非病态因素，如动物年龄或呼吸期等应该被考虑进去。对于老龄动物，肝脏和膈之间连接的冠状韧带发生松弛，会引起肝脏向尾侧移位，造成肝肿大的假象。在吸气阶段，膈膜向尾侧移动，也会导致肝脏的变位，同样造成肝肿大的假像。

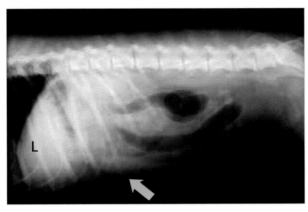

图7A 犬腹部侧位投影。膈与腹侧腹壁之间的不透射性软组织三角区域为肝脏所在位置（L），箭头所指为尾腹侧的肝角

通过尾腹侧肝角和胃轴位置评估肝脏大小。

侧位投影下，弥散性肝肿大会导致尾腹侧肝角和胃轴向尾侧移位，在腹背位投影下，胃轴会向尾侧偏左移位。

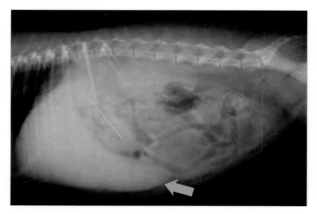

图 8A 弥散性肝肿大，犬腹部侧位投影。蓝色箭头所指为肝脏的尾腹角，远远超过肋弓。黄线所指胃轴，已经向后方移位。

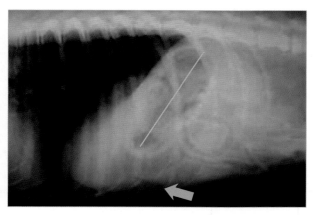

图 9 小肝症，犬前腹部侧位片。尾腹角肝角未到肋弓（蓝色箭头），同时胃轴向前方倾斜（黄线）

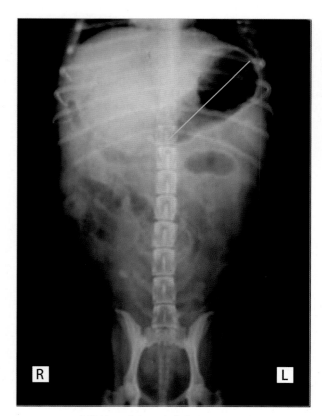

图 8B 弥散性肝肿大，腹背位投影，胃轴向后方偏左移位。

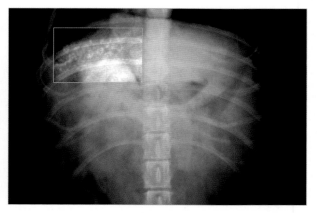

图 10 胆道结石患犬腹背位投影。放大的图像显示肝脏右侧呈线性排列的矿化结构

　　肿瘤、脓肿、囊肿或者肝叶扭转引起的局灶性肝肿大并不一定引起胃轴的变位。肝脏右侧上的肿物通常导致胃轴和十二指肠向左变位，然而，左侧肝脏上的肿物会使毗邻的器官向右侧移位。在侧位投影下，由于门脉短路和肝硬化所导致的小肝症会使胃轴向头侧移位（图 9）。

> 侧位投影中，小肝症将导致胃轴向前方移动。

　　肝脏形状的评估主要集中在肝尾腹侧边界的形状上，通常肝脏边界钝圆提示存在肝病。
　　在正常情况下，因为胆囊与肝实质具有相同的放射线不透射性，所以在放射线平片上看不到胆囊的影像。胆道系统的矿化是很少见的放射线影像，其可见于在肝实质上存在树枝样的矿化结构（图 10）。

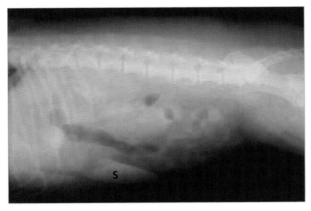

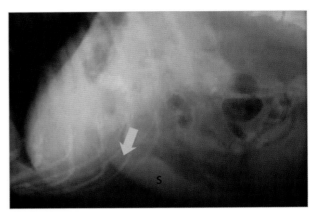

图 11A　健康犬的腹腔侧位照。在腹腔腹侧中心可见脾尾（s）

图 11B　健康犬侧位照。有时，脾尾（s）可能与肝脏尾腹角发生重叠（黄色箭头）

脾脏

脾头位于前腹部，因为其通过胃脾韧带与胃部相连。由于脾体和脾尾具有移动性，所以它们在腹腔中央的位置是多变的。

在侧位投影下，脾尾位于中腹部腹侧，呈三角形或者菱形不透射性软组织的狭窄结构。有时与肝叶的腹侧尾角相重叠（图 11）。在腹背侧投影下，可见脾头位于胃体、左肾头极和左腹壁之间呈三角形不透射性软组织（图 12）。

尽管猫脾脏的位置与犬相似，但只有在脾肿大情况下，侧位投影下才可见脾脏。

平片可以评估脾脏的大小、位置、边界和密度。根据犬的年龄和运动量不同，其脾脏的大小也可能不同。年轻运动的犬比久坐不动老年犬拥有更大的脾脏。

尽管镇静和麻醉是导致脾肿大的原因之一，但广泛性脾肿大可能提示很多的系统性疾病（肿瘤、溶血性贫血、骨髓增生性疾病、瘀血等）。

> 注意：脾脏放射线判读时，镇静和麻醉会导致脾脏显著增大。

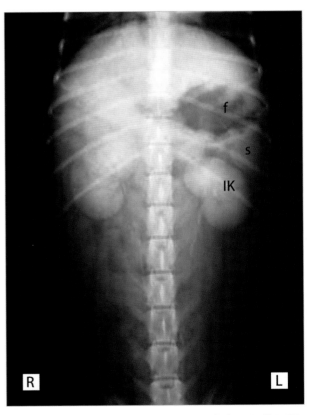

图 12　犬腹部的腹背部投影。可见脾脏（s）位于胃底（f）、左肾头侧（lK）和左腹壁之间呈三角形结构，此动物正在接受排泄性尿路造影

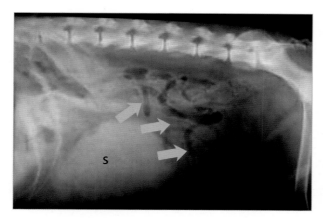

图 13　脾肿大患犬的侧位投影。肿大的脾（s）导致小肠向后背侧移位

侧位与腹背位投影时，可见广泛性或者弥散性脾肿大通常导致邻近器官的移位（图 13 和图 14）。

然而对于脾血肿、脓肿、增生性结节以及肿瘤造成的局灶性脾肿大，通常在放射线下很难判读。

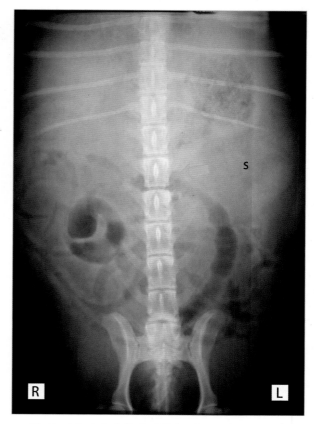

图 14　图 13 中犬的腹背位投影。脾肿大导致整个肠道向右侧移位

肾脏和输尿管

肾脏位于腹腔前背侧的腹膜后腔内，右肾比左肾更偏向头侧，放射线下可见头极，由于右肾位于肝尾叶的肾窝内，通常与肝脏成像融合在一起，所以在放射线下很难观察到。左肾比右肾更偏向尾侧，但其位置表现更加多变。

> 右肾比左肾更偏向头侧。

对肾脏检查时，更推荐使用右侧位，因为在这个方位右肾和左肾纵向分离明显，可提高放射线检查可视化（图 15）。

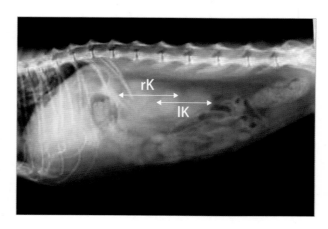

图 15　猫腹部侧位投影。右肾（rK）位于左肾（lK）前侧

肾脏的最佳检查体位是右侧投影，因为双肾在纵向区分明显。

腹部放射线平片可以为肾脏的大小、形状、位置以及不透射性提供有价值的信息。

平片上，可在腹背位投影下比较第二腰椎（L2）的大小来判断肾脏大小。一般情况下，正常犬肾脏大小比第二腰椎长 2.5～3.5 倍，猫的长 2.5～3 倍。但对猫而言，肾脏偏小并不总是与疾病相关。

在放射线平片下，肾脏呈现软组织不透射性，有时肾脏可见现矿化物；这可能是结石、矿化囊肿、钙化肿瘤或者肾盂结石的表现（图 17）。

正常的输尿管通常在放射线平片上看不到，因为它们的体积小，并有软组织不透射性。因此，输尿管的检查需要使用阳性造影剂进行排泄性造影，从而获得肾功能定性信息。尿毒症病例通常需要放射线检查。尽管排泄性造影剂不禁用于这些动物，但是保证这些动物良好的水合状态是十分重要的。

在进行排泄性造影前，必须保证动物良好的水合状态。

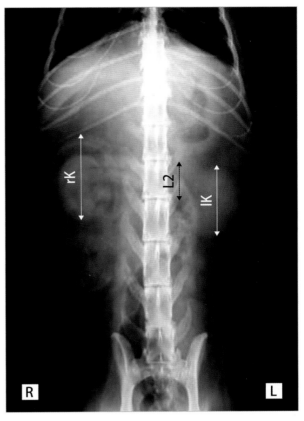

图 16　猫腹部的腹背位投影。白色箭头标记双肾大小，黑色箭头指示第二腰椎长度。注意猫右肾大小在参考值范围内，左肾看似异常偏小

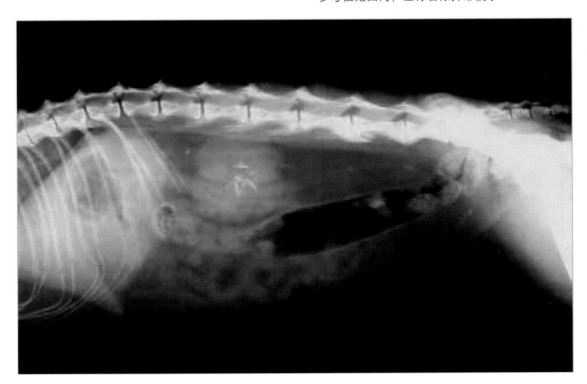

图 17　猫腹部侧位投影显示肾脏和输尿管结石

排泄性尿路造影

该技术通过静脉注射阳性造影剂，然后依靠肾脏的浓缩排泄的能力，造影剂逐渐分布在肾脏、输尿管和膀胱。在放射线下显影成像。

该技术必须使用碘制剂作为阳性造影剂。离子碘制剂进行造影通常已经足够（例如泛影葡胺），但高风险病例推荐使用非离子型碘制剂（碘海醇或者碘帕醇）。

> 排泄性尿路造影使用碘制剂作为阳性造影剂。

造影剂推荐剂量为每千克体重使用碘化合物 $450\sim880mg$。

造影检查前的准备工作包括停饲固体食物 24h，这是消化道排空的必要条件，以获得最佳的肾脏和输尿管成像。或者造影检查前 12h 和 3h 进行直肠灌肠。该技术先是在头静脉或颈静脉进行插管，然后给予造影剂来完成。

根据下列时间按顺序进行放射线投影：

给予造影剂后即刻（腹背位）

给予造影剂后 15s（腹背位）

给予造影剂后 5min（腹背位、侧位和倾斜位投影）

给予造影剂后 15min（腹背位和侧位投影）

给予造影剂后 30min（腹背位和侧位投影）

注射造影剂后，肾脏成像质量取决于肾脏的功能，功能越差，造影剂在肾脏成像越差。一定程度肾功能不全病例需要适当增加造影剂的剂量。

> 排泄性尿路造影期间的肾脏成像质量取决于肾脏的功能。

正确地进行排泄性尿路造影，对于很多肾脏和输尿管疾病具有很好的诊断价值（图 18 至图 21）。

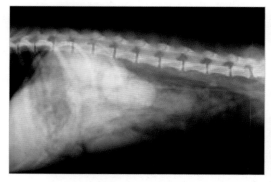

图 18A　静脉注射造影剂 5min 后的排泄性尿路造影图像，侧位投影

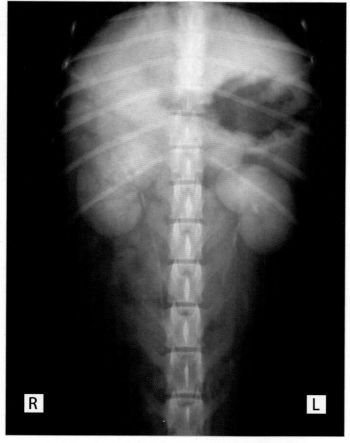

图 18B　静脉注射造影剂 5min 后的排泄尿路造影图像，腹背位

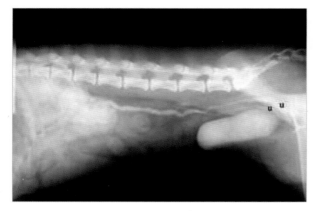

图 18C 静脉注射造影剂 15min 后的排泄性尿路造影图像，侧位投影，可见双侧输尿管终止在膀胱三角区之后。在这个病例，排泄性尿路造影为异位输尿管提供最终的放射线诊断结果

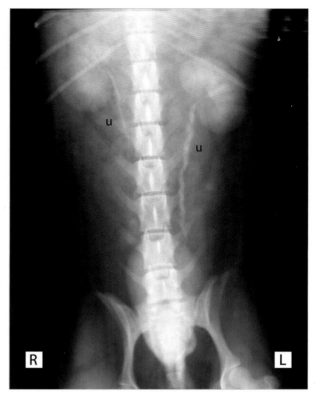

图 18D 静脉注射造影剂 15min 后的排泄性造影，腹背位投影，可见双侧输尿管（u）终止在膀胱三角区之后。诊断为输尿管异位

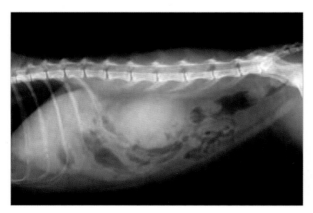

图 19A 猫腹部侧位投影。放射线平片显示左肾异常增大

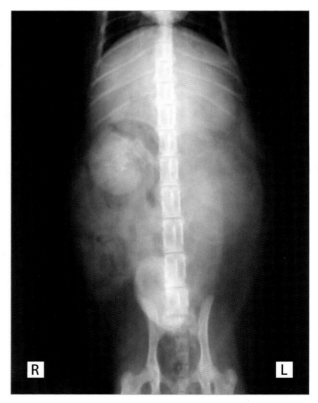

图 19B 静脉注射造影剂后腹背位投影显示左肾功能不全，最终诊断为肾脏淋巴瘤

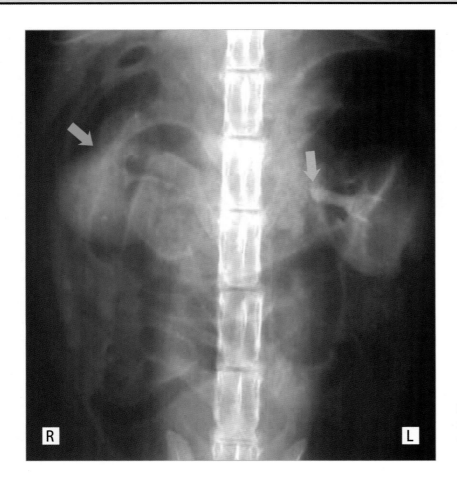

图 20　一只猫静脉注射碘化造影剂 5min 后的腹背位投影。投影显示右侧肾脏形态异常（蓝色箭头），与肾梗死一致，左侧显示输尿管堵塞（黄色箭头）

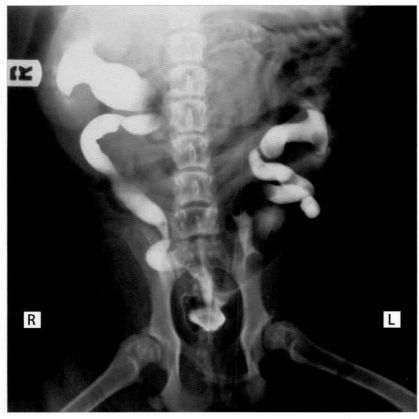

图 21　一只犬静脉注射碘化造影剂 30min 后的腹背位投影。显示肾盂和输尿管极度扩张

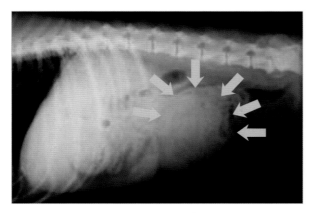

图 22A　一只腹部有软组织密度肿物的母犬侧位投影，放射线图像显示其肿物位于腹部中心

卵巢

　　卵巢位于肾脏的下方，由于其具有软组织放射线不透射性和体积较小的特点，在放射线平片上很难看到它的影像。平片主要用于检查卵巢肿块（图 22），然而，卵巢肿块可能移位至腹腔腹侧，因为卵巢不在后腹膜腔，所以不同于肾脏肿块会导致腹部其他内脏的变位，在中腹部见到软组织不透射性的结构，怀疑卵巢肿物，应该通过其他影像技术来进一步确诊。

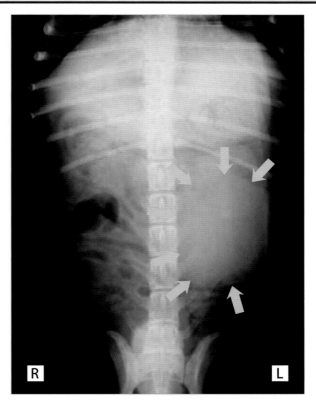

图 22B　左侧有软组织肿物母犬的腹背位投影，经超声确诊为左侧卵巢肿物

腹部超声

超声诊断介绍

超声作为影像诊断的基本工具，它的引进彻底革新了很多腹部疾病的鉴别诊断。此章节的目的是描述前腹部各个器官的超声影像，以及外科医生进行手术前该技术对手术带来的益处。

在很多方面，与常规的放射线影像相比，腹部超声能提供更多有价值的信息和更有效的诊断。脉冲式多普勒和能量多普勒等新设备的引进增加了对疾病诊断的优势。

传统超声有三种回声图模式：A 型（振幅型）、M 型（运动型）和 B 型（灰度型）。最后一种是腹部检查中最常用，也是常常提到的超声模式，它生成由不同的白、灰和黑点构成的图像。

与超声检查最密切相关的是所用探头的类型。尽管是对犬腹部进行超声检查，仍有很多不同类型的探头，大多数是微凸的。另一个关键点是，根据动物体型大小所选探头的频率也不同。目前很多探头可以设定在不同的频率范围内，具有不同的穿透深度。大多数犬的前腹部检查所用探头频率为 5～8MHz（图 A）。

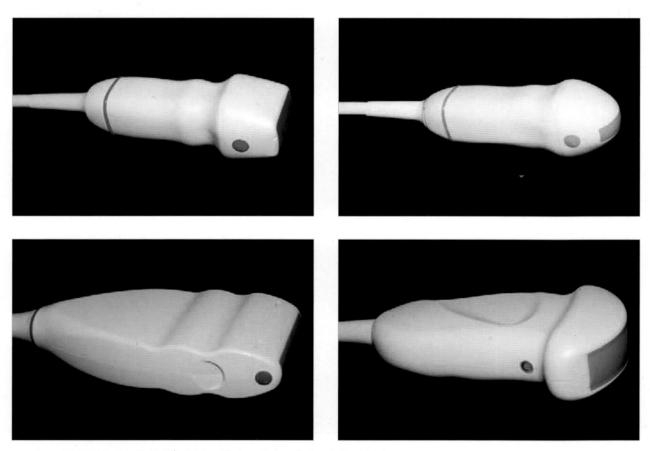

图 A　不同形状和频率的超声探头：线阵、凸阵、微凸、相控阵探头

检查前准备

腹部超声检查主要的障碍就是气体对超声的干扰，因此超声检查之前需要对患畜做充足的准备。检查前禁食12h对超声操作有很大帮助。其他措施，例如检查前饮水或口服药物，检查的结果也会受到影响。由于情况紧急或者是宠物主人的大意，动物来医院就诊前通常未作任何超声前的准备。动物配合程度高或者经过镇静，借助先进的设备在任何情况下都可以在带窗口的超声检查台上完成一个完整的腹部超声扫描。

超声伪像

超声检查时常见伪影，这些图像并不能反映超声探头下真实存在的物体。尽管有大约20种伪像，本书仅介绍腹部超声检查中可能被发现的最重要的超声伪像，同时提供对这些伪像的物理解释。

声影，是当超声波经过物体表面，无法继续传播后被反射回来的声束所形成。声影不只会局限于钙化灶，也可能是橡胶或塑料等异物产生（图B）。

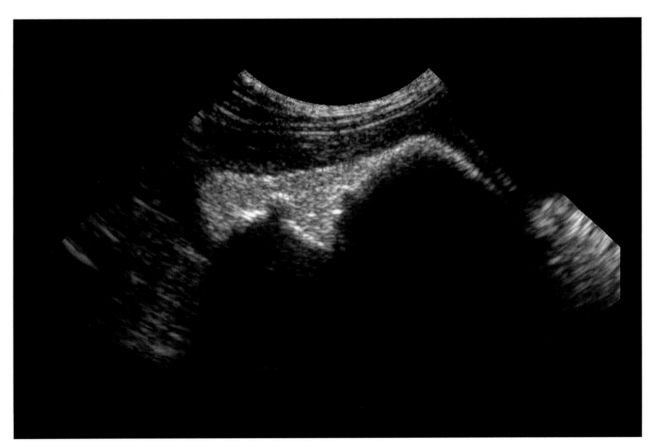

图B　异物声影

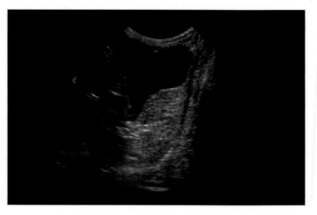

回声增强是出现在液体区后面超声回声增强的区域。腹腔超声检查中常见于胆囊后方；回声增强对于囊性结构的检测是非常有用的超声伪像（图 C）。

彗尾征，是气体的混响伪影，表现为垂直白色线。胃与肠袢中典型可见（图 D）。

图 C　胆囊的回声增强

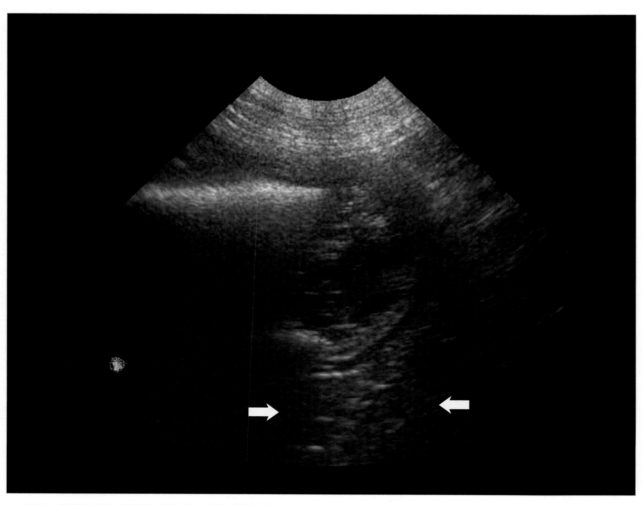

图 D　胃部超声检查时形成的混响伪影或彗尾征

肾脏超声检查

　　肾脏是泌尿道检查的最后一个部分；将探头置于最后肋骨后，腰部肌肉之下进行定位。深胸犬的肾脏通常位于最后肋骨之下，这使得肾脏的检查变得困难（图 A）。常见肾脏疾病包括肾盂结石、肿瘤、脓肿、血肿、囊肿和肾盂积水（图 B 至图 D）。肾脏的回声质地、血流情况以及形状变化，可以辅助鉴别疾病。

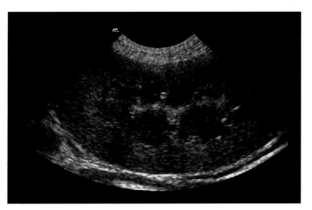

图 A　正常肾脏

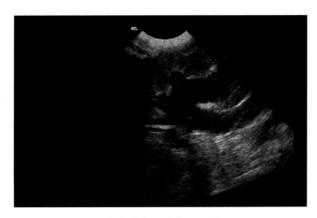

图 B　梗阻性膀胱肿瘤导致肾盂积水

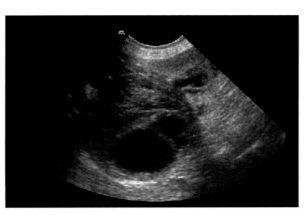

图 C　肾癌。肾脏组织结构的广泛性缺失

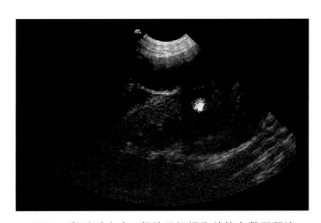

图 D　肾髓质肉瘤。肾脏尾极损伤并伴有肾周积液

卵巢超声检查

超声是检查卵巢理想的诊断技术。定位卵巢首先找到肾脏尾极，然后扫查背腹方向的邻近脂肪组织。

受机器和探头的影响，通常很难将卵巢和周围组织区别开来。正常卵巢没有卵泡和黄体，与周围脂肪相比呈现轻度低回声（图 A）。

超声下，最容易辨别的卵巢病理状态为囊肿和肿瘤。囊肿常表现为大面积的无回声结构，并伴有远场回声增强（图 B）。如果囊肿相对较小，则不能与卵泡相区别，在这种情况下，了解动物的生殖情况就比较重要。至于肿瘤，它们的超声模式非常不同，可能是实性的（图 C），也可能是囊性的（图 D），这些肿瘤可能变大造成其他结构移位，这可使超声诊断复杂化。

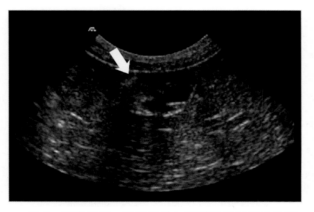

图 A　正常卵巢。回声质地与周围脂肪组织非常相似，但卵泡的存在辅助定位卵巢

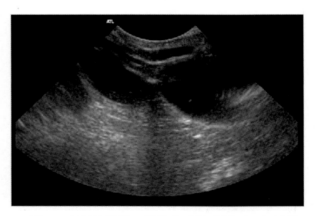

图 B　多囊性卵巢。卵巢实质很难识别，仅可见2 个大囊肿

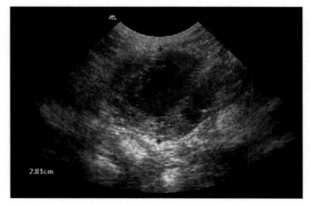

图 C　卵巢癌。质地不均，体积增大

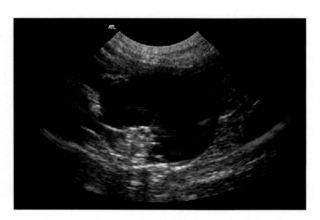

图 D　卵巢囊腺瘤。细针活检确诊为囊腺瘤，超声检查不能与多囊性卵巢相区别

脾脏超声检查

脾脏的超声检查相对容易，也不像其他器官那样会因消化系统存在气体而使检查受阻。脾脏位于腹腔比较浅表的位置，相对移动性小且容易定位。受犬的品种和胃部充盈度的影响，部分脾脏可能位于肋骨下，需要从肋间隙进行超声检查（图 A）。

脾脏超声检查对外科医生很有帮助，因为该技术可检测肿块，并确定肿块是实心的还是空洞，是被膜内的还是器官轮廓形变。

多普勒技术有助于判断循环系统是否受损。通过这种方式，外科医生在开腹之前就会知道发生了什么。虽然超声检查可辅助和监测小的实质结节（图 B），但通常不能提供最终的诊断，也不能通过超声检查对血肿、增生和肿瘤做出鉴别。

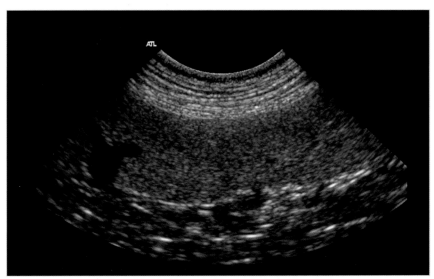

图 A　正常脾脏。脾脏静脉清晰可见

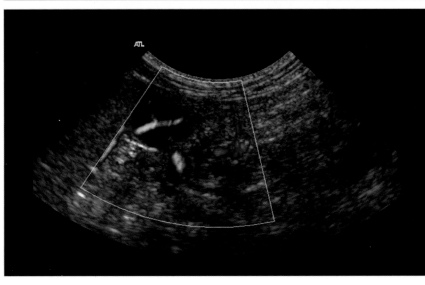

图 B　通过能量多普勒在脾脏上发现带有血流的低回声结节。这些结节常见，通常与结节性增生和髓外造血相关

超声检查脾脏与外科最密切相关的是血管瘤（图C）和脾脏扭转（图D和图E）。通常病变外观与肿瘤非常相似，细胞学检查不能确诊；只有脾脏摘除后进行组织病理学检查才能确诊，常见为血肿和血管瘤。

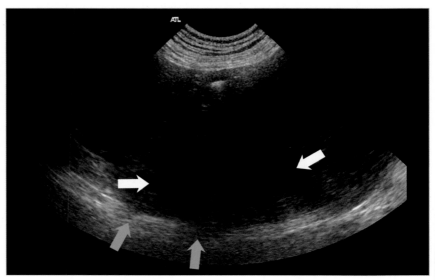

图C 血管肉瘤。可见空腔（白色箭头）和不规则被膜（蓝色箭头）

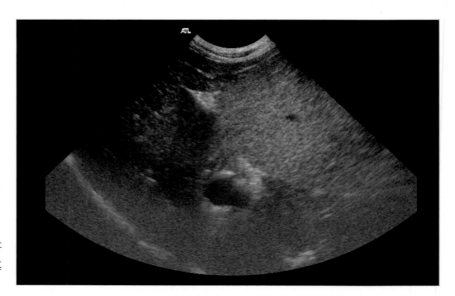

图D 脾脏扭转。图像上可见肝脏和位于尾侧的脾脏，胃部在其后方

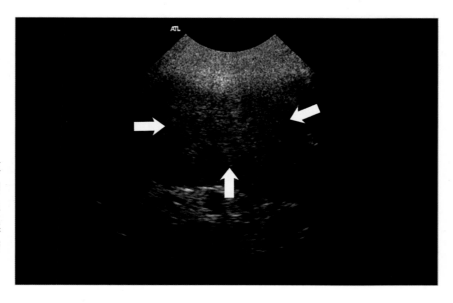

图E 脾扭转后实质发生改变。由于脾脏具有很多流出的血管，所以回声质地不一定总是发生上述图像中的改变。然而，在本张图像中，脾脏血管损伤导致回声发生显著改变

肝脏及肝脏血管异常的超声检查

肝脏超声检查从剑状软骨侧面扫查开始，以横切面扫查结束（图 A），从最后肋间隙扫查更多的背面和侧面的肝脏实质。通过超声可以对肝脏实质、胆囊以及血管结构（门静脉、门脉系统，腔静脉、肝上静脉）进行检查。

从内科角度，肝脏有很多超声图像类型，从外科手术角度，则只关注肿块或者转移灶。就一个大的单个肿块来说，超声检查有助于确认其位置和成分（图 B）。

很多病例中，很容易识别肝脏转移灶（图 C）；然而，老年犬很常见的肝脏小结节在采取细针穿刺前，应被视为结节性增生。

胆囊扫查可以从剑突或右侧最后肋间隙进行。检查过程中可能发现胆结石，但是这些结石很少造成阻塞性疾病（图 D）。

最后检查肝脏血管。门静脉的高回声血管壁在超声下很容易辨别（图 E），后腔静脉经肝脏右背侧进入肝脏。

肝内门脉系统短路通过超声能够快速有效地诊断出来：肝实质内可见门静脉与后腔静脉之间存在扭曲的血管连接。

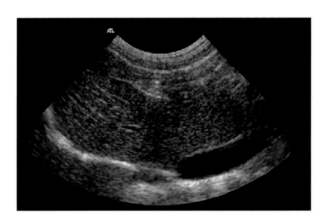

图 A 正常肝脏。横断面扫查可见膈、肝实质和后腔静脉

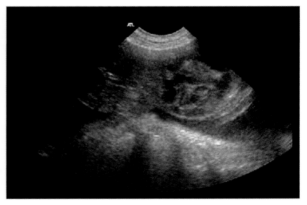

图 B 肝细胞癌的横断面。左侧肝脏实质正常，右侧肝脏结构和均质性缺失

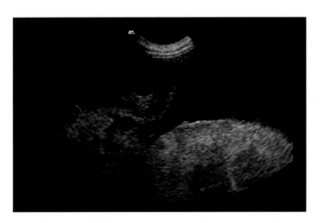

图 C "牛眼样"转移灶。可见被膜破裂和腹水

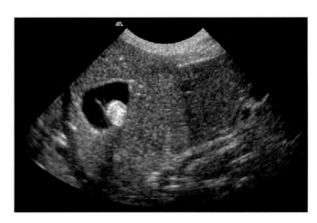

图 D 胆结石

有时，肝外门体静脉的分流可能涉及其他血管，例如脾静脉或胃十二指肠静脉，它们又可能终止于腔静脉、奇静脉或肾静脉。出现这种情况，尽管对病患做充分的准备且系统超声检查方案很有帮助，但肝脏超声仍会变得更复杂。检查目的在于找到门静脉与腔静脉之间的扭曲血管结构并确认其轨迹（图F）。这种情况下有必要使用多普勒超声显示进入腔静脉的湍流（图G）。

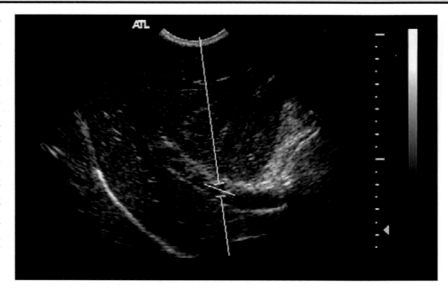

图E　肝门矢状面；根据高回声血管壁很容易识别门静脉

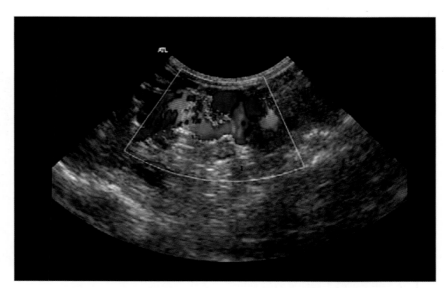

图F　肝外门腔静脉分流

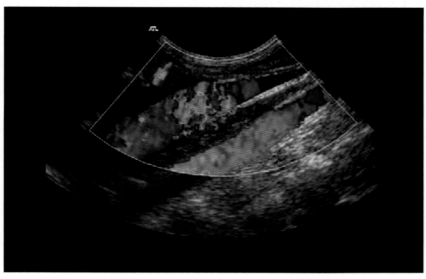

图G　肝外分流，腔静脉入口出现湍流

胃超声检查

胃肠道超声可能是整个腹部超声检查中最复杂的部分。胃部正常由几层不规则低回声和高回声带组成，轮廓粗糙（图 A）。如果不伴有结构缺失的胃壁增厚，一般提示炎症；反之，更多提示肿瘤的存在。

超声检查可以鉴别不同起源的异物（图 B）、肿块（图 C）、幽门肥大、内陷。

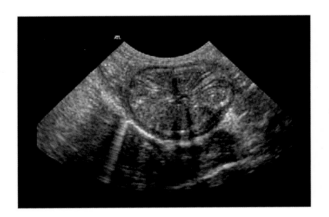

图 A　正常胃部

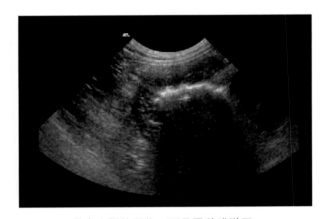

图 B　带有声影的异物，可见胃黏膜增厚

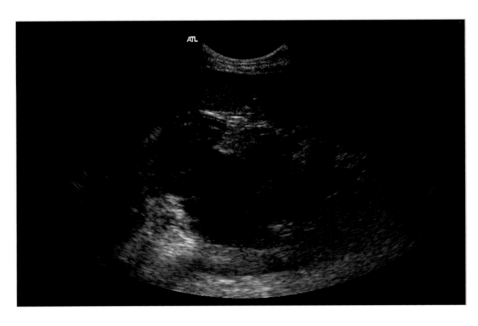

图 C　胃底的纤维肉瘤

肾上腺超声检查

超声用于肾上腺检查是非常有用的，左侧肾上腺定位参考点为肾动脉、主动脉以及肾脏。左肾上腺头侧的参照定位包括前侧肠系膜动脉和腹腔动脉。右侧肾上腺常将以后腔静脉进入肝脏的位置作为最佳定位标志物。

超声对于发现肿瘤和判断局部血管侵袭程度是非常实用的（图 B）。

肿瘤通常是中等大小的肿块，由于没有出现增生或髓外造血的病理学表现，所以通过细胞学或临床症状予以确诊。

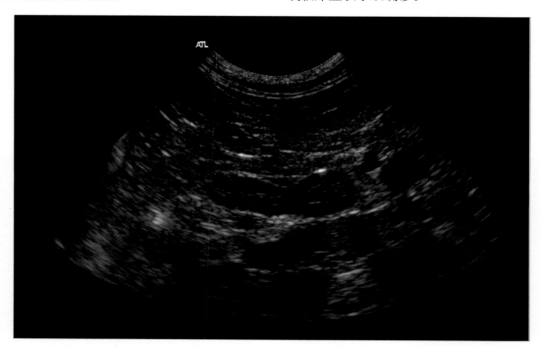

图 A　正常的左侧肾上腺

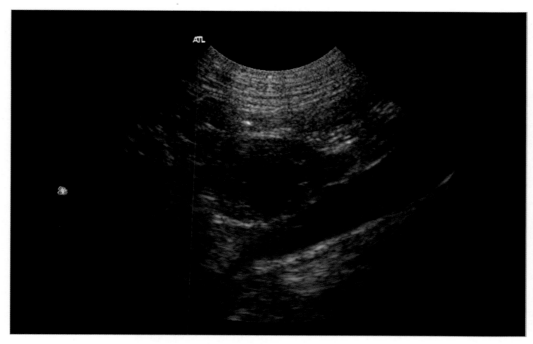

图 B　肾上腺嗜铬细胞瘤。膈腹静脉被肿瘤侵蚀

胰腺超声检查

胰腺左叶以胃和结肠作为定位标记，右叶以十二指肠和胰十二指肠静脉作为定位标记（图A）。因为胰腺是一个与周围脂肪几乎等回声的器官，因此选用低增益可以进行更好的检查。尽管需要细胞学检查确认肿瘤起源，但是超声对胰腺炎（图B）和肿瘤（图C）的诊断也是具有极大帮助的。

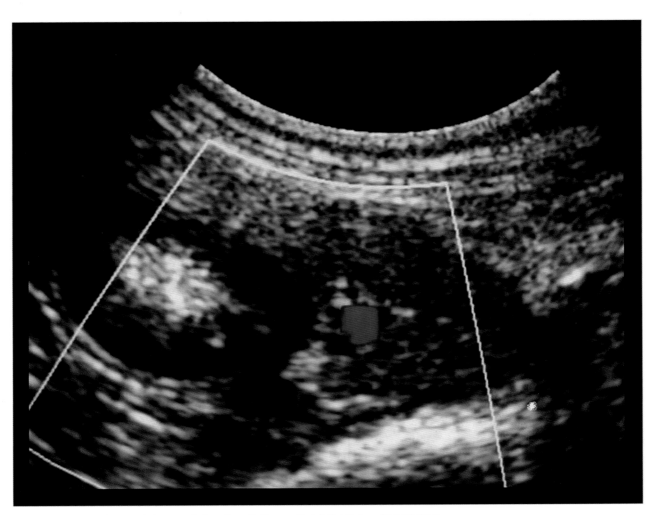

图A　胰腺横断面。中心可见胰十二指肠静脉，图像左侧可见十二指肠横断面

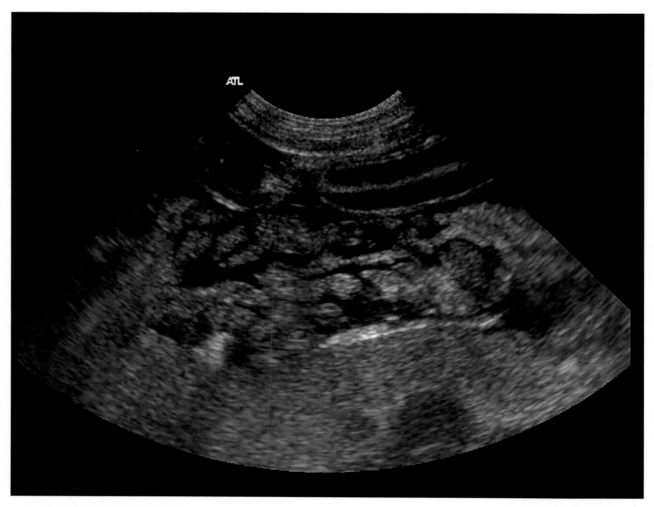

图 B　胰腺炎，伴发腹腔积液

图 C　胰腺癌。通常发现其与一定程度的炎症反应相关。图片显示反应性邻近腹膜脂肪

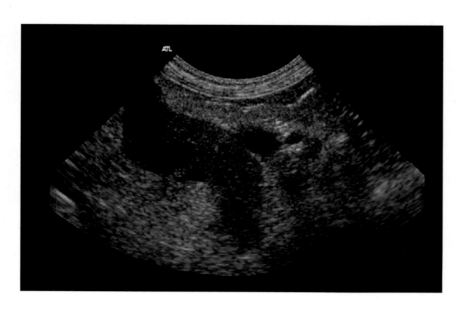

超声引导下细针活检

在"前腹部器官超声检查"章节中提到的所有器官都可以进行细针抽吸（FNA）。技术难点是保持细针与超声探头在同一平面。

首先定位病灶，同时扫查邻近区域查找大血管或者高度血管化的组织。细针长 40mm，约 22G，进入病灶后，做快速切割运动（图 A）。

如果小心使用这种细针类型，发生出血或细胞扩散的风险较低。

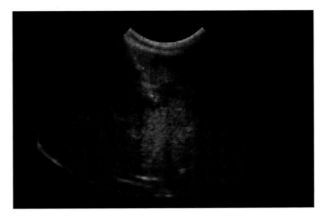

图 A　超声下肝脏低回声结节的细针抽吸

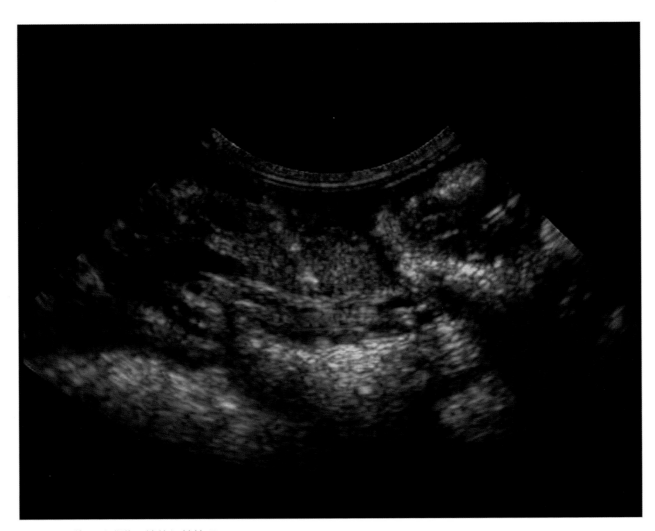

图 B　前肠系膜淋巴结的细针抽吸

细胞学诊断

细胞学诊断或者细胞病理学可以定义为对脱离组织背景的分离细胞或者细胞群的形态学研究，其目的是获得初步诊断甚至确诊。

兽医学领域普遍认为细胞学诊断是一项具有众多优势的实用技术：采样快速且容易，对动物无风险；花费少且获得结果快。细胞学也可以帮助兽医确立治疗方案，例如治疗方式是否需要外科手术。

细胞学检查方法的不足主要是细胞学结果判读和样本质量存在难度，因为样本大小受限，且细胞结构完全缺失。

采样与处理

细胞学采样所需材料包括 20～25G 皮下针头、注射器、皮肤消毒剂和载玻片。

对前腹部，细胞学采样通过超声引导细针抽吸完成，细针不连接注射器，刺入病变或肿块（图 1）。在毛细作用下，细胞被抽入针头内。

> 在超声引导刺入针头前，必须除去皮肤上残余的传导凝胶，因为这可能造成样本污染或者干扰细胞学结果判读（图 2）。

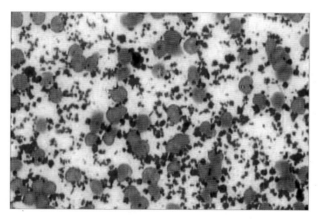

图 2　超声传导凝胶残留物被染色，呈嗜蓝/嗜酸性颗粒位于红细胞之间或在红细胞上，干扰判读，使此细胞学结果无效

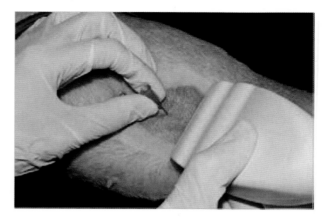

图 1　超声引导细针抽吸获得了细胞学样本。可以看到针头直接刺入将要采样的病灶或器官

可通过内镜获得胃部细胞学样本。使用活检钳获得样本并制成组织抹片或通过"刷"黏膜取样，但后者只能对上皮表面进行采样。

将细胞学样本放在载玻片上。对于细针穿刺的样本，将注射器连接到针头上，通过推动活塞将针头内的内容物推到载玻片上。将组织放入福尔马林进行组织病理学检查前，活检组织抹片可以通过使用载玻片按压组织碎片，旋转组织的同时，拖拽载玻片获得。

如果超声检查期间发现腹腔内存在游离液体，可以进行腹腔穿刺，用注射器吸取液体获得细胞学样本。

肾脏病灶采样需要额外注意，因为如果病变为肾癌组织，即使癌细胞通过细针抽吸扩散至腹腔，皮下组织或皮肤的风险很低，但仍存有一定的风险。除了肾癌，膀胱移行上皮癌，也可以通过细针抽吸导致肿瘤细胞发生扩散。

细针采样涂片可以通过压片技术实现：需要另一个载玻片垂直或平行放在采样载玻片上拖拽，沿载玻片进行"拉动"展开样本（图 3 和图 4）。

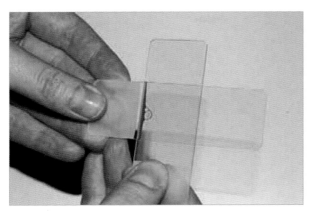

图 3 和图 4　通过压片技术将细胞学样本展开

对于腹部液体样本，需要将细胞进行浓缩。为此设计了细胞离心机，但如果不可用，可以将样本低速离心 5min（1 000～1 500r/min）。离心之后，尽量去掉上清液，沉淀物用巴斯德吸管吸取后置于载玻片上。按上述方法展开。

以平稳动作将样进行压制与展开，不要中断与过度用力。这样可确保大多数细胞具有诊断价值且能够代表病灶的典型细胞位于抹片中央。

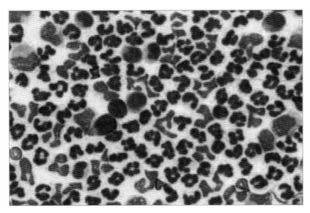

图 5　明显占多数的多形核中性粒细胞的炎症细胞群：急性炎症的典型细胞学图片

抹片风干后染色，兽医细胞学诊断最常用的参考染色方法为罗曼诺夫斯基染色（吉姆萨、MGG、瑞氏、Diff-Quick 或快速染色法）

细胞学判读

无论样本的来源如何，在三种主要病灶类型中（炎症、增生和肿瘤），每种病灶都有一些诊断性的特征细胞。

炎症细胞学

炎症反应特征表现为大量中性粒细胞、淋巴细胞、单核细胞、巨噬细胞、嗜酸性粒细胞或者浆细胞。从细胞学角度讲，每种细胞类型的不同比例代表不同炎症类型。

■ 化脓性炎症：超过 85％的炎性细胞为中性粒细胞。

■ 急性炎症：超过 70％的炎性细胞为中性粒细胞（图 5）。

■ 亚急性炎症：30％～50％的炎性细胞为单核细胞、巨噬细胞和淋巴细胞。

■ 慢性炎症：超过 50％的炎性细胞是单核细胞和巨噬细胞（图 6）。

■ 肉芽肿性炎症：大量的上皮细胞和巨细胞。

■ 化脓性肉芽肿性炎症：化脓性炎症，伴有部分上皮细胞和巨细胞（图 7）。

■ 嗜酸性或过敏性炎症：嗜酸性粒细胞占炎性细胞比例超过 10％（图 8）。

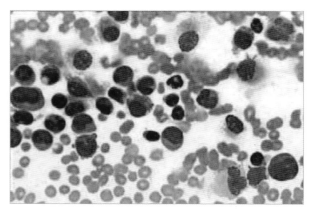

图6　慢性炎症。多数为单核细胞、巨噬细胞和淋巴细胞

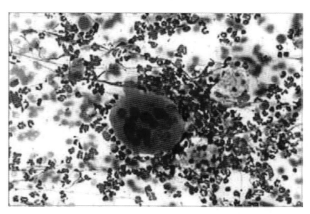

图7　化脓性肉芽肿炎症。细胞学图像显示中性粒细胞、部分巨噬细胞和多核巨细胞

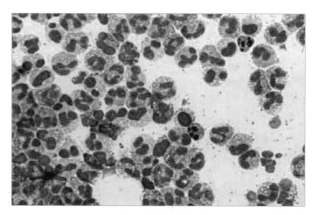

图8　过敏性或嗜酸性炎症。全部为嗜酸性粒细胞

组织增生细胞学

组织增生的细胞学不太容易鉴别，因为增生性细胞与正常细胞表现几乎一致。

肿瘤细胞学

致肿瘤的细胞学评估应该回答以下问题：

■ 病灶真的是肿瘤性的吗？

■ 如果是肿瘤，它是良性还是恶性的？

■ 肿瘤来源是什么？

为了确定一个病灶是肿瘤还是其他疾病（炎性），还有一些一般的特征描述，例如细胞过多，炎症细胞少量或缺失，细胞多形性。然而第一个问题总是不容易回答，尤其是样本同时含有炎性细胞与变形的组织细胞时，可能表明是肿瘤且伴有继发性炎症，但是也可能表明炎症伴发细胞发育不良。

第二个问题应使用所谓的恶性肿瘤评估标准，因为单一征象不能确定肿瘤是恶性的。表1为恶性肿瘤的评估标准。细胞核改变是评定恶性肿瘤的最佳指标，也是间接指标的最基础特征。

当参考这些标准进行评估时，我们的问题是：应用哪些标准，需要几个标准以确诊为恶性肿瘤？大部分作者认同至少符合3个标准，而且首选细胞核指标。但是，谨记强烈炎症反应过程可能伴随着显著异常、非典型的细胞，但是，分化良好的恶性肿瘤可能仅表现少量细胞改变，且少于3个恶性标准。因此，在没有炎症的情况下，符合恶性指征的组织可能被认为是恶性肿瘤，但是表现少量改变的样本可能也不会被假定为良性。

> 良性，是组织学诊断，而不是细胞学诊断。

因此，参考使用以下诊断标准：

■ 细胞学阴性：未见恶性肿瘤标准。

■ 细胞学可疑：可见少于3个恶性肿瘤标准。

■ 细胞学阳性：样本含有恶性细胞，符合3个或更多恶性肿瘤标准。

表1 恶性肿瘤的细胞学标准

细胞群标准
多形性
非结构性细胞群
大量的或非典型的有丝分裂
细胞过多
单细胞标准
细胞核标准
细胞核增大
核质比高
细胞核深染
多核化
不规则细胞核
多叶核
凸出的核仁
核仁数量增多
核仁体积增大
不规则核仁
细胞质标准
细胞浆嗜碱性
细胞质空泡化
间接标准
出血
坏死
对细胞物质的吞噬作用增加

表2 三种基本肿瘤类型细胞学特征

特征	上皮瘤	结缔组织瘤	圆细胞瘤
细胞数量	高	低	高（除了组织细胞瘤）
细胞聚集度	有	无	无
组织结构	有	无	无
细胞大小	大	中等～小	中等～小
细胞形状	圆形	纺锤形	圆形
细胞核形状	圆形	卵圆形	圆形
细胞质嗜碱性	有	无	无（除了淋巴瘤）
细胞质颗粒	偶见	偶见	无（除了肥大细胞瘤）

　　肿瘤细胞学评估的最后一步是尝试鉴定肿瘤的确切类型。依据包括细胞群的假-结构性特征细胞特征，如细胞大小、形状以及细胞浆与细胞核的特征。细胞学上，根据来源将肿瘤分为三类：上皮性肿瘤、结缔组织肿瘤以及圆形细胞肿瘤。在下一节中，将描述每种肿瘤的主要细胞学特征，并在表2中概括。

源于上皮肿瘤

　　上皮性肿瘤的样本通常表现高度细胞性，细胞聚集成团。来源于腺体的细胞可能呈现腺泡形状的细胞团，来源于表皮的细胞表现为更孤立的或铺路石样的结构。

　　上皮性肿瘤的细胞表现更大更圆、边界清晰，细胞核也呈现圆型（图9）。

源于结缔组织肿瘤

　　结缔组织肿瘤或者间充质源性肿瘤的样本，通常细胞稀疏、有孤立的细胞或者小的无黏附细胞团。中等大小的细胞呈现纺锤形或者双极形，胞浆界限不清。细胞核趋向卵形（图10）。

圆形细胞肿瘤

　　圆细胞肿瘤样本表现高度细胞性，细胞呈现圆形或者稍卵圆形，总是分散且独立存在。这类细胞肿瘤包括淋巴瘤（图14、图28、图35、图40、图44、图52）、肥大细胞瘤（图29、图36、图53）、组织细胞瘤、可传染的性病瘤（图11）。基于细胞学表现，一些作者还将黑色素瘤、浆细胞瘤，甚至基底细胞瘤划分在圆形细胞瘤的类别中。

　　在接下来的叙述中，将描述前腹器官中能够通过细胞学鉴定的主要病灶。

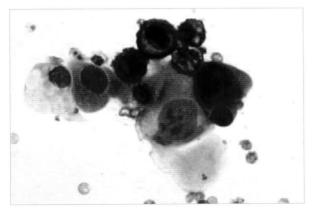

图9 多形性的圆细胞群，细胞核圆形、呈现聚集性，符合恶性肿瘤标准，属于未分化性乳腺癌

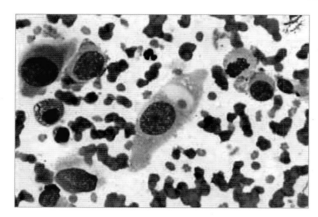

图 10 纤维肉瘤。多形性间充质细胞，表现为细胞核大小不等，细胞核增大，其中一些深染，大量且凸出的核仁，嗜碱性且细胞质空泡化

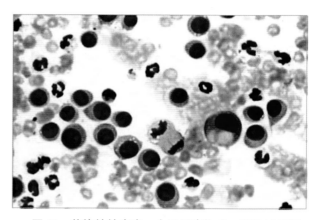

图 11 传染性性病瘤。由圆细胞构成，细胞核呈现圆形，大量轻度嗜碱性细胞质，部分细胞含有小空泡。该肿瘤常见呈现有丝分裂象

胃

如前文所述，胃部细胞学采样最好通过内镜或者活检样本的抹片来获得，也可进行超声引导细针抽吸。以下是可以通过细胞学确定的胃部病灶。

■ 炎症：胃溃疡可能呈现大量中性粒细胞。如果这些炎症细胞伴有口咽菌群（西蒙斯氏菌）的存在（图 12），则不太可能是真性胃炎。最常见的胃炎类型是淋巴细胞性或者淋巴浆细胞性胃炎；其细胞学特征为中等数量的成熟淋巴细胞和浆细胞以及高度分化的柱状上皮细胞，这种炎症是典型的慢性胃炎（慢性增生性胃炎、慢性浅表性胃炎、萎缩性胃炎和幽门螺旋杆菌感染）。

另一种比较少见炎症的类型是嗜酸性胃炎，炎症细胞以嗜酸性粒细胞为主，这主要与寄生虫（弓形虫幼虫）或者过敏反应有关，其来源通常无法确定。它也可能是嗜酸性胃肠炎综合征，或是猫嗜酸性粒细胞增多综合征的部分表现。

■ 肿瘤

犬猫罕见发生胃肿瘤，通常表现恶性。犬最常见胃腺癌，其次是淋巴瘤和平滑肌肉瘤。猫最常见淋巴瘤。

• 胃腺癌：可能表现息肉样，溃疡斑块，或者胃壁的弥漫性增厚。可能起源于浅表黏膜层，也可能是深层（黏膜下层或肌层）。这就是印压涂片或者刷子取样不能总是做出确诊的原因。胃腺癌甚至有时伴发反应性纤维化，作为屏障阻止肿瘤细胞脱落。

发生溃疡时，更可能发生肿瘤细胞脱落。肿瘤细胞通常呈现离散性和恶性肿瘤特征（图 13）。

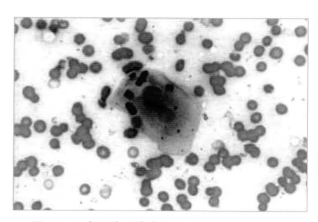

图 12 上皮细胞内含有源自口咽菌群的西蒙斯氏菌。在胃部样本中发现此菌，说明样本受到污染

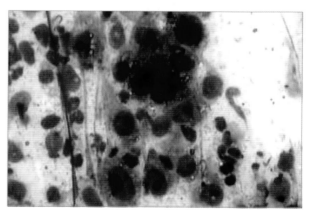

图 13 胃腺癌。可见坏死碎片和炎性细胞、异常上皮细胞（细胞大小不等，细胞核非常显著，细胞质嗜碱性着色，细胞核深染

• 淋巴瘤：细胞学诊断很容易，因为淋巴母细胞的单一形态群，其大小为红红细胞体积的 2 倍，且具有圆的或者轻微开裂的细胞核，显著的核仁和明显嗜碱性胞浆（图 14）。小细胞淋巴瘤（分化良好的淋巴细胞）因为很难将其与淋巴细胞性胃炎进行鉴别，所以通过细胞学确诊是不可能的。

• 平滑肌肉瘤：细胞学诊断非常困难，因为在大多数间充质细胞瘤中，很少发生肿瘤细胞脱落，或者数量太少不足以进行诊断，并且很难与其他少见肉瘤（纤维肉瘤）或者是良性肿瘤（间充质肿瘤、纤维瘤）进行鉴别。所有病例中，典型的细胞学图像显示为多形性纺锤形或者带有典型恶性核特征的圆细胞。

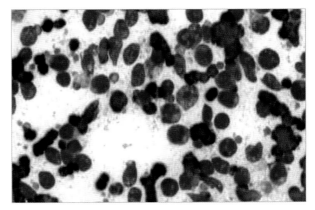

图 14 胃淋巴瘤。未成熟淋巴细胞的单一形态群，可见裸核细胞和淋巴腺体

胰腺

尽管没有确切的理由，但过去通常认为处理胰腺可能导致继发性胰腺炎，但事实上并发症很少。

胰腺的细胞学评估正变得越来越普遍，因为它是鉴别胰腺病理学的一种实用方法。胰腺所有病灶都引起相似的临床症状，这就是胰腺疾病需细胞学结合血液生化和超声检查的原因，这样有助于对肿瘤和非肿瘤疾病进行初步诊断，例如脓肿、囊肿和胰腺炎。

■ 胰腺炎：胰腺最常见的疾病之一，结合临床特征，血液生化检查和超声很容易对胰腺炎进行诊断，不需要细胞学检查。胰腺的细针活检适用于确诊或是检测潜在的肿瘤。

与所有炎症一样，中性粒细胞是急性胰腺炎和急性坏死性胰腺炎的主要炎性细胞。这两种疾病中都可见退行性中性粒细胞。胰腺炎通常伴有无定形（坏死）物质和出血征象的粉红色背景，特征为存在活化的巨噬细胞发生空泡化且吞噬血铁黄素。

■ 胰腺脓肿和囊肿：犬猫罕见发生胰腺脓肿。感染源可能来自于胆道系统，肠（横结肠）或者是机体循环。细胞样本呈现高度细胞性，在细胞碎片背景可见退行性中性粒细胞，还可观察到细胞内细菌。胰腺囊肿的细胞学表现与其他器官的囊肿相似，通常样本含有极少量的细胞（中性粒细胞和少许巨噬细胞），背景粉红色到淡蓝色，含无定形物质和晶体碎片。

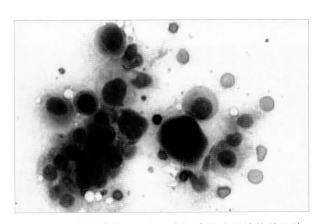

图 15 犬胰腺癌。一些上皮细胞构成无结构的细胞团，而其他的细胞呈现多形性外观，还有一些明显大小不一、核质比增高、细胞核深染和胞浆嗜碱性

■ 肿瘤

• 外分泌胰腺肿瘤：犬、猫的主要外分泌胰腺肿瘤为腺癌，但发病率不高。穿刺活检细胞学表现高度细胞性，特征与其他腺癌相似，例如高度无结构性、重叠细胞团，细胞核大小不等、核胞比升高、核外形不规则且增大，核仁凸出不规则（图 15 至图 17）。另外，与其他部位腺癌一样，高度分化腺癌细胞可能得到假阴性细胞学诊断结果（图 18）。

· 内分泌胰腺肿瘤包括胰岛素瘤、胃泌素瘤、生长抑素瘤和胰高血糖素瘤，其中胰岛素瘤是最常见的肿瘤。因为这些肿瘤往往较小，一般以单个结节形式存在于胰腺浆膜表面，所以不容易获得其细胞学样本。细胞学表象为典型的其他神经内分泌瘤，例如，高度细胞性且彼此黏附程度低，大量游离或裸露的细胞核，异核程度低，完整细胞的胞浆清晰，有时含有小空泡，外观一般为均质或单一形态。

> 由于胰酶活性导致胰腺细针穿刺获得的细胞可能发生快速退变。

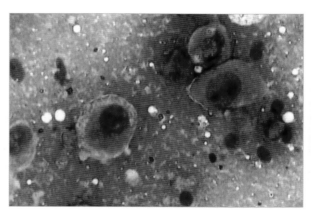

图 16 犬胰腺癌。在无定形物质的蓝红背景下，胰腺癌细胞呈离散、高度非典型的上皮细胞形态，这是胰腺癌细胞在胰酶的作用下发生了细胞形态结构的退化

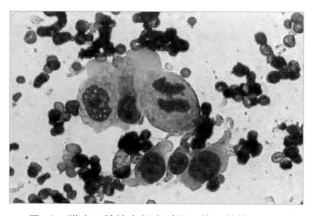

图 17 猫小肠肿块在超声引导下的细针抽吸。细胞学外观由许多高度非典型、离散、带有卵圆核的纺锤形细胞组成。这种形态属于肉瘤的细胞学特征，但解剖后的病理学显示为胰腺的未分化癌

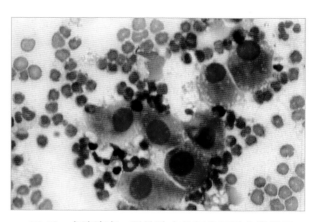

图 18 犬胰腺癌。恶性肿瘤的标准不是非常明显，仅有的特征是细胞核增大，胞浆嗜碱性和轻度胞浆空泡化

肝脏

一般当肝脏发生结节性病变、回声强度异常、肝肿大或者肝叶增大的情况下，需要对肝脏进行细胞学检查。重点是要准确识别正常肝细胞。肝细胞在细针抽吸过程中易于脱落，在载玻片上呈孤立、小细胞团或甚至带状分布。这些细胞为大的、圆形、轻度卵圆形或多面体细胞，有大的中央圆形细胞核，胞浆丰富。核仁清晰可见，常见

正常双核肝细胞（图 19）。在正常情况下，尤其老龄动物，肝细胞浆内可能含有色素脂褐素颗粒，呈深灰色至黑色。这些色素颗粒与胆汁瘀积的胆汁染色非常相似。除了肝细胞，可能还会看见源自胆管的立方或者柱状上皮细胞的小细胞团。

对肝脏样本进行细胞学检查，区分肿瘤和一些非肿瘤性病灶是有可能的。

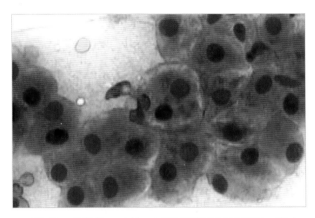

图 19 肝细胞。大的，圆形至稍椭圆形细胞，有大的圆形中央细胞核，胞浆丰富。图片中央可见双核肝细胞

非肿瘤性肝脏病变

■ 肝细胞胞浆空泡化：肝细胞胞浆的这些改变可能与某些代谢性疾病相关，也可能继发于其他病变。形态学上需要鉴别两种不同类型的空泡化：脂质性和非脂质性。

脂质性空泡化归因于肝脏脂质沉积过程中甘油三脂的蓄积（脂肪肝综合征或者肝脂肪变性）。猫肝脏脂质沉积症是发现这种胞浆改变的最常见疾病，其特征是肝细胞完全被大小不等的圆形空泡填充，载玻片背景经常出现相似的空泡（图20）。

非脂质空泡化，由于糖原和/或水分在肝细胞内蓄积而成，其特征是肝细胞胞浆密度下降（稀释）。这是由于机体的内源性或外源性糖皮质激素浓度增加，导致糖原在肝细胞内累积，是典型的类固醇性肝病的表现。也见于与肝毒素、缺血和胆汁淤积有关的情况。在这些情况下，细胞膜和细胞器的完整性受到影响，导致肝细胞含水量升高，表现水肿变性的组织学图像。肝细胞可能比正常细胞大几倍，肿胀，细胞核位于中央，胞浆呈云雾样非脂质空泡化（图21）。

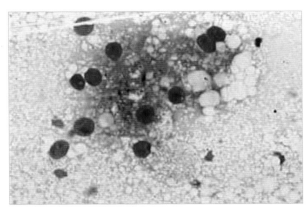

图 20 肝脏脂质沉积。肝细胞胞浆结构不清且充盈着大小不等的圆形空泡。载玻片背景下可见相似空泡

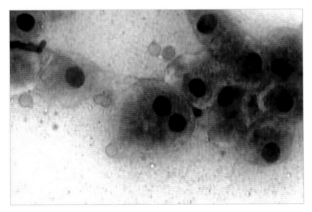

图 21 非脂质肝脏空泡化。由于糖原和/或水分的蓄积，胞浆表现云雾样空泡化

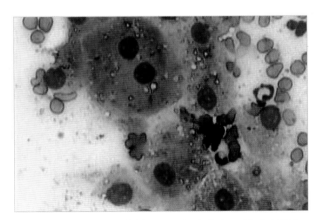

图 22 肝脏结节性增生。肝细胞完全正常或表现空泡变化，部分呈双核表现

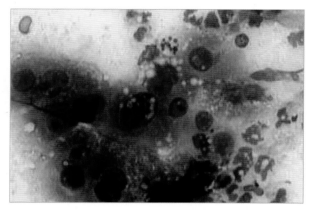

图23 肝细胞癌。肝细胞呈现明显的异型性（细胞核增大且大小不一，高核比，核仁变大，明显大小不一）

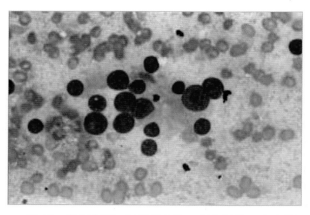

图24 肝细胞癌。异型肝细胞，很多裸核，大小不一，大量不规则的凸出核仁

■ 髓外造血：成年动物肝脏保留了一定的造血能力，一般在动物发生贫血或者系统性炎症疾病时，与骨髓的造血刺激共同产生造血功能。当犬患有慢性肝炎或结节性增生时，未发生贫血的犬可见肝脏造血。在细胞学样本中，虽然可见红细胞成熟的所有阶段细胞，但以成熟后期的红细胞（中幼红细胞和晚幼红细胞）和未成熟中性粒细胞为主。

■ 结节性增生：老龄犬常见。特征表现为单个或多个结节，或者不同大小的球形肿块。病因尚不清楚，但是有时与慢性炎症和/或坏死有关。通常是在腹部超声检查时偶然发现，但超声影像与原发或转移性肿瘤十分相似。细针抽吸可能有助于诊断。在细胞学样本中，肝细胞表现完全正常或者发生空泡化改变，也常见双核细胞数量增加（图22）。然而，这种情况下无法区分是良性肿瘤（腺瘤）还是高分化癌（图25），需要实施肝脏活组织检查。

■ 炎症：肝炎的诊断需要评估小叶结构与炎性变化范围，所以细胞学对肝炎的诊断用处不大。此外，穿刺取样过程中血液的污染也可能造成中性粒细胞和淋巴细胞数量增多，因为肝炎病例常见白细胞增多。然而，如果与血液涂片相比，中性粒细胞数量很高，可能初步诊断为中性粒细胞性或化脓性肝炎；这种情况下如果在细胞内检出细菌，可确认细菌感染。

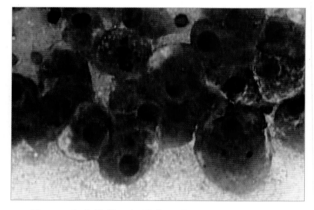

图25 高分化的肝细胞癌。该图最典型的发现为非典型有丝分裂

另一种细胞学诊断可能是淋巴细胞性肝炎（非化脓性），细胞学以大量的小淋巴细胞和浆细胞为主。这种细胞学图像也见于猫淋巴细胞性胆管性肝炎，某些类型的淋巴样瘤（慢性淋巴性白血病或者是小细胞性淋巴瘤）。最后，有些病例可能显示混合的炎性细胞群（中性粒细胞、淋巴细胞、巨噬细胞、浆细胞，甚至巨细胞）；这些通常与寄生虫（利什曼、弓形虫）、病毒（FIP）或全身真菌（曲霉菌、组织胞浆菌）感染有关，甚至与药物毒性或者免疫介导性疾病有关。

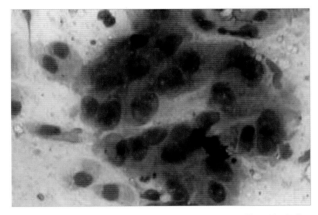

图 26　胆管癌。上皮细胞聚集，表现显著恶性肿瘤特征，与其他癌症相似

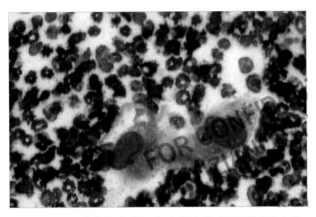

图 27　肝脏血管肉瘤。在大量血液背景下可见大的非典型间充质细胞，细胞核增大，核仁显著凸出

肿瘤

　　肝脏细胞病理学的主要难点是鉴别原发性或转移性肿瘤，以及与其表现相似的非肿瘤病灶。

　　■ 肝细胞癌：当肝细胞出现异形性细胞形态时（细胞核增大且大小不一，高核浆比，核仁增大，显著不均），可以作出肝细胞癌的细胞学诊断（图 23 和图 24）。

　　然而，如果癌呈现高分化的情况下，诊断就不那么容易了，因为此时肝细胞形态学非常接近正常（图 25）。这种情况下，鉴别诊断还要考虑结节增生和肝细胞腺瘤。

　　■ 胆管癌：起源于胆管上皮细胞的恶性肿瘤。猫比犬更常见。柱状上皮或立方上皮细胞呈现葡萄状结构，或者有时呈腺泡或者管状结构。该疾病的细胞学诊断可能困难，因为有时没有表现显著的恶性肿瘤标准，还有些病例可能很难与其他转移性癌症区别开来（图 26）。

　　■ 血管肉瘤：最常见的肝肿瘤，可以作为原发性肿瘤存在（约 5% 血管肉瘤），也可以作为转移性肿瘤出现。该疾病的诊断很难，因为细针穿刺获得的细胞数量少，且伴有大量由肿瘤内皮细胞形成的窦腔内血液。当样本中检测到非血细胞时，它们呈现出恶性间充质细胞的典型特征（大的纺锤形到星形，卵圆形细胞核，核仁凸出）（图 27）。

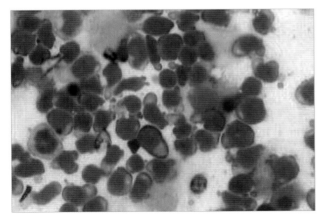

图 28　肝脏淋巴瘤的典型细胞学图像。呈现单形态或同质的未成熟样淋巴样细胞群

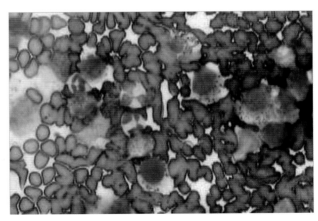

图 29　肥大细胞瘤。犬肝脏的肥大细胞浸润，3 级皮肤型肥大细胞瘤

■血淋巴肿瘤：犬临床4期多中心性淋巴瘤与猫消化道淋巴瘤的扩散，通常导致淋巴瘤在肝脏发生浸润。其细胞表现为单形态或同质的未成熟样淋巴细胞群（图28）。如肝炎一节所述，小淋巴细胞性淋巴瘤的细胞学诊断很难，肥大细胞可能浸润肝脏。这会发生在2级或3级皮肤型肥大细胞瘤的病例中，或者作为犬全身性肥大细胞瘤出现（图29），或是猫内脏肥大细胞瘤的一个表现。另一种可能影响肝脏的血淋巴肿瘤是组织细胞肉瘤。其特征表现为圆形或卵圆形细胞核偏心，有时表现多核（图30、图31）。为准确诊断，通常需要获得其免疫表型特征。

■转移性肿瘤：肝脏是常见的肿瘤转移部位。根据原发肿瘤的类型，细胞学图像有所不同。最常见的转移性肿瘤来源于胰腺和肠（癌），但通过细胞学很难确定肿瘤的起源（图32）。在这些病例中，细胞学的目的或是作为确定转移临床分期的一部分，或者为隐藏性原发肿瘤提供诊断线索。

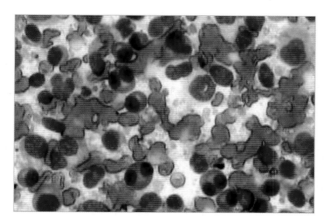
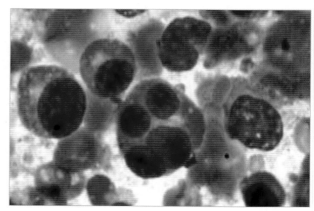

图30和图31 组织细胞肉瘤。血淋巴肿瘤由大量圆形至卵圆形异形细胞组成，表现偏心核，有时出现多核

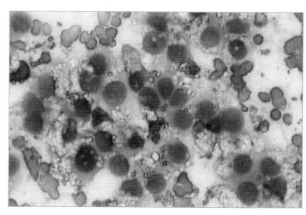

图32 卵巢癌的肝脏转移

脾脏

脾脏细胞学检查适应证包括脾肿大、结节或者非对称性脾肿大，异常超声图像（弥漫性回声改变，高回声或者低回声区，结节或局限性病灶），怀疑血源性淋巴瘤，以及进行疾病分期。首选采样方法是细针活检，因为脾脏是一个高度血管化的器官，为了减少血液污染样本，细针采样过程中勿对样本进行抽吸。

检查医师应该熟悉正常的脾脏细胞学表现。载玻片背景有很多的血液成分，由红细胞和血小板聚集物构成。在这些血液成分中有淋巴样细胞，以小淋巴细胞为主，但也可能有一些巨噬细胞和浆细胞。

脾脏细胞学将辅助检测增生性病灶、髓外造血和肿瘤。

■ 增生：脾脏增生也称为"反应性脾"，引起脾肿大。其由感染、寄生虫（尤其是血液寄生虫）和免疫介导性疾病中的抗原刺激所致。特征表现为以小淋巴细胞为主，但伴有巨噬细胞、浆细胞和淋巴母细胞的数量增多（图33）。如果中性粒细胞数量增加，可能表明是脾炎或脾脓肿。有时，可检测到导致脾脏增生的致病原（例如，被巨噬细胞吞噬的利什曼原虫）。

■ 髓外造血：是脾脏样本中常见的细胞学异常。慢性溶血性贫血或骨髓发生干扰正常造血的严重变化时，脾脏会像肝脏一样将自身转变成为骨髓外的一个造血部位。髓外造血可以自身启动，或者与反应性增生或肿瘤（最常见的是血管肉瘤）相关（图38）。主要细胞系倾向于红系，有大量的晚幼红细胞。也可观察到巨核细胞，由于其体积较大，易于识别（图34）。

■ 肿瘤：脾脏可能发生血淋巴肿瘤、原发性肿瘤（血管肉瘤）和转移性肿瘤等。

• 血淋巴肿瘤：淋巴瘤的细胞学图像与淋巴结相同，例如单形或同质的未成熟样的淋巴细胞群（图35）。然而，细胞学上很难鉴别淋巴瘤和淋巴样白血病情况下的脾脏浸润。出现严重广泛的淋巴结病、临床症状以及骨髓研究是区分这两种血淋巴肿瘤的关键因素。

猫脾肿大的主要原因之一是肥大细胞瘤，通过细胞学很容易鉴定。细胞学样本含有大量的肥大细胞，形成充满异染细胞颗粒的圆细胞单形群（图36）。

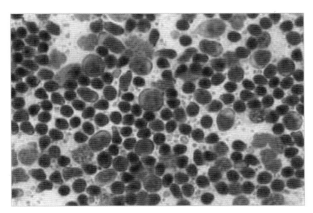

图33 脾脏增生。细胞群包括巨噬细胞、浆细胞和淋巴母细胞，但以小淋巴细胞为主

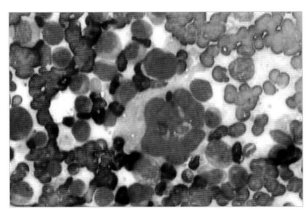

图34 脾脏髓外造血。除了一些红细胞系的细胞外，图像中央有一个巨核细胞

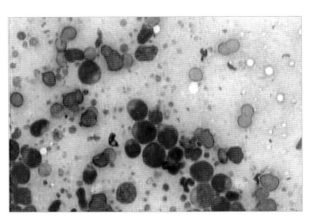

图35 脾脏淋巴瘤。特征性的细胞学图片显示未成熟样淋巴样细胞的单形或同质群以及大量淋巴腺体

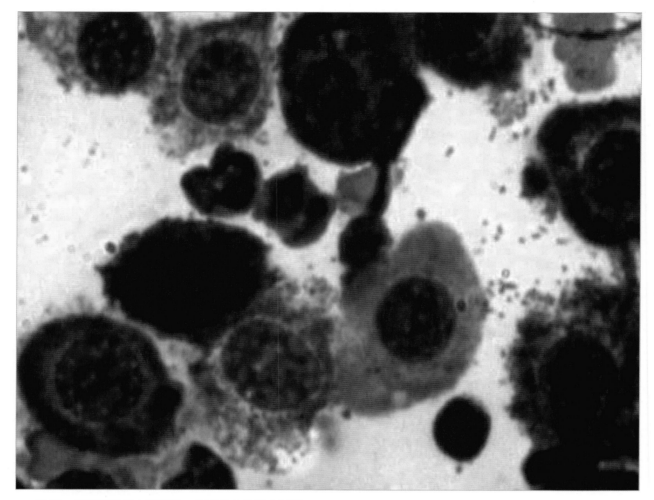

图 36　猫脾脏的肥大细胞瘤。高度分化的肥大细胞

• 血管肉瘤：这是脾脏最常见的原发性肿瘤。细胞学图片由高度多形性的间充质细胞组成，具有非常显著的恶性肿瘤标准（图 37 和图 38）。如前文所述，常见髓外造血的征兆。也可能发生结缔组织的其他原发性肿瘤，尽管不太常见，例如纤维肉瘤、平滑肌肉瘤和未分化肉瘤，其细胞学特征与血管肉瘤相似。

• 转移性肿瘤：在脾脏中并不常见。通常源于上皮的肿瘤已扩散至整个腹腔。

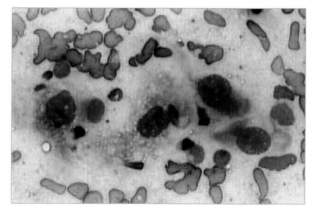

图 37　脾脏的血管肉瘤。高度多形性的间充质细胞，具有显著恶性肿瘤标准

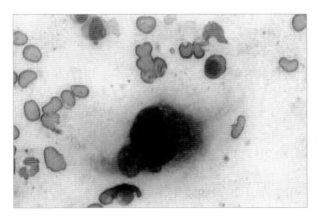

图 38　脾脏血管肉瘤和髓外造血。高度非典型间质细胞旁边，可见一个晚幼红细胞

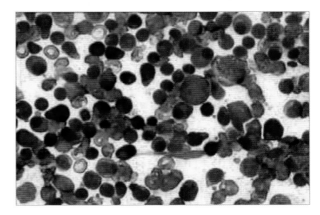

图 39　淋巴样增生。淋巴样细胞的多形性群，以成熟的淋巴细胞及大量的浆细胞为主

淋巴结

　　腺肿大病例中，肠系膜淋巴结的细胞学采样需要通过超声引导下的细针抽吸进行。

　　主要用于检测恶性肿瘤是否在邻近器官发生转移，但也用来诊断原发性淋巴样肿瘤（淋巴瘤）。

　　■ 淋巴样增生：这种病变很少在腹部淋巴结中被诊断出来，因为这或者是对腹部器官炎症过程的反应，或者是全身性淋巴结病的一部分。无论是哪种情况，细胞学图像都由多形性或者异质的淋巴样细胞群组成，这些细胞主要由成熟的小淋巴细胞和其他稍大的未成熟的淋巴样细胞以及浆细胞样淋巴细胞组成（图 39）。

　　■ 肿瘤

　　• 淋巴瘤：胃肠道型淋巴瘤通常影响肠系膜淋巴结。细胞学特征为单一形态的未成熟样淋巴样细胞群，以及由破碎的淋巴旧细胞细胞浆残体形成的淋巴腺和嗜碱性小体的增多（图 40）。

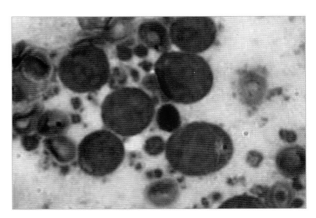

图 40　淋巴瘤，未成熟样淋巴样细胞的同质或单形群，淋巴腺体

　　• 转移性肿瘤：淋巴结出现不属于淋巴细胞群细胞，足以诊断转移性肿瘤。通常，转移发展到足以引起淋巴结增大时，就会发现肿瘤细胞。因此，在诊断腺体肿大时，临床发现应总是先于阴性细胞学结果。淋巴结中最常见肿瘤是癌（图41）。

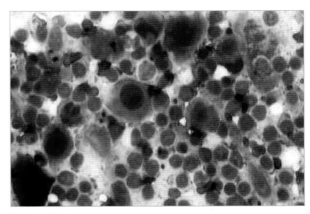

图 41　胰腺腺癌转移。除淋巴样细胞，还可见高度非典型上皮细胞

肾脏

当肾脏体积增大或因肿物造成肾脏轮廓不清时，对肾脏进行细胞学采样。肾脏细胞学主要用于肾脏肿瘤的诊断。

如前文所述，如果肾脏病变证实是癌，即使肿瘤很小，也存在肿瘤细胞沿着细针穿刺孔发生扩散的风险，甚至包括穿刺针穿透处皮肤。上述危险情况也适用于膀胱移行细胞癌的细针穿刺操作。

■ 炎症：一般来说，肾脏的炎症性病变（慢性间质性肾炎、肾盂肾炎、肾小球性肾炎）是根据临床病史、症状和实验室检查结果来诊断的。因为肾脏是一个高度血管化的器官，当发现不同于血液的炎性细胞时，例如，巨噬细胞或者浆细胞；中性粒细胞总是伴有血性背景，可能作出炎症的细胞学诊断。

肾盂肾炎可能继发肾脓肿。细胞学结果显示典型的化脓性炎症，甚至可能发现微生物。

■ 肿瘤：超过90％的犬、猫肾脏原发肿瘤为恶性。肾癌是最常见的肿瘤，尽管总体发病率很低（占所有恶性肿瘤近1％），犬最常见的是肾癌，猫最常见的是淋巴瘤。

• 肾癌：细胞学诊断是根据带有明显恶性征象的上皮细胞群得出的（图42和图43）。当癌细胞表现高度分化时，样本呈现高度细胞化是恶性肿瘤的唯一标准。

• 肾脏淋巴瘤：猫可能表现为边缘清晰的单个结节，但单侧甚至双侧肾肿大也是常见的表现之一，有时不仅肾脏受到影响，细胞学图像与前文已描述过的其他器官（淋巴结、脾脏和肝脏）相同，例如同质或单形的未成熟淋巴样细胞群（图44）。由于这些细胞易碎，裸核和淋巴腺体很常见。肾脏很少有小细胞性或者低分化的淋巴瘤，但在鉴别诊断与慢性炎症有关的淋巴细胞浸润时应把它们考虑进去。

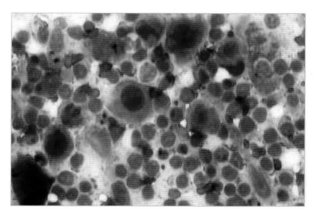

图42 肾癌。肾脏上皮细胞有明显恶性标准（细胞过多，细胞大小不一，细胞核大小不等，核仁凸出，有丝分裂异常）

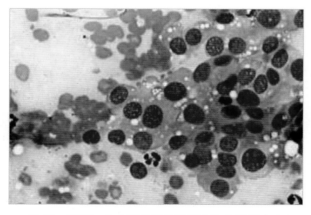

图43 肾癌。非典型的发生胞浆空泡化的肾上皮细胞

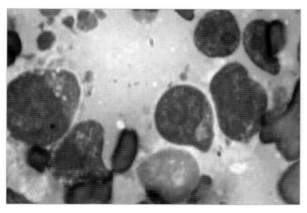

图44 猫肾脏淋巴瘤。显著未成熟样淋巴样细胞，淋巴腺体

肾上腺

当超声检查发现肾上腺体积增大时，建议进行肾上腺的细胞学检查。肾上腺体积增大通常是由于肾上腺皮质或者髓质肿瘤导致。

■ 肾上腺皮质肿瘤：肾上腺皮质肿瘤可能产生过量激素类物质，例如导致肾上腺皮质机能亢进的糖皮质激素。当确诊时，应该记住肾上腺皮质机能亢进通常是由垂体中的分泌 ACTH 的肿瘤引起。在这些病例，双侧肾上腺体积增大，无需进行超声引导下细针抽吸。只有 10%～20% 肾上腺皮质机能亢进的病因是肾上腺肿瘤，此时只有一侧肾上腺增大，而对侧肾上腺可能发生萎缩。肾上腺腺瘤和肾上腺癌都可能导致肾上腺皮质机能亢进。

上述两种肿瘤，细胞看似"内分泌（分泌性）细胞"，以胞浆着色差且有少量空泡、大量裸核为特征。肾上腺癌呈现一些恶性征象，但通常呈现高分化，恶性肿瘤细胞特征不明显（图 45 和图 46）。采样难度和获取细胞形态学数量的限制，均可导致细胞学诊断的困难。

■ 肾上腺髓质肿瘤：最常见的肾上腺髓质肿瘤为嗜铬细胞瘤，其细胞学表象与其他神经内分泌瘤相似，细胞胞浆轻度嗜碱性着色，并伴有非常模糊的颗粒，细胞核通常呈现圆形的裸核（图 47）。有时恶性肿瘤的特征并不明显，主要特征是细胞核大小不等。这种肿瘤起源于肾上腺髓质产儿茶酚胺的嗜铬细胞，其临床症状归因于这些激素的作用。但是心血管系统和神经系统症状很难观察到，大部分病例是偶然发现的。嗜铬细胞瘤可在超声下发现，常见侵袭后腔静脉，甚至形成血栓，堵塞静脉，肿瘤细胞团可能会到达肝脏（图 48）。

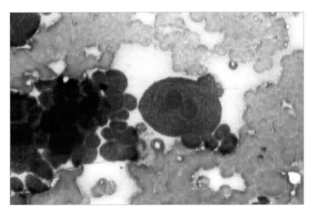

图 46　肾上腺腺瘤。裸核且明显的细胞核大小不等，核仁显著凸出

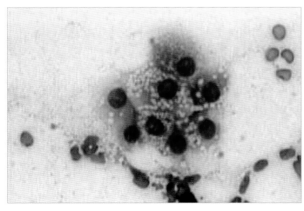

图 45　肾上腺腺瘤。分化良好的肿瘤细胞，这是恶性肿瘤细胞特征不显著的原因

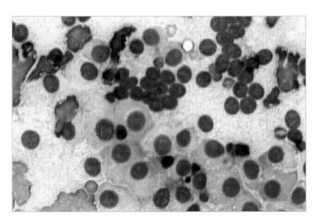

图 47　嗜铬细胞瘤。细胞胞浆呈轻度嗜碱性，大小不等的圆细胞核，大量裸核

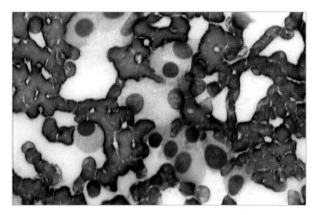

图 48　嗜铬细胞瘤。与图 47 为同一病例，这是侵袭后腔静脉的肿瘤细胞，堵塞后腔静脉，甚至到达肝脏

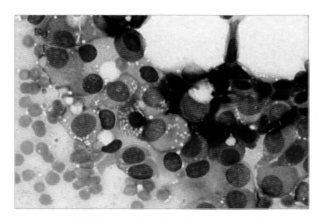

图 49　卵巢癌。上皮细胞团表现细胞和细胞核大小不等，细胞核深染，胞浆嗜碱性并且空泡化，具有明显的恶性特征

卵巢

细胞学采样检查，主要用于超声下发现卵巢体积增大、轮廓异常，以及偶尔伴发囊性增生的情况下。雌性动物进行超声检查时发现囊肿，无论其是否存在生殖问题，囊肿通常都不需要进行细胞学采样检查，因此卵巢细胞学主要用于肿瘤的诊断。犬少见发生卵巢肿瘤，猫更少发生。最常见发生的源于上皮肿瘤是乳头状腺瘤和未分化癌。上述源于上皮的肿瘤细胞学表象与其他癌相似，高细胞性且恶性特征明显（图 49）。

腹腔积液

腹腔积液的细胞学检查可能非常实用，尤其是渗出液（表 3）。

以下为渗出液中的细胞。

■ 中性粒细胞：大部分积液可见不同比例的中性粒细胞，炎症时明显以中性粒细胞为主。

■ 间皮细胞和巨噬细胞：间皮细胞位于腹膜表面，在大部分积液中可见，但数量不等。这些细胞大且圆，聚集或单个存在；细胞核大，通常双核存在，有时核仁显著。胞浆呈现一定程度的嗜碱性，细胞边缘有小的突起（图 50）。有炎症时间皮细胞常见明显的反应性改变，少见发生有丝分裂。活化的间皮细胞可能转变为吞噬细胞，与巨噬细胞难以区分，但是这种差异并没有诊断意义。

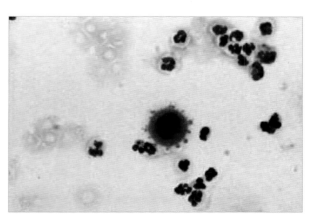

图 50　腹水。反应性间皮细胞（体积大，双核，显著胞浆嗜碱性），伴有中性粒细胞

> 反应性间皮细胞通常表现出相当大的异型性。这些细胞不应被误认为属于间皮瘤或癌的恶性肿瘤细胞。

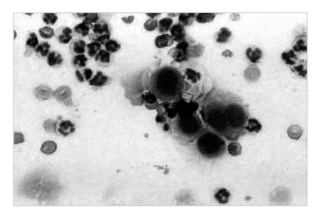

图51 腹腔积液，反应性间皮细胞。可见细胞间形态各异，出现炎性成分（中性粒细胞）。这些改变不构成恶性肿瘤依据

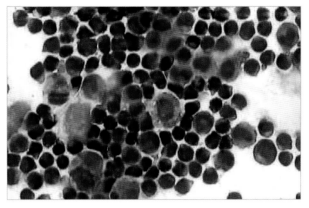

图52 腹腔积液。可见未成熟淋巴细胞的单形态群，以及单核样细胞和巨噬细胞。此图为犬末期胃肠道淋巴瘤发生广泛性扩散

■ 淋巴细胞：在乳糜液（胸腔更常见）和淋巴瘤中为优势细胞。根本区别就是淋巴细胞成熟的阶段不同：乳糜液中淋巴细胞小而成熟，而淋巴瘤造成的腹水中一般为淋巴母细胞（图52）。然而，淋巴瘤很少导致腹水，并且液体中很少出现肿瘤细胞。

■ 嗜酸性粒细胞：发生于肥大细胞瘤、丝虫病，过敏或超敏反应情况下的腹腔积液，可见大量嗜酸性粒细胞。

■ 肥大细胞：肥大细胞因其异染性颗粒或紫色颗粒，很容易识别。在犬系统性肥大细胞增多症和猫脾脏肥大细胞瘤中，积液中可能含有大量肥大细胞（图53）。然而，需要注意的是许多炎性疾病也可见肥大细胞。

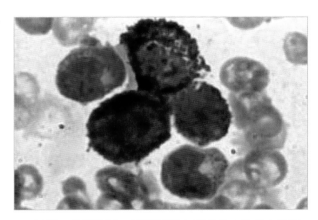

图53 腹腔积液。猫脾脏肥大细胞瘤中的肥大细胞

表3 依据积液特征的渗出液分类

积液类型	颜色	总蛋白（g/dL）	细胞计数（个/mm³）	比重
漏出液	透明/清澈	<2.5	<1.000	<1.017
改性漏出液	淡黄色/玫瑰色，混浊	>2.5	>1.000	1.017~1.025
渗出液	橘黄色/血色，混浊	>3	>5.000	>1.025

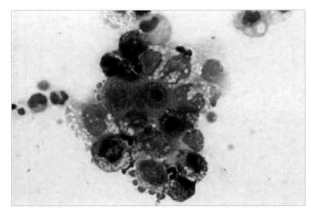

图54 腹腔积液。具有明显恶性标准的多形性上皮细胞团。犬十二指肠腺癌肠穿孔的腹腔积液

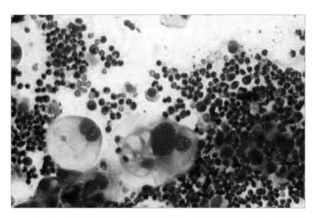

图 55　腹腔积液。异型性的上皮细胞团，猫肠腺瘤导致渗出液的细胞学图像

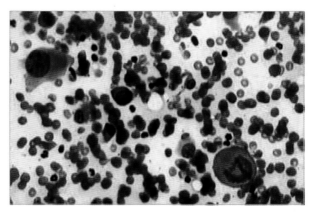

图 56　血样腹水。源于脾脏血管肉瘤的非典型结缔组织细胞

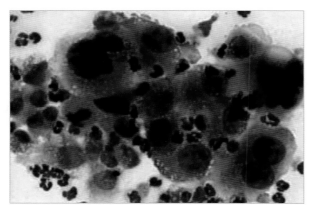

图 57　腹腔积液。间皮细胞呈现明显的异型性，不太可能由伴发性炎症反应（很多中性粒细胞）导致；表现真正的恶性征象，符合间皮瘤

■肿瘤性细胞：该情况可见于多种类型肿瘤的腹腔积液中。腹腔器官的癌和腺癌，脾或肝血管肉瘤或间皮瘤都可能脱落肿瘤细胞进入腹腔。根据所见恶性征象与细胞类型进行诊断（图 54 至图 57）。

开腹探查术

频率	■■■
技术难度	■■

腹腔探查术，经常称为开腹手术（尽管这个术语指的是侧面通路），定义为进入腹腔的切开手术。

通常切口位于腹中线，根据所需检查器官部位确定切口的位置和长度；从脐部至耻骨前做切口可以对膀胱进行检查，从脐部至剑骨做切口可以对胃部和肝脏进行检查（为了更好地暴露肝脏，可能需要将切口延长至剑状软骨）。

即使计划进行小切口，也要将整个腹中线区域进行清洗和消毒，以便需要时延长切口。

腹部手术成功的关键在于计划周密的手术通路与腹部切口的谨慎闭合。

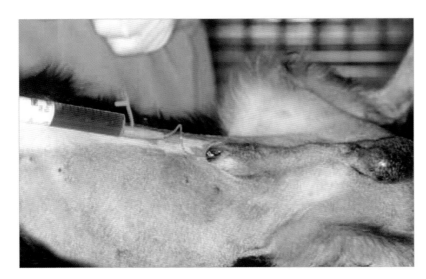

图1 术部准备。建议一定要进行导尿，将膀胱排空，防止打开腹腔通路期间损伤膀胱

前腹探查术

首先，术部准备。即使前腹切口，可能有必要将切口向后方扩大。备皮区域应该涉及整个腹部，包括后胸区与股内侧（图1）。

下一步，用手术刀从剑状软骨至脐部切开腹中线，以便可以看到前腹器官（图2）。

图2 用手指拉伸皮肤以便切开，同时检查切口深度

将所有出血的血管进行烧灼、钳夹或者结扎止血。用剪刀分离皮下脂肪，暴露腹直肌的筋膜和鞘膜（图3）。

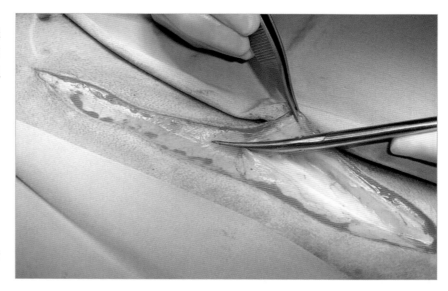

图3　将皮下组织与腹部腱膜进行分离，充分暴露腹白线

去除腹中线脂肪，可方便腹部闭合，同时也避免脂肪被包埋进缝线内，影响创口愈合。

下一步，用镊子将腹壁提起，以手术刀切开小口，暴露腹腔（图4）。

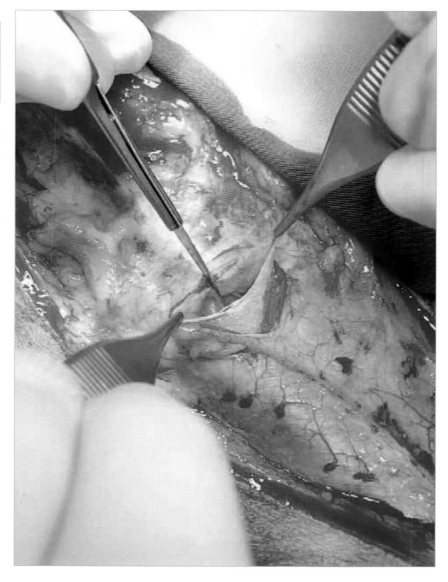

图4　用手术刀切开腹壁时，用镊子提起腹壁，避免损伤腹腔器官

切口沿腹白线延长，用手指检查粘连组织（图5）。

图5　腹部触诊用于检查腹部结构与腹壁之间是否粘连，以防止剪刀扩大切口时造成意外损伤

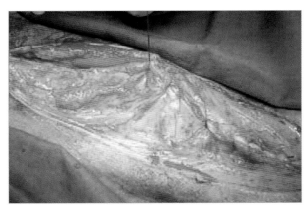

图6　使用合成可吸收缝线将肌肉筋膜进行连续缝合，闭合腹腔

经常需要将前腹部的镰状韧带切除，以便更好地暴露前腹部。这会导致出血，需要止血。

切除镰状韧带的脂肪时可能导致中度到重度的出血，需要加以控制，因为这种情况不仅使手术变得复杂，而且影响病患恢复。

使用多股可吸收缝线进行连续缝合关闭腹腔，在连续缝合基础上进行十字缝合加固切口闭合（图6和图7）。

图7　可以采用十字缝合对缝合处进行加固

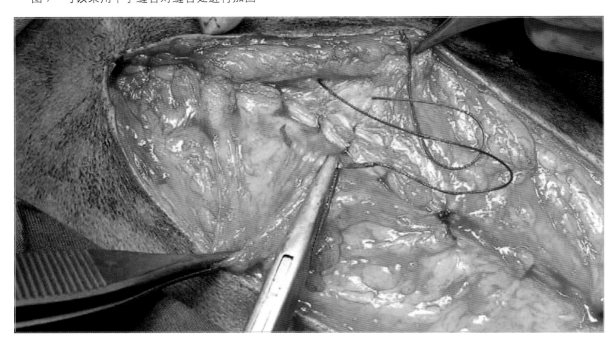

开腹术缝合不应包含腹膜。

采用单股可吸收缝线连续缝合皮下组织。

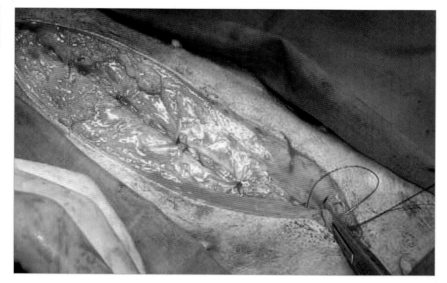

图 8　采用单股可吸收缝线以单纯连续缝合的方式闭合皮下组织

根据术者的偏好，用单股不可吸收缝线对皮肤进行间断或垂直褥式缝合（图 9 和图 10）。

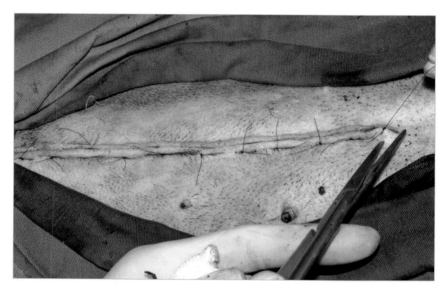

图 9　采用间断垂直褥式缝合皮肤后的最终外观

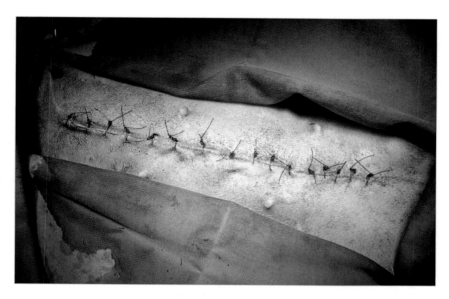

图 10　以单丝线间断缝合闭合皮肤后的最终外观

腹腔镜探查及腹腔镜手术

微创手术，是使用高科技微型成像系统通过小切口进行的外科手术，可以将手术创伤降至最低。

二维图像显示，手术操作空间有限且没有触觉感知。这就需要不同的操作方法及极严格的学习过程。

该类型的手术方法可以减少疤痕组织和粘连，同时减少手术创伤。

- 创建腹腔入口及通道技术
- 可视化技术
- 操作工具/设备
- 患畜的摆位，光学仪器和手术团队

气腹

气腹，即腹腔内创造一定的操作空间。气体被充入腹腔创造一定可视空间和设备操作空间。使用的气体应无色，不易燃，易溶于血浆可消除，无栓塞风险，并且生理上尽可能惰性。

通常使用二氧化碳（CO_2）创建气腹，尽管可与腹腔内的液体反应生成碳酸，刺激腹膜，但研究表明，与其他气体相比，例如医用氧气、氦气和一氧化氮，二氧化碳刺激性已经很小。

套管针尖端细节图

向腹腔充入气体的技术有两种：

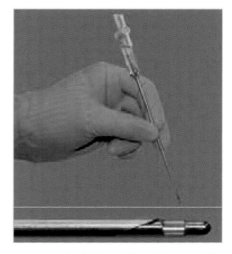

图1 气腹针。应按图中所示手持气腹针，以防止刺入腹腔过深，损伤内脏器官

- 盲刺法：以气腹针穿透腹壁（图1）。针头直径7Fr，内芯钝圆。当气腹针穿透腹壁各层的时候，由于弹簧系统的作用，针芯被来回推动，穿透每层组织时都会发出声响。穿刺过程中也可能损伤腹部脏器和大血管，但是钝圆的内芯可减少这些并发症的产生。一旦听到两声声响，就在接口处加一滴生理盐水，如果水滴在重力作用下进入管腔，可以认为针头进入腹腔（图2）。

通过注射器回抽进行检查，如果液体被重新抽回或者真空，针头没有刺入腹腔；反之，针头被准确刺入腹腔。

针头进入腹腔后，充入气体。

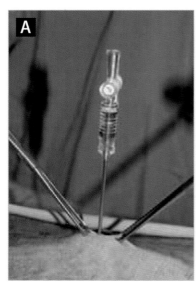

图2-A 气腹针刺透腹腔

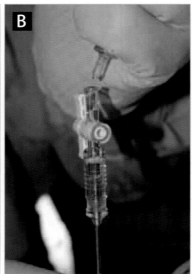

图2-B 针入口处细节图，在此滴入生理盐水进入腹腔图

图2-C 连接二氧化碳充气管道

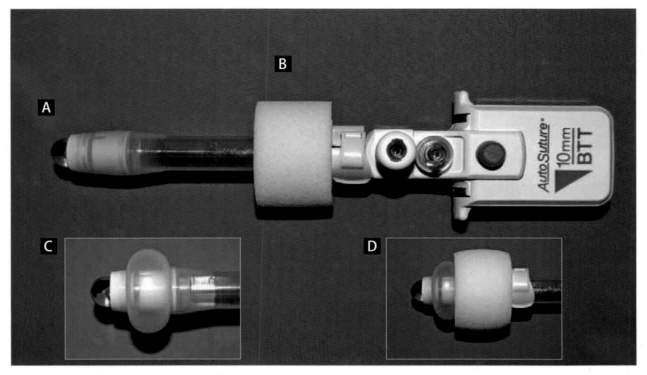

图 3　开放式穿刺技术的 Hasson 套管针。A. 未充气套囊顶端；B. 泡沫盘用于密封腹壁和充气套囊；C. 充气套囊；D. 泡沫盘挤压套囊密封腹腔

■开放技术：通过 1cm 左右切口微型剖腹术进入腹腔，导入 Hasson 套管针腔。套管针由钝圆的塑料套管、顶端的气球套囊和末端的海绵盘固定装置构成。一旦套囊进入腹腔，对套囊进行充气，牵拉海绵套挤压腹壁，然后固定套囊（图 3）。这样可以防止气体沿着套管针发生泄露，避免损伤腹部结构，也避免外科医生吸入二氧化碳。

正确定位套管针后，往腹腔充入二氧化碳，腹内工作压力应控制在 8～14mmHg，不得超过 15mmHg，因为压力超标会造成血液动力学的改变，且不会产生更多的操作空间。应使用自动系统来保持腹腔的压力，以保证手术团队的操作顺利和患畜安全（图 4）。

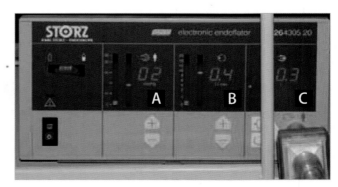

图 4　二氧化碳自动充气机。A. 腹内当前压力；B. 气体输入量；C. 术中充入气体总量

在不具备自动充气系统的条件下，可以使用Rinchardsonbulb灯泡，这是一种将周围空气引入腹腔的手持设备。当使用这个装置时，手动测量腹腔内的压力，但也要小心防止过度充压，那样会影响血液动力学和患畜的呼吸。

创建和维持气腹对患畜的心肺系统都有一定的影响，尽管不会致命，但应牢记：

■ 中心静脉压升高；

■ 心率加快；

■ 全身血管阻力增加；

■ 肺血管阻力增加；

■ 心输出量增加或减少（仰卧位，后躯升高或降低）；

■ 如果腹腔内压力超过 15mmHg，后腔静脉和膈肌将会受到压迫。

值得注意的是，尽管用二氧化碳创建气腹，但并不影响通过呼吸排除这种气体。因此，二氧化碳分析仪上任何的改变不受气腹气体的影响，而是气体对膈肌造成的机械压力导致。

不需要充入气体创建气腹的情况下，有几种机械方法创建臌胀的腹腔和操作空间。可以将一个丝线穿透腹壁，然后垂直牵拉腹壁，或者是通过一个小的切口将一个钢制线圈放入腹腔，向上整体牵拉腹壁。

腹腔通道

有几种方式可以作为腹腔通路，用于进入腹腔、创建气腹，并作为以后工作空间的出入口。

气腹创建

■ 气腹针（Veress）：由一个 7Fr 针头组成，内有弹簧，当气腹针穿透腹壁不同层时会发出声响。针体配有旋塞，可使气体和液体在管腔内通过。

■ 钝头套管针（Hasson）：套管针由一个钝头套管、充气套囊和近端泡沫环构成。需要一个 1cm 左右的切口将套管针放入腹腔，然后将套囊充气，泡沫环密封套管针和腹壁之间的空隙，防止气体泄露。

■ 充气机：将气体充入腹腔并维持恒定的腹腔内压力，记录所用气体体积。该装置除了控制充气速率，还可以对气体进行加温，防止冷气体刺激腹腔内器官。

切口-充气-工作通道设备：

"套管针-鞘"系统：

■ 常规套管针（5-10-12mm）（塑料/金属）：其组成包括平滑套筒，其近端带有阀门，防止气体泄漏；减压系统，用于引入仪器时，其直径较小且带有旋塞阀。套管前端钝圆或者尖锐（图5）。套管针具有穿透肌肉层，形成可调节孔洞，防止气体泄露的功能。

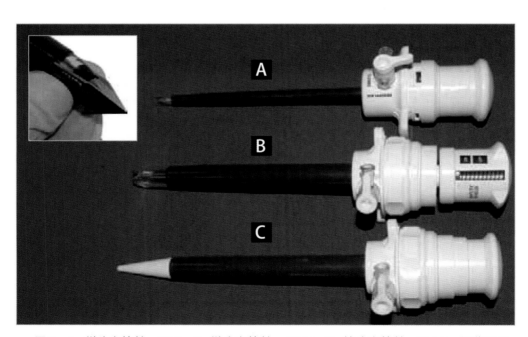

图5　A. 锐头套管针；5mm；B. 锐头套管针，10mm；C. 钝头套管针，10mm。细节图显示带有回缩安全鞘的套管叶片

套管针的尖端配有"安全鞘"，当遇到肌肉层的压力时发生回缩，到达指定位置后就不会发生回缩了。主要用于防止套管针进入腹腔后导致内脏损伤。（图6）。

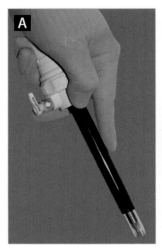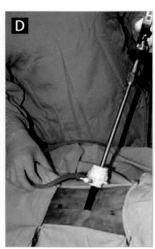

图6　锐头套管针插入

A. 手持套管针的正确方式。同使用气腹针一样，其中1根手指起刹车作用以食指防止套管针突然的刺入，造成腹腔内损伤。B. 插入套管针。插入套管针时力度要恒定可控，不能突然移动以防针鞘返回原位置，如返回原位置则需要摘除，重新安装。C. 在连接气体输入系统之前，将套管针套上护套。D. 插入光学系统定位进行。当操作相机时，要留心其位置。相机顶端的按钮代表监测设备上最上部的图像，始终保持处于垂直位置。

■ 光学套管针：构成包括中空套管，带有透明头，可插入0°光学仪器，该0°光学装置被引入套管针的套管内，或配备有鞘设备，穿孔过程中可以分离腹壁的不同层面。直视下可以操作进入腹腔。有两种光学套管针：无损伤型套管针，可以将腹壁分离而不是切断各层，尽管需要外科医生施加更多的力，但是愈合更快速；切割套管针，装有刀片，可以穿透不同组织层，直至到达腹腔（图7）。

为了清晰识别结构，光学系统应聚焦在套管的刀片上。

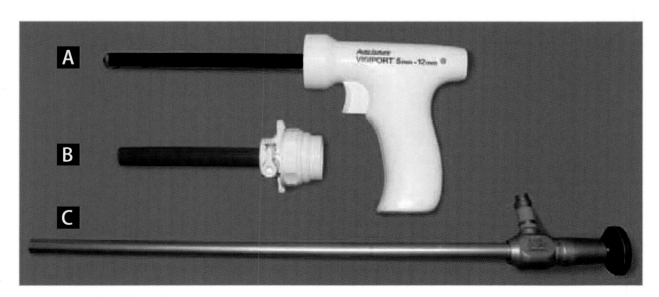

图7　刀片式套管针示例

A. 尖端有刀透明中空套管（闭孔器）；B. 安装闭孔器的12mm套管针端口；C. 硬质10mm的0°内窥镜插入闭孔器

设备与工具

可视化系统（图8）

■ 冷光源：配有卤素灯泡（或氙灯泡）、灯泡制冷系统和一个将光线投射进入低温光缆的系统。

■ 冷光电缆：将冷光源连接到光学系统的光传输独立光缆。

■ 光学系统：

• 内镜：硬质的和软质的。尖端0°或者30°，配备检查管腔。中大动物使用10mm内镜，小动物使用5mm内镜。

• 摄像机：微型摄相机适合做光学系统的目镜。这个微型摄相机可配备1个或3个CCD（电荷耦合器）；不同型号的区别在于第一个类型中的单一接收器判读所有颜色，后者是每个接收器负责判读一种颜色（红色、绿色和蓝色）。

• 监视器：根据摄像机的视频输出，选用模拟信号或者数码类型设备。

• 记录系统。

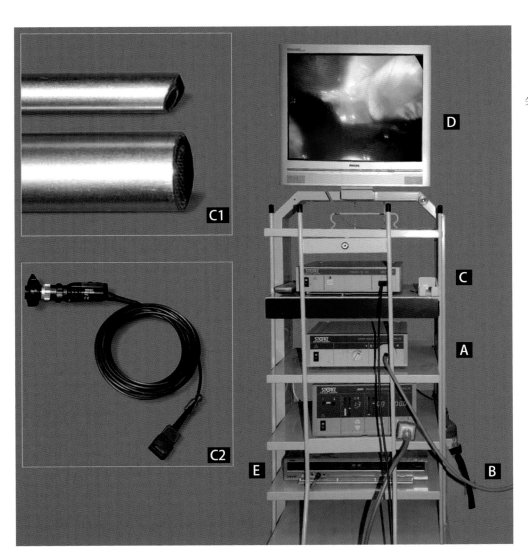

图8　全腹腔镜镜塔

　A. 冷光源

　B. 冷光电缆

　C. 内镜摄像接收器

　C1. 两种硬质内窥镜尖端，30°（上）和0°

　C2. 内镜相机

　D. 监视器

　E. 记录系统

设备（图9）

与常规手术一样，腹腔镜手术所用器械也是多种多样。

然而，基本的设备包括：

■ 剥离器

■ 剪刀

■ 夹持器

■ 止血器械

■ 吻合器

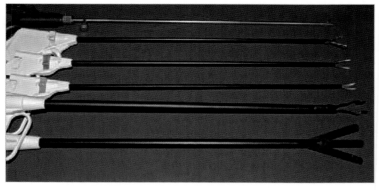

图9 腹腔镜手术器械。从上到下：持针器、抓钳、弧形剥离器、剪刀 Babcock 钳及分离器

并发症

气腹

■ 皮下气肿：皮下气肿主要由套管针摆位错误或者意外离开与复位导致。腹腔镜手术后气体被吸收，这种并发症除了使术中操作有难度外，不会造成严重问题。

■ 气体栓塞：偶尔，由于静脉意外插管或穿孔，可能发生二氧化碳的大量吸收，同时发生腹腔内压力升高、呼吸代偿不足、心输出量和外周血管阻力升高，导致气体栓塞。检查发现血液二氧化碳突然升高，通常发生在充气期间或紧随其后，有时伴发急性肺水肿。一旦监测到血液中二氧化碳升高，应立即停止充气，排空气腹，维持血液动力学的稳定，直至病患恢复，同时监测急性肺水肿的表现。这一并发症发生率较低（0.015%），但属于非常严重的并发症，可能导致神经系统疾病、心血管衰竭，甚至死亡。

充气与进入

■ 腹壁血管损伤：插入套管针时有损伤腹壁血管的危险。插入套管针期间应该特别留心，尽可能在可视下操作。

用光学套管针，在插入过程中不可能观察到是否发生了血管穿孔，建议尽量实施腹中线通路。退出时，先撤出套管，留下光学系统观察血管是否出血。如果发生出血，通过压迫，或进行血管剥离与结扎而控制出血。

■ 异常充气：开始充入二氧化碳时，确保气体在腹腔内分布均匀。如果气体分布不均，立即停止充气，因为这可能意味着气体进入了其他器官（肠袢、膀胱等）。

■ 腹部脏器损伤：气腹针或套管针进入腹腔可能造成消化道、脾脏或者其他脏器的损伤。所以插入套管针进行腹腔充气后，要对腹腔脏器进行系统检查。建议按同一方式且尽可能全面地（顺时针或逆时针）进行检查。

■ 大血管损伤：与脏器损伤一样，在套管针进入时容易损伤大血管。一旦发现血管损伤，一定要将手术转为常规手术，进行止血。

适应证

■ 开腹探查术

■ 胃固定术、胃切开术、幽门切开术、幽门成形术

■ 肝脏活检、胆囊切除术

■ 食道裂孔疝

图 10　腹腔内图像。背景为膈（腱部中心和胸骨部分），左边是胃，右边是肝脏

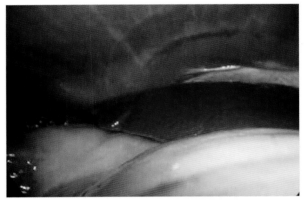

图 11　腹腔内，右侧。背景为膈，左下部是胃，肝脏在胃的上面

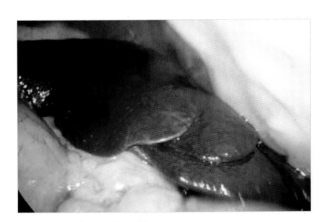

图 12　腹腔内部左侧

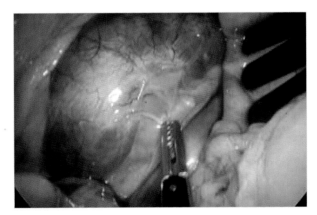

图 13　左肾

图 14　腔静脉孔细节。图像下部为肝脏

肠饲

概述

频率	■		

肠饲，是将营养物质通过咽部、食道、胃和肠送入功能性消化道。其目的是防止术后厌食导致的营养不良，促进病患恢复和伤口愈合。

> 当患畜的消化道功能正常时，肠饲是实用、安全、简单的生理性饲喂方式，且表现良好耐受。

该类型术后护理特别用于以下病例：
- 体重减轻超过正常体重的 10%。
- 厌食持续 5d 以上。
- 消化道疾病、外伤或烧伤后营养和液体显著流失。
- 外伤、手术、感染等情况发生后，营养的需求增加。
- 慢性疾病，癌症等。
- 血清白蛋白浓度低于 25g/L。
- 不能通过口腔进食，例如下颌骨骨折或者口腔手术。
- 食道炎、食道手术。这些患畜不能吞咽，食道不应该有食物通过。

应计算基本能量需求量（BER）和维持能量需求量（MER），包含每个病例的液体、能量和营养需求量。

> 完美的封闭在所有肠饲技术中都是至关重要的，以此避免继发性腹膜炎的风险。

> 在专业文献中查找住院病例肠内和肠外喂养的相关资料。

饲管直径取决于它将被放置的解剖部位。反过来，饲管直径决定了所用食物的黏度。

> 胃造口术使留置大直径的饲管成为可能。

胃管留置是一种可应用于任何厌食或食欲减退动物的技术，但对于患有食道疾病的病患（食道炎、食道穿孔、食道狭窄），以及不应有食物穿过食道和开腹手术的病患来说，这是必不可少的，可以加快动物的恢复。

胃管留置技术非常适用于猫，因为猫在恢复期有发生肝脏脂质沉积症的风险，特别是在术后（如腹腔肿瘤、肾结石和肠道阻塞）。

胃管留置相对容易一些，技术方法很多，只是手术通路不同（图 1）。根据个案情况与医生习惯选用手术方法。根据病患体型选择胃管直径。

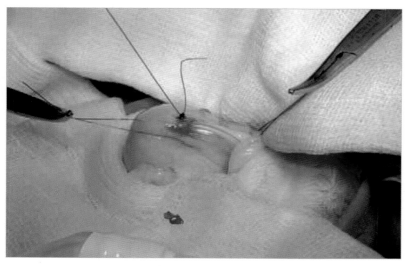

图 1 猫线性异物肠梗阻，5d 未进食，实施胃管留置。去除堵塞后进行肠饲，以防止发生肝脏脂肪沉积症，并加速术后恢复。

饲喂管留置至少需要 10d，以使胃与腹壁黏着在一起，从而防止胃内容物漏入腹腔。

> 胃管至少留置 10d。不要提早移除胃管。

胃管的使用和维护

选用能通过胃管的食物类型。给予食物前后，使用温水或生理盐水冲洗管道。发生堵塞的情况下，不要用力强迫食物进入，而应用温水或碳酸饮料（例如可乐）反复尝试，解除堵塞。如果处理后仍然堵塞，重新留置胃管。

计算每个病患所需能量（表 1）和补液量（表 2）。

表 1　每日能量需求（kcal*）

健康住院动物基础能量需求（BER）	BER＝30×体重（kg）＋70
无并发症术后恢复	BER×（1.25～1.35）
外伤或肿瘤	BER×（1.35～1.5）
感染与败血症	BER×（1.5～1.75）
烧伤	BER×（1.75～2.0）

> 在家健康动物 BER 为 60～90kcal/（kg·d）。

表 2　每日补液量

维持量	犬 60～90mL/kg
	猫 45～60mL/kg
脱水量	维持量（L）＋脱水%×体重（kg）/100＝每日输液量（L）

拆除饲喂管后，皮肤二期愈合。用凡士林膏涂抹伤口边缘，防止胃液刺激。

---

　* cal 为我国非法定计量单位，1cal≈4.184J。——编者注

病例 1　腹中线开腹：胃造口术

技术难度	■			

　　该手术方法适用于以诊断或治疗为目的已经实施了腹中线开腹术的情况下，因为该手术通路也可用于留置饲管。

　　开腹术一定要延长到至脐上区从而达到胃部，以获得良好的视野和器官的显露。

　　下一步根据胃体部的解剖位置，在最后肋骨下方做左腹壁的全层切口（图1）。

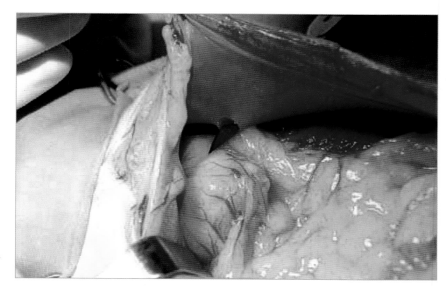

图 1　在胃区左侧腹切透皮肤和肌肉层，做一个小开口

　　无创止血钳从切口处由内向外穿出，夹住饲喂管的末端，将其拉入腹腔（图2和图3）。

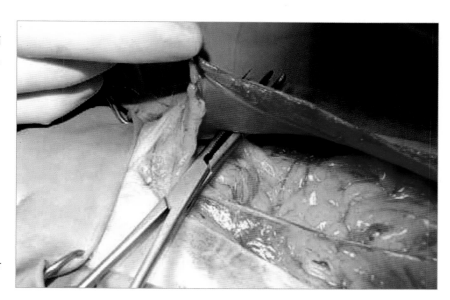

图 2　通过做好的窦道，将 Kocher 血管钳由内向外穿出，抓住胃管

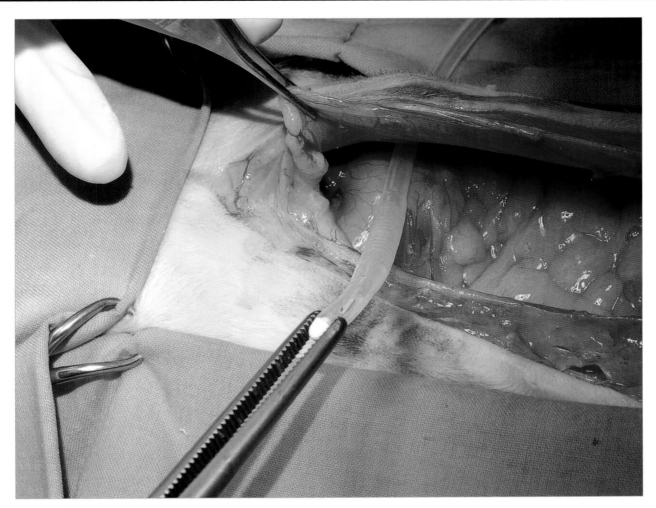

图 3　借助血管钳将胃管牵拉进入腹腔

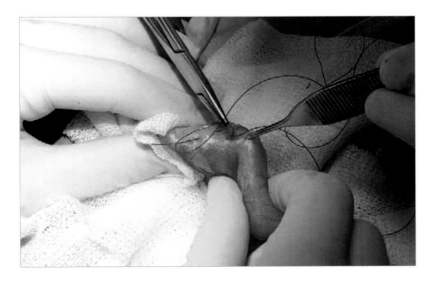

将胃拉至腹外游离出来，选择血管少的胃体部，不要靠近幽门。采用单丝可吸收缝线以圆针做一个小的荷包缝合，只缝合浆肌层（图 4）。

图 4　用无菌纱布将胃进行隔离，在胃壁血管较少部位进行荷包缝合

确保饲喂管没有位于幽门或幽门窦，因为这样会导致胃梗阻，阻碍食物进入十二指肠。

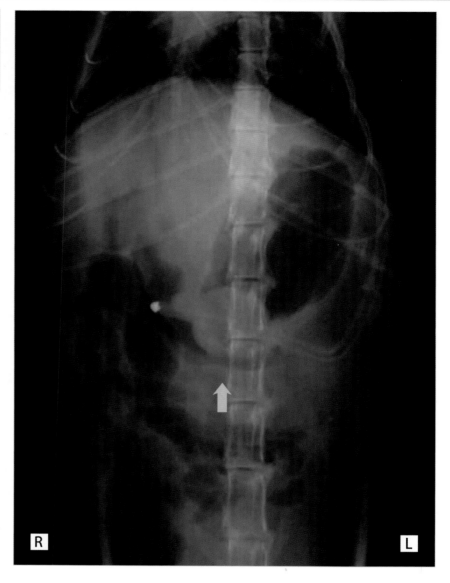

图5　此病畜在放置胃管进食不久后发生呕吐。注意胃管的球部进入幽门窦，会阻碍食物进入幽门，这是放置胃管过程中十分严重的错误

在荷包缝合的中心，以手术刀片做全层切开，通过切口放置胃管。

✳ 使用手术刀做一个坚固的穿刺切口切开胃壁全层，不要导致易剥脱的黏膜发生分层。

然后，用生理盐水将球囊充气；防制胃管滑脱落入腹腔。

图6　在荷包缝合中心进行胃造口术，插入饲管

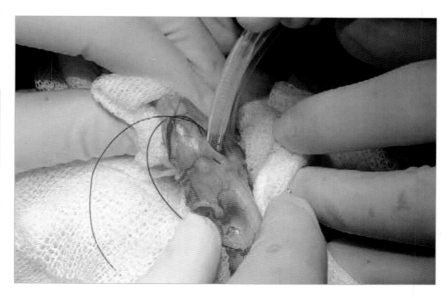

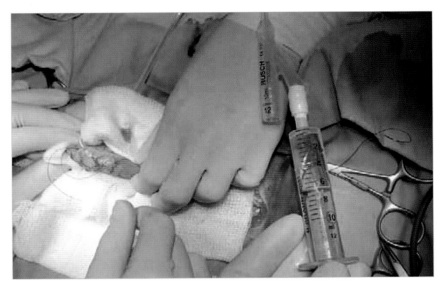

接下来用生理盐水将饲管的球囊充满，此防止饲管从胃滑出进入腹腔（图7）

图7 饲管球部位于胃内，用生理盐水将其充起，以防止胃管滑入腹腔

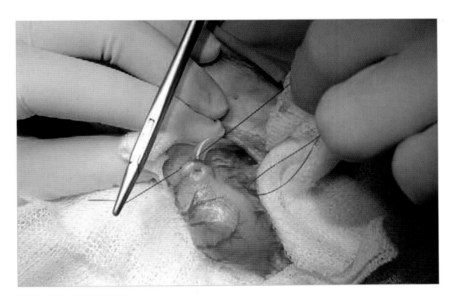

然后拉紧荷包缝合，缠绕管道打结，防止胃内容物泄漏进入腹腔（图8）。

图8 最后，围绕胃管进行打结，防止胃内容物泄漏

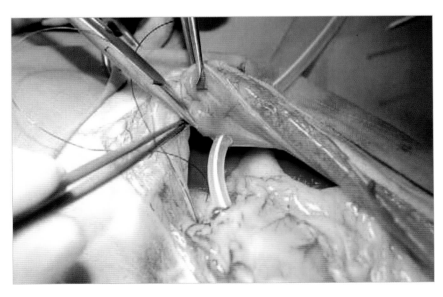

下一步，将胃部固定于腹壁产生良好附着，避免拆除胃管时腹腔被污染。

胃固定术的实施是通过2个结节缝合将胃壁连在腹壁上。

图9 使用单丝可吸收缝线做2个结节缝合，实施胃固定术。图像显示缝合位于饲管上方

作为附加的安全措施，部分网膜被固定在胃壁和腹壁之间的饲管周围（图10和图11）。

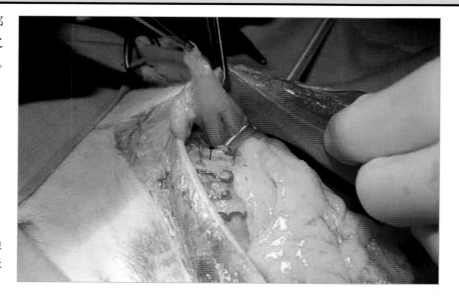

图10 部分网膜被置于饲管周边以促进创伤愈合，降低继发腹膜炎的风险

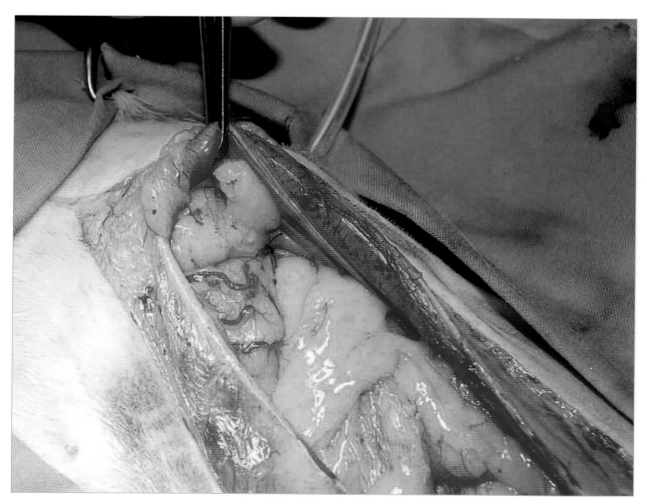

图11 与第一个缝合一样在饲管的下方进行，进行第二个缝合，以完成胃固定术，为了更好地固定缝合还包含一部分网膜

可使用任何方法将饲管固定皮肤上，防止牵拉时饲管滑脱（图 12）。推荐使用"中国绕指结"。

* 将管固定到皮肤上应使用多股缝线，因为多股缝合材料在饲管表面有更好的抓力。单丝缝线更容易滑落。

常规闭合腹壁。

不要忘记盖上饲管塞，以防止空气进入和食物、胃内容物的渗漏。

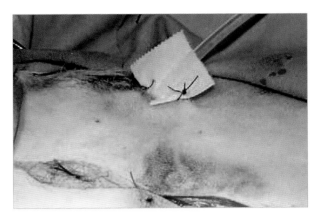

图 12 图中所示病例中，胶带辅助饲管固定在皮肤上

术后护理

建议用绷带保护胃管，佩戴伊丽莎白项圈，防止动物过早将胃管拽出（图 13）。

为使饲管更好工作，需要流质饮食。每个病患食物量进行单独计算，每天分成多次给予。每次饲喂前后最好使用温水冲洗管道。

饲管至少留置 10d。

移除胃管前，排空套囊，拆除缝线，拉出胃管。

瘘管创口二期愈合需大约 1 周时间。

食物通过饲管应毫无困难；发生阻塞的情况下，可使用碳酸饮料辅助疏通。

参见肠饲概述。　　➡ 第 326 页

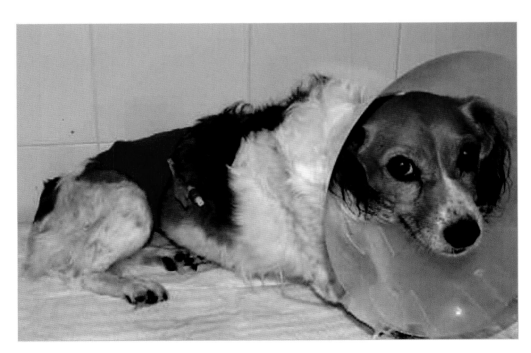

图 13 留置饲管后从手术中苏醒的病患

病例 2　肋弓下开腹：胃造口术

技术难度	■			

留置胃管的另一种方法是左侧开腹手术方式。

手术步骤与上文所述相同，主要不同的是手术通路。

此手术方法适用于仅需要施行胃造口术的动物，因为该方法创伤较少。

> 该手术方法不能进行腹腔检查，仅用于胃管留置。

手术技术

病患处于右侧卧位。肋弓下在最后中心位置将皮肤切开 2cm，沿肌纤维走向依次剥离 3 层肌肉（腹外斜肌、腹内斜肌和腹横肌），以防止出血过多（图 1 和图 2）。在胃底或体部切开腹膜，进入腹腔。

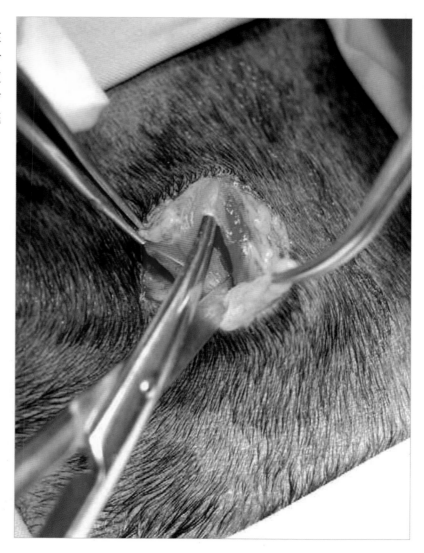

图 1　左侧肋弓旁剖腹手术通路比较简单。切开皮肤，剥离皮下组织至腹外斜肌，沿肌纤维走向剥离腹外斜肌

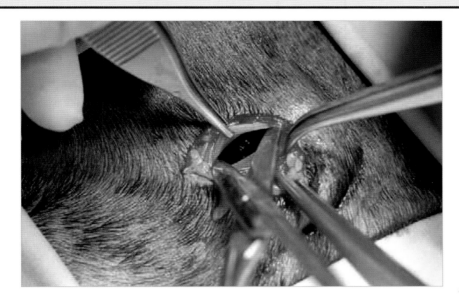

图 2　小心分离三层肌肉，直到腹膜

用镊子将胃部提出腹外，用圆针以单丝可吸收缝线将部分胃体部与腹壁肌肉进行连续缝合（图 3 和图 4）。胃固定术有助于胃管留置，加强密闭性。

选择胃部无血管区进行胃固定术，将降低胃血管出血。

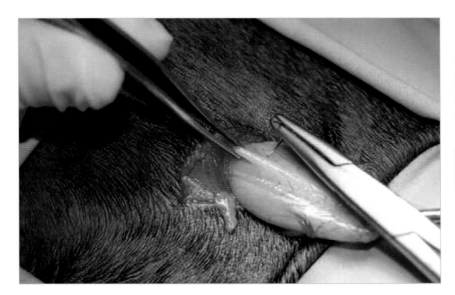

图 3　利用无损伤镊比较容易将胃部牵拉至腹外。选用胃体部的无血管区进行操作

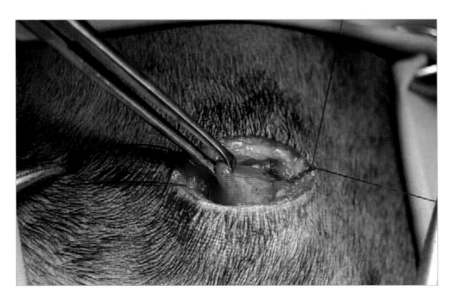

图 4　采用连续缝合的方式将胃体沿切口边缘与肌肉壁固定，此切口与腹腔相通。此图显示最终的缝合

下一步，在背侧再做一个
2～3cm 的小切口，形成皮下瘘
道，通过此瘘道插入导管（图5
和图6）。

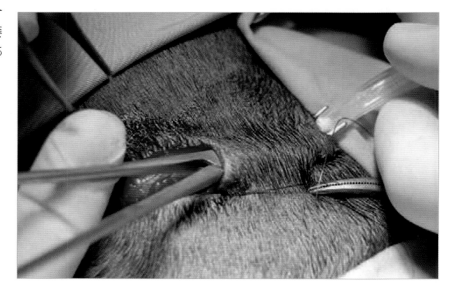

图5　通过皮下瘘道穿入胃管

在胃上做一小切口，插入
胃管（图6和图7）。

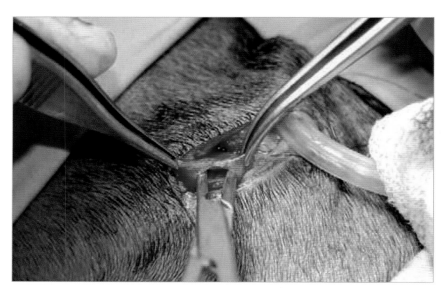

图6　经皮下瘘道插入胃管后，在
胃上做一小切口

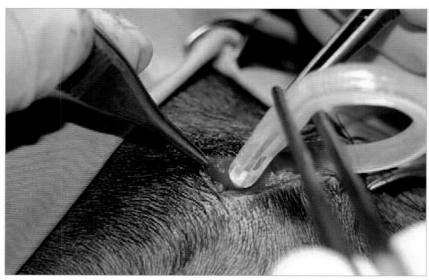

图7　通过胃切开术将饲管插入
胃部

为了保证切口区域的密闭性，防止胃内容物进入皮下组织，饲管周围采用荷包缝合（图8）。

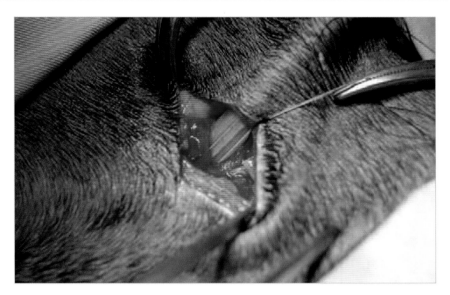

图8 荷包缝合后，沿饲管周围将胃切口收紧，防止胃内容物外漏

为防止 Foley 管从胃部滑脱，用生理盐水将胃管末端的球囊充起（图9）。

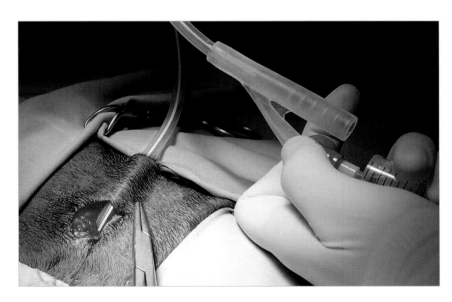

图9 沿着 Foley 管收紧荷包缝合，用生理盐水充起球囊，以防止胃管从胃部滑脱

皮肤采用褥式缝合，用中国绕指结将胃管固定到皮肤上，减少牵拉或球囊未完全充起时胃管从胃内滑出的风险（图10）。

✳ **注意前文所述的胃饲管维护方法。**

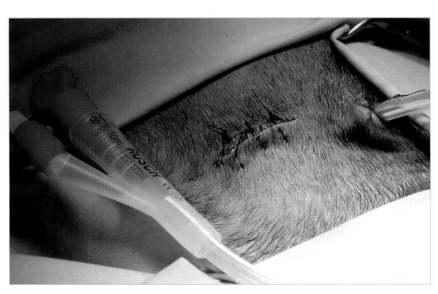

图10 结束手术：皮肤采用间断缝合，胃管采用中国绕指结固定到皮肤上，用塞子将胃管封住，防止空气进入及胃内容物渗漏

图书在版编目（CIP）数据

小动物前腹部手术 /（西）乔斯·罗德里格斯·戈麦斯，（西）玛利亚·乔斯·马丁内斯·萨纳多，（西）贾米·格劳斯·莫拉莱斯编著；刘云，郑家三主译. —北京：中国农业出版社，2021.4

（世界兽医经典著作译丛. 小动物外科系列）

ISBN 978-7-109-27795-3

Ⅰ.①小… Ⅱ.①乔… ②玛… ③贾… ④刘… ⑤郑… Ⅲ.①动物疾病－腹腔疾病－外科手术 Ⅳ.①S857.12

中国版本图书馆 CIP 数据核字（2021）第 021480 号

English edition：

Small animal surgery，Surgeryatlas，a step-by-step guide，The cranial abdomen

© 2012 Grupo Asís Biomedia，S. L.

ISBN：978-84-92569-85-4

Spanish edition：

Lacirugía en imágenes，paso a paso. El abdomen cranial

© 2009 Grupo Asís Biomedia，S. L.

ISBN：978-84-92569-09-0

北京市版权局著作权合同登记号：图字 01-2018-6650 号

中国农业出版社出版

地址：北京市朝阳区麦子店街 18 号楼

邮编：100125

责任编辑：周锦玉

版式设计：杨 婧 责任校对：周丽芳

印刷：北京通州皇家印刷厂

版次：2021 年 4 月第 1 版

印次：2021 年 4 月北京第 1 次印刷

发行：新华书店北京发行所

开本：889mm×1194mm 1/16

印张：21.75

字数：640 千字

定价：220.00 元